高职高专船舶类专业规划教材

国防工业建设规划教材

PLC 编程技术及应用

（S7-200/任务驱动式）

于风卫　编著

崔立功　主审

机 械 工 业 出 版 社

本书介绍应用广泛、性能价格比高的西门子 S7-200 PLC 的编程技术及应用，全书共包括七个模块。模块一、二以论题的形式介绍了 PLC 的入门知识和系统设计必备的基础知识；模块三、四、五、六通过常用控制任务的实现，介绍了 PLC 常用编程指令的应用、程序设计方法以及用 PLC 改造继电器控制系统的方法；模块七结合控制任务介绍了 PLC 的中断、高速计数和网络读写指令的应用以及 PLC 通信网络的基础知识。

本书结合职业教育的特点，采用"任务驱动"的编写模式，将理论知识融合于任务实现中，充分体现"教、学、做一体化"的教学改革模式。各模块的任务设计与常用的电气控制功能、PLC 在船舶自动化系统中的应用紧密结合，符合生产实际，并具有船舶电气控制特色。内容编排从简单到复杂，并突出技能训练。

本书可作为高等职业院校船舶电气相关专业及其他机电相关专业的教学用书，也可作为相关行业工程技术人员的参考书和培训教材。

为方便教学，本书配有免费电子课件、思考与练习答案、模拟试卷及答案等，凡选用本书作为授课教材的学校，均可来电（010-88379564）或邮件（cmpqu@163.com）索取，有任何技术问题也可通过以上方式联系。

图书在版编目（CIP）数据

PLC 编程技术及应用：S7-200/任务驱动式/于风卫编著. —北京：机械工业出版社，2014.6
ISBN 978－7－111－46648－2

Ⅰ. ①P… Ⅱ. ①于… Ⅲ. ①plc 技术－程序设计
Ⅳ. ①TM571.6

中国版本图书馆 CIP 数据核字（2014）第 092884 号

机械工业出版社（北京市百万庄大街22号　邮政编码100037）
策划编辑：曲世海　责任编辑：曲世海　张利萍
版式设计：霍永明　责任校对：李锦莉
责任印制：刘　岚
北京京丰印刷厂印刷
2015 年 3 月第 1 版 · 第 1 次印刷
184mm×260mm · 13.75 印张 · 329 千字
0 001—2 000 册
标准书号：ISBN 978－7－111－46648－2
定价：32.00 元

前　言

PLC 是以计算机技术为核心的通用自动控制装置，具有可靠性高、功能强大、使用维护方便等显著优点，因而在工业控制领域得到广泛应用，其中也包括船舶自动化领域。船舶电气设备及系统处于一个特殊的工作环境，高温、振动、摇摆、盐雾等使其工作环境非常恶劣，PLC 因其强大的环境适应能力，已广泛应用于船舶主机控制系统、集中监视与报警系统、电站管理系统以及锅炉、分油机控制等很多重要系统，PLC 快速发展的强大联网能力，使其在船舶自动化系统中发挥了更大的作用。本书介绍应用广泛、性能价格比高的西门子 S7-200 PLC 的编程技术及应用。

本书主要针对高等职业院校船舶电气相关专业及其他机电相关专业的学生编写。根据《国家中长期教育改革和发展规划纲要（2010～2020 年)》，职业教育要着力培养学生的职业道德、职业技能和就业创业能力，满足经济社会对高素质劳动者和技能型人才的需要。本书结合职业教育的特点，采用"任务驱动"的编写模式，将理论知识融合于任务实现中，充分体现"教、学、做一体化"的教学改革模式，注重职业技能的培养。

全书内容以模块为单位，共包括七个模块，前两个模块介绍 PLC 的基础知识，以论题的形式呈现，后五个模块介绍编程指令和程序设计方法，通过控制任务来实现。模块一让初学者快速了解 PLC；模块二介绍 PLC 的硬件的安装、接线及 STEP 7-Micro/WIN 编程软件的使用，以便在后续控制任务中能够实现"教、学、做一体化"；模块三通过常用控制任务的实现，介绍基本编程指令的应用及继电器控制电路常用控制功能的经验编程实现方法；模块四通过任务实现，介绍 PLC 程序的顺序控制设计法；模块五通过两个继电器控制系统改造实际任务，介绍用 PLC 改造继电器控制系统的方法；模块六通过控制任务介绍模拟量的处理与常用功能指令的应用；模块七的控制任务介绍了 S7-200 几种高级编程指令——中断、高速计数和网络读写指令的应用以及 PLC 通信网络的基础知识。在模块的任务设计中，一方面，采用了传统的继电器控制电路的常用控制功能，以便初学者对 PLC 的梯形图与继电器控制电路进行比较，更好地理解 PLC 的程序设计方法；另一方面，与 PLC 在船舶自动化系统中的应用紧密结合。由于船舶自动化系统结构与功能复杂，在任务设计时，不求深入，根据高职毕业生的知识和岗位技能需求，对控制任务进行精心挑选或从实际控制功能中适当剥离。内容编排从简单到复杂，突出技能训练，并具有船舶电气控制特色。

本书作者根据多年的教学经验和工程实践，进行了控制任务的设计与程序调试，对书中内容进行了精心编排。在本书编写过程中，作者参阅了多种文献，在此向这些编著者致以诚挚的谢意。

限于编者的学识水平和实践经验，书中疏漏、错误之处难免，恳请读者批评指正。

编　者

目　　录

前言
模块一　PLC 基础知识 ……………… 1
　论题一　PLC 入门知识 ………………… 1
　　一、PLC 的产生与发展 …………… 1
　　二、PLC 的基本结构 ……………… 2
　　三、PLC 的工作原理 ……………… 5
　　四、PLC 的特点 …………………… 6
　　五、PLC 的应用领域 ……………… 7
　　六、PLC 的分类 …………………… 8
　论题二　认识 S7-200 PLC ……………… 9
　　一、S7-200 PLC 的硬件结构 ……… 9
　　二、S7-200 PLC 的工作模式 …… 15
　　三、S7-200 PLC 的编程语言 …… 15
　　四、SIMATIC 和 IEC1131-3 指令集 … 16
　　五、S7-200 PLC 的程序结构 …… 16
　思考与练习 ……………………………… 17

模块二　S7-200 PLC 系统设计
　　　　　基础 ………………………… 18
　论题一　S7-200 PLC 的安装与线路
　　　　　连接 …………………………… 18
　　一、S7-200 PLC 模块的安装和拆卸 … 18
　　二、S7-200 模块的外部接线 …… 20
　论题二　S7-200 CPU 的数据存取 …… 23
　　一、S7-200 CPU 的存储区编址 … 23
　　二、S7-200 CPU 的存储区 ……… 25
　　三、S7-200 CPU 的寻址 ………… 30
　论题三　S7-200 PLC 的基本逻辑指令 … 32
　　一、S7-200 PLC 的基本位逻辑指令 … 32
　　二、置位与复位指令 ……………… 37
　论题四　STEP 7-Micro/WIN 编程软件 … 38
　　一、STEP 7-Micro/WIN 编程软件的
　　　　安装 ……………………………… 38
　　二、STEP 7-Micro/WIN 主界面 … 39
　　三、在编程软件中编写程序 …… 42
　　四、在 PLC 中运行程序 ………… 45
　思考与练习 ……………………………… 48

模块三　S7-200 PLC 基本编程指令
　　　　　及应用 ……………………… 49
　任务一　三相异步电动机直接起动连续
　　　　　运行控制 …………………… 49
　　一、任务提出 ……………………… 49
　　二、相关知识点 …………………… 49
　　三、任务实施 ……………………… 50
　　四、知识拓展 ……………………… 53
　任务二　三相异步电动机的多点控制 … 55
　　一、任务提出 ……………………… 55
　　二、相关知识点 …………………… 56
　　三、任务实施 ……………………… 56
　　四、知识拓展 ……………………… 57
　任务三　三相异步电动机的顺序起动
　　　　　控制 …………………………… 58
　　一、任务提出 ……………………… 58
　　二、相关知识点 …………………… 58
　　三、任务实施 ……………………… 60
　　四、知识拓展 ……………………… 62
　任务四　三相异步电动机的正/反转
　　　　　控制 …………………………… 64
　　一、任务提出 ……………………… 64
　　二、相关知识点 …………………… 64
　　三、任务实施 ……………………… 66
　　四、知识拓展 ……………………… 69
　任务五　三相异步电动机延时顺序起动、
　　　　　逆序停止控制 ……………… 72
　　一、任务提出 ……………………… 72
　　二、相关知识点 …………………… 73
　　三、任务实施 ……………………… 77
　　四、知识拓展 ……………………… 79
　任务六　三相异步电动机Y-△减压起动
　　　　　控制 …………………………… 80
　　一、任务提出 ……………………… 80
　　二、相关知识点 …………………… 80
　　三、任务实施 ……………………… 81

四、知识拓展 ·············· 83

任务七　船舶辅锅炉水位控制与监视

　　　　报警 ·················· 86

　　一、任务提出 ·············· 86

　　二、相关知识点 ·············· 86

　　三、任务实施 ·············· 87

任务八　船舶柴油发电机组起动控制 ··· 93

　　一、任务提出 ·············· 93

　　二、相关知识点 ·············· 93

　　三、任务实施 ·············· 96

　　四、知识拓展 ·············· 101

　　思考与练习 ·············· 101

模块四　PLC 程序的顺序控制设

　　　　计法 ·················· 102

任务一　学会画系统的顺序功能图 ··· 102

　　一、任务提出 ·············· 102

　　二、相关知识点 ·············· 103

　　三、任务实施 ·············· 105

任务二　学会使用起保停电路设计顺序

　　　　控制梯形图程序 ······· 107

　　一、任务提出 ·············· 107

　　二、相关知识点 ·············· 107

　　三、任务实施 ·············· 109

　　四、知识拓展 ·············· 111

任务三　学会使用置位/复位指令设计顺

　　　　序控制梯形图程序 ······· 112

　　一、任务提出 ·············· 112

　　二、相关知识点 ·············· 112

　　三、任务实施 ·············· 114

任务四　学会使用 SCR 指令设计顺序

　　　　控制梯形图程序 ······· 115

　　一、任务提出 ·············· 115

　　二、相关知识点 ·············· 115

　　三、任务实施 ·············· 117

任务五　船舶分油机顺序控制的程序

　　　　设计 ·················· 119

　　一、任务提出 ·············· 119

　　二、相关知识点 ·············· 119

　　三、任务实施 ·············· 120

　　思考与练习 ·············· 122

模块五　PLC 在继电器控制系统

　　　　改造中的应用 ·········· 124

任务一　船舶电动边钩控制系统的

　　　　PLC 改造 ·············· 124

　　一、任务提出 ·············· 124

　　二、相关知识点 ·············· 126

　　三、任务实施 ·············· 128

　　四、知识拓展 ·············· 135

任务二　船用焚烧炉控制系统改造 ··· 136

　　一、任务提出 ·············· 136

　　二、相关知识点 ·············· 139

　　三、任务实施 ·············· 143

　　思考与练习 ·············· 147

模块六　S7-200 PLC 功能指令的

　　　　应用 ·················· 149

任务一　数码管显示的 PLC 控制程序

　　　　设计 ·················· 149

　　一、任务提出 ·············· 149

　　二、相关知识点 ·············· 150

　　三、任务实施 ·············· 156

　　四、知识拓展 ·············· 159

任务二　船舶发电机功率监测控制

　　　　程序设计 ·············· 160

　　一、任务提出 ·············· 160

　　二、相关知识点 ·············· 161

　　三、任务实施 ·············· 168

任务三　船舶主机排烟温度监测的

　　　　PLC 程序设计 ·········· 171

　　一、任务提出 ·············· 171

　　二、相关知识点 ·············· 171

　　三、任务实施 ·············· 175

　　思考与练习 ·············· 180

模块七　PLC 高级编程指令的

　　　　应用 ·················· 182

任务一　用中断指令实现准确定时

　　　　控制 ·················· 182

　　一、任务提出 ·············· 182

　　二、相关知识点 ·············· 182

　　三、任务实施 ·············· 187

任务二　用高速计数器测量船舶柴

　　　　油机转速 ·············· 188

　　一、任务提出 ·············· 188

　　二、相关知识点 ·············· 189

　　三、任务实施 ·············· 197

任务三　实现两台 S7-200 PLC 之间的
　　　　PPI 通信 ················· 200
一、任务提出 ················· 200
二、相关知识点 ················· 201

三、任务实施 ················· 205
四、知识拓展 ················· 207
思考与练习 ················· 210
参考文献 ················· 211

模块一　PLC 基础知识

本模块主要介绍 PLC 的发展历史、定义、基本结构、功能、工作原理等 PLC 的入门知识，使初学者初步了解 PLC。在此基础上，介绍西门子 S7-200 PLC 的硬件组成、运行方式、编程语言及程序结构，使读者对 S7-200 PLC 有初步认识。

学习目标：

➢ 了解 PLC 的发展、概念、分类和应用。

➢ 熟悉 PLC 的硬件组成、功能和工作原理。

➢ 掌握 S7-200 PLC 的硬件组成、运行方式和不同编程语言的特点。

论题一　PLC 入门知识

<u>PLC 是可编程序控制器的简称</u>。PLC 以微处理器为基础，是综合了计算机技术、自动控制技术和通信技术发展起来的一种通用的工业自动控制装置，它具有体积小、编程简单、功能强、灵活通用与维护方便等一系列的优点，特别是它的高可靠性和较强的适应恶劣环境的能力，使它在冶金、化工、交通、电力等工业领域获得了广泛的应用。

一、PLC 的产生与发展

可编程序控制器问世前，工业控制领域中是以继电器控制占主导地位。继电器控制系统的明显缺点是体积大、耗电多、可靠性差、寿命短、运行速度不高，尤其是对生产工艺多变的系统适应性更差，如果生产任务和工艺发生变化，就必须重新设计，并改变硬件结构，造成时间和资金的严重浪费。

1968 年，美国通用汽车（GM）公司为适应生产工艺的不断更新和汽车产品不断变化的需要，公开提出汽车生产流水线控制系统的技术要求，并在社会上公开招标。1969 年，美国数据设备（DEC）公司研制出了符合技术要求的 PDP-14 控制器，安装在美国底特律市通用汽车（GM）公司的汽车装配线上，并获得成功应用。这种控制器主要用于顺序控制，并仅能进行逻辑运算，因此被称作可编程逻辑控制器（Programmable Logic Controller，PLC）。

可编程逻辑控制器最初问世时，功能简单，只有逻辑运算、定时、计数等功能，硬件方面以分立元件为主，存储器采用磁心存储器，存储容量为 1 ~ 2KB，一台 PLC 只能取代 200 ~ 300 个继电器，可靠性略高于继电接触器系统，也没有成型的编程语言。随着集成电路、计算机技术和通信技术的发展，可编程逻辑控制器得到快速发展，成为以微处理器为核心的新型工业控制设备，是计算机家族中的一员。进入 20 世纪 80 年代后，以 16 位和少数 32 位微处理器构成的控制器取得了飞速进展，使得 PLC 在概念、设计、性能上都有了新的突破。采用微处理器之后，控制器的功能不再局限于当初的逻辑运算，而是增加了数值运算、模拟量处理、通信等功能，成为真正意义上的可编程序控制器（Programmable Controller，PC），但为了与个人计算机（Personal Computer，PC）相区别，仍将可编程序控制器简称为 PLC。

随着 PLC 的不断发展，其定义也在不断变化。国际电工委员会（International Electrical Committee，IEC）1987 年颁布的 PLC 的定义如下："PLC 是一种专门为在工业环境下应用而设计的数字运算操作的电子装置。它采用可以编制程序的存储器，用来在其内部存储执行逻辑运算、顺序运算、计时、计数和算术运算等操作的指令，并能通过数字式或模拟式的输入和输出，控制各种类型的机械或生产过程。PLC 及其有关的外围设备都应按照易于与工业控制系统形成一个整体、易于扩展其功能的原则而设计。"

事实上，由于可编程控制技术的迅猛发展，许多新产品的功能已超出上述定义。

二、PLC 的基本结构

PLC 制造厂家很多，目前市场上有品种、规格繁多的 PLC。虽然各厂家生产的 PLC 独具特色，但基本结构是相同的。PLC 主要由 CPU 模块、输入模块、输出模块和编程装置组成。PLC 控制系统组成示意图如图 1-1 所示。

（一）中央处理单元（CPU 模块）

中央处理单元又称为 CPU 模块或中央控制器，它由微处理器（CPU 芯片）和存储器组成。

与通用计算机的 CPU 一样，PLC 中 CPU 也是整个系统的核心部件，主要用来运行用户程序，监控输入/输出接口状态，做出逻辑

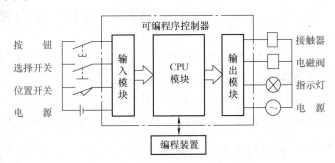

图 1-1　PLC 控制系统组成示意图

判断和进行数据处理。即读取输入变量，完成用户指令规定的各种操作，将结果送到输出端，并响应外部设备（如编程器、打印机、条码扫描仪等）的请求以及进行各种内部诊断等。CPU 在很大程度上决定了 PLC 的整体性能，如控制规模、工作速度和内存容量等。

存储器用来储存程序和数据，分为系统程序存储器和用户程序存储器。系统程序存储器用来存放系统程序。系统程序相当于个人计算机的操作系统，是由 PLC 生产厂家编写的系统监控程序，主要由系统管理程序、解释命令程序、标准程序及系统调用程序等组成。系统程序使 PLC 具有基本的功能，能够完成 PLC 设计者规定的各种工作。系统程序存储器一般由 ROM 组成，用户不能改写其中的内容。用户程序存储器用来存放用户程序。用户程序由用户编写，它使 PLC 完成用户要求的特定功能。用户程序存储器的容量以字（16 位二进制数）为单位。

PLC 使用以下几种物理存储器：

（1）随机存取存储器（RAM）　用户可以用编程装置读出 RAM 中的内容，也可以将用户程序写入 RAM，因此 RAM 又叫读/写存储器。它是易失性的存储器，它的电源中断后，储存的信息将会丢失。

RAM 的工作速度高、价格便宜、改写方便。在关断 PLC 的外部电源后，可以用超级电容或锂电池保存 RAM 中的用户程序和某些数据。

（2）只读存储器（ROM）　ROM 的内容只能读出，不能写入。它是非易失性的，电源

切断后，仍能保存储存的内容。ROM用来存放PLC的系统程序。

（3）可电擦除可编程的只读存储器（EEPROM）　EEPROM是非易失性的，但是可以用编程装置对它编程，兼有ROM的非易失性和RAM的随机存取优点，但是将信息写入它所需的时间比RAM长得多。EEPROM用来存放用户程序和需长期保存的重要数据。

（二）I/O模块

输入（Input）模块和输出（Output）模块简称为I/O模块，它们是联系外部现场设备和CPU模块的桥梁。输入模块可分为开关量输入模块和模拟量输入模块，用来接收和采集输入信号，将从现场传来的外部信号电平转换为PLC内部的信号电平。输出模块分为开关量输出模块和模拟量输出模块，是将PLC内部的信号电平转化为控制过程所需的外部信号电平，同时具有隔离和功率放大的作用。

数字量I/O模块一般使用可以拆卸的插座型端子板，不需要断开端子板的外部连线，就可以迅速更换模块，模块各I/O点的通/断状态可以用发光二极管（LED）显示。为了避免干扰，在I/O模块中，通常用光耦合器来隔离PLC的内部电路和外部的I/O电路。

1. 输入模块

（1）开关量输入模块　开关量输入模块用来接收从按钮、选择开关、限位开关、接近开关、光电开关、继电器等传来的开关量输入信号，并转换为PLC内部的信号电平。开关量输入模块可分为直流输入模块和交流输入模块，其电路原理如图1-2和图1-3所示（图中只画出一路输入电路）。当外接触点接通时，光耦合器的发光二极管点亮，光敏晶体管饱和导通；外接触点断开时，光耦合器的发光二极管熄灭，光敏晶体管截止。信号经内部电路传送给CPU模块。

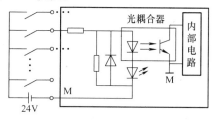
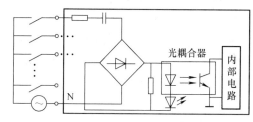

图1-2　直流输入模块原理图　　　　　　　图1-3　交流输入模块原理图

（2）模拟量输入模块　模拟量输入模块用来接收电位器、测速发电机和各种变送器提供的连续变化的模拟量电流、电压信号，并转换为CPU内部处理用的数字信号。图1-4是模拟量输入模块的原理框图。

图1-4　模拟量输入模块的原理框图

由图1-4可知，模拟量输入模块由多路选择开关、A-D转换器、光电隔离器件以及逻辑电路组成。多个模拟量输入通道共用一个A-D转换器，通过多路开关切换被转换的通道。

2. 输出模块

（1）开关量输出模块　开关量输出模块用来控制接触器、电磁阀、电磁铁、指示灯、数字显示装置和报警装置等输出设备。开关量输出模块有三种输出方式，即继电器输出、晶体管输出及双向晶闸管输出。每一种输出方式，PLC 的内部电路与外部输出电路间均采用光耦合器进行隔离。如何选择合适的开关量输出模块关键在于输出负载的性质。

1）继电器输出模块。图 1-5 是继电器输出模块的原理图。从 CPU 模块的内部电路发出的输出信号通过 CPU 模块内部电路和光耦合器 VLC 传递信号，使得晶体管 VT 饱和导通，继电器 K 吸合，其控制的常开触点接通并驱动外部负载工作；反之，外部负载停止工作。

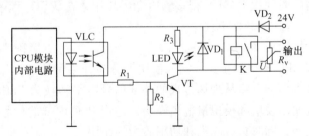

图 1-5 继电器输出模块的原理图

继电器输出模块的优点是既可以驱动直流负载又可以驱动交流负载；缺点是响应速度慢，从输出继电器的线圈得电（或断电）到输出触点接通（或断开）的响应时间约为 10ms。

2）晶体管输出模块。图 1-6 是晶体管输出模块的原理图。从 CPU 模块的内部电路发出的输出信号经过光耦合器 VLC 以及驱动电路传送至功率管 VT，使得功率管 VT 处于饱和导通或者截止状态。功率管 VT 的饱和导通状态和截止状态相当于触点的接通和断开。

晶体管输出模块只能驱动直流负载。晶体管输出模块的响应速度较快，从光耦合器动作到晶体管导通的时间在 2ms 以下。

3）双向晶闸管输出模块。图 1-7 是双向晶闸管输出模块的原理图。电路中的主要开关元件双向晶闸管 VTH，可看作两个普通晶闸管的反向并联，但其驱动信号为单极性。图中只要 VTH 的门极 G 为高电平，就使 VTH 双向导通，从而接通 220V 交流电源向负载供电。

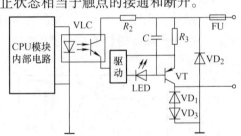

图 1-6 晶体管输出模块的原理图

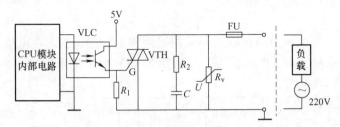

图 1-7 双向晶闸管输出模块的原理图

双向晶闸管输出模块只能驱动交流负载。双向晶闸管型输出模块的响应速度最快，从晶闸管门极驱动到双向晶闸管导通的时间为 1ms 以下。

（2）模拟量输出模块　模拟量输出模块用于将 CPU 送给它的数字信号转换为成比例的电流或电压信号来控制各种调节阀、变频器等执行装置。模拟量输出模块的主要组成部分是 D-A 转换器。模拟量输出模块的原理图如图 1-8 所示。

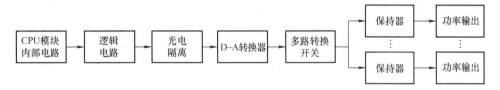

图 1-8　模拟量输出模块的原理图

（三）编程装置

编程装置是用来对 PLC 进行编程和设置各种参数的。S7-200 PLC 编程有两种方法：一是采用手持式编程器，体积小，价格便宜，但只能输入和编辑指令表程序，又叫做指令编程器，便于现场调试和维护；另一种方法是采用安装有 STEP 7-Micro/WIN 编程软件的计算机和连接计算机与 PLC 的 PC/PPI 通信电缆，用户可以在线观察梯形图中触点和线圈的通断情况及运行时 PLC 内部的各种参数，便于程序调试和故障查找。程序编译后下载到 PLC，也可将 PLC 中的程序上载到计算机。程序可以存盘或打印，通过网络，还可以实现远程编程和传送。

（四）电源

可编程序控制器使用 220V 交流电源或 24V 直流电源。内部的开关电源为各模块提供 5V、±12V、24V 等直流电源。小型 PLC 一般都可以为输入电路和外部的传感器（如接近开关等）提供 24V 直流电源，驱动 PLC 负载的直流电源一般由用户提供。

三、PLC 的工作原理

PLC 是按扫描方式工作的，运行时周而复始地执行一系列任务，PLC 完成一次工作循环称为一个扫描周期。在一个扫描周期中，PLC 将部分或全部执行五项操作：读取输入、执行程序中的控制逻辑、处理通信请求、执行 CPU 自检诊断、写入输出。在 CPU 自诊断阶段，CPU 检查硬件、用户程序存储器和所有的 I/O 模块状态，如果发现异常，则停机并显示报警信息。通信处理阶段，CPU 处理从通信端口接收到的信息。若诊断内部硬件电路正常、无通信服务要求，PLC 扫描过程就只剩下读取输入、执行程序、写入输出三个主要阶段。PLC 的工作过程如图 1-9 所示。

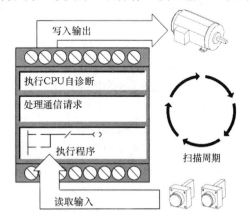

图 1-9　PLC 的工作过程

（一）读取输入

读取输入又称输入扫描、输入采样。在这个过程中，可编程序控制器按扫描方式读入该可编程序控制器所有端子上的输入信号，并将这些输入信号存入输入映像区（随机存取存储器的某一地址区）。在本工作周期的程序执行和输出过程中，即使输入发生了变化，输入映像区的内容也不会发生变化，要等到下一个周期的读取输入阶段才能改变。程序执行阶段所需现场信息都在输入映像区取用（立即读取指令除外），而不直接到外设取用。

（二）执行程序

程序执行又称执行扫描。在执行用户程序的扫描过程中，可编程序控制器对用户编写的梯形图（或其他格式）程序按从上到下、从左到右的顺序逐一扫描各指令，从输入映像区或 PLC 的其他存储单元读取相应的数据，按程序指令要求进行逻辑运算或其他数字运算，然后将运算结果存入程序指定的存储单元，输出信息写入输出映像区（随机存取存储器的某一地址区）有关单元。

（三）写入输出

写入输出又称输出扫描、输出刷新。在程序执行阶段写入输出映像区的数据不会立即送到 PLC 输出端口上，而是整个程序执行完毕，输出映像区中所有的内容被同时写入输出锁存器，然后由锁存器经功率放大后输出，最后使输出端子上的信号变为本次工作周期运行结果的实际输出。

扫描周期是 PLC 一个很重要的指标，取决于 PLC 的扫描速度和用户程序长短，小型 PLC 的扫描周期一般为十几毫秒到几十毫秒。

四、PLC 的特点

（一）可靠性高，抗干扰能力强

传统的继电器控制系统使用了大量的中间继电器、时间继电器，由于触点接触不良，这些器件容易出现故障。PLC 用软件代替了中间继电器和时间继电器，仅剩下与输入和输出有关的少量硬件元件，接线可减少到继电器控制系统的 1/100～1/10，因触点接触不良造成的故障大为减少。PLC 在设计、制作、元器件的选取上，还采用了精选、高度集成化和冗余量大等一系列措施，进一步延长了元器件的工作寿命，提高了系统的可靠性。

PLC 在抗干扰性上，采取了软、硬件多重抗干扰措施，具有很强的抗干扰能力，平均无故障时间达到数万小时以上，可以直接用于有强烈干扰的工业生产现场，PLC 已被广大用户公认为最可靠的工业控制设备之一。

（二）功能强，性价比高

一台小型 PLC 内有成百上千个可供用户使用的编程元件，可以实现非常复杂的控制功能，与相同功能的继电器系统相比，具有很高的性价比。PLC 通过通信联网还可以实现分散控制，集中管理。

（三）体积小，能耗低

复杂的控制系统使用 PLC 后，可以减少大量的中间继电器和时间继电器，小型 PLC 的体积仅相当于几个继电器的大小，因此可将开关柜的体积大大缩小。PLC 的配线比继电器控制系统的配线少得多，故可以省下大量的配线和附件，减少大量的安装接线工时，加上开关柜体积的缩小，可以节省大量的费用。

（四）硬件配套齐全，用户使用方便，适应性强

PLC 产品已经标准化、系列化、模块化，配备有品种齐全的各种硬件装置供用户选用，用户能灵活方便地进行系统配置，组成不同功能、不同规模的系统。PLC 的安装接线也很方便，一般用接线端子连接外部接线。PLC 有较强的带负载能力，可以直接驱动一般的电磁阀和小型交流接触器。

PLC 硬件配置确定后，仅通过修改用户程序就可以实现不同的控制功能，能方便快速地

适应工艺要求的变化。

（五）系统的设计、安装、调试工作量少

PLC 用软件功能取代了继电器控制系统中大量的中间继电器、时间继电器、计数器等器件，使控制柜的设计、安装、接线工作量大大减少。

PLC 的梯形图程序一般采用顺序控制设计法来设计。这种编程方法很有规律，很容易掌握。对于复杂的控制系统，设计梯形图的时间比设计相同功能的继电器系统电路图的时间要少得多。

PLC 的用户程序可以在实验室模拟调试，输入信号用小开关来模拟，通过 PLC 上的发光二极管可以观察输出信号的状态。完成了系统的安装和接线后，在现场的统调过程中发现的问题一般通过修改程序就可以解决，系统的调试时间比继电器系统少得多。

（六）编程方法简单易学

梯形图是使用最多的 PLC 编程语言，用梯形图语言编制的 PLC 程序与继电器电路原理图相似。梯形图语言形象直观，易学易懂，熟悉继电器电路图的电气技术人员只要花几天时间就可以熟悉梯形图语言，并用来编制用户程序。

（七）维修工作量小，维修方便

PLC 的故障率很低，且有完善的自诊断和显示功能。PLC 或外部的输入装置和执行机构发生故障时，可以根据 PLC 上的发光二极管或编程器提供的信息迅速查明故障的原因，用更换模块的方法可以迅速排除故障。

五、PLC 的应用领域

（一）开关量的开环控制

开关量的开环控制是 PLC 的最基本的控制功能，包括时序、组合、延时、计数、计时等。PLC 控制的输入/输出点数可以扩展，几乎不受限制，少则十点几十点，多则成千上万点，并可通过联网来实现控制。

（二）模拟量的闭环控制

对于模拟量的闭环控制系统，除了要有开关量的输入/输出点以实现某种顺序或逻辑控制外，还要有模拟量的输入/输出点，以便采样输入和调节输出，实现过程控制中的 PID 调节或模糊控制调节，形成闭环系统。这类 PLC 系统能实现对温度、流量、压力、位移、速度等参量的连续调节与控制。目前除大型、中型 PLC 具有此功能外，一些公司的小型机也具有这种功能，如 SIEMENS 公司的 S7-200、OMRON 公司的 CQM1、松下电工的 FP1 等 PLC 就具有这样的功能。

（三）数字量的智能控制

利用 PLC 能实现接收和输出高速脉冲的功能，而这个功能在实际中用途很大。在配备相应的传感器（如旋转编码器）或脉冲伺服装置（如环形分配器、功放、步进电动机）后，PLC 控制系统就能实现数字量的智能控制。较高级的 PLC 还专门开发了数字控制模块、运动单元模块等，可实现曲线插补功能。最近新出现的运动控制单元，还提供了数字控制技术的编程语言，为 PLC 进行数字量控制提供了更多方便。

（四）数字采集与监控

由于 PLC 在控制现场实现控制，所以把控制现场的数据采集下来，做进一步分析研究是很重要的。对于这种应用，目前较普遍采用的方法是 PLC 加上触摸屏，这样既可随时观察采集下来的数据又能及时进行统计分析。有的 PLC 本身就具有数据记录单元，可利用一般的便携计算机的存储卡插入到该单元中保存采集到的数据，如 OMRON 公司的 C200H。

PLC 的另一个特点是自检信号多，利用这个特点，PLC 控制系统可实现自诊断式的监控，以减少系统的故障，提高平均累计无故障运行时间，同时还可减少故障修复时间，提高系统的可靠性。

（五）联网、通信及集散控制

PLC 的联网、通信能力很强，可实现 PLC 与 PLC、PLC 与上位计算机之间的联网和通信，由上位计算机来实现对 PLC 的管理和编程。PLC 也能与智能仪表、智能执行装置（如变频器等）进行联网和通信，互相交换数据并实施 PLC 对其的控制。

利用 PLC 的强大联网通信功能，把 PLC 分布到控制现场，可以实现各 PLC 控制站间的通信以及上、下层间的通信，从而实现分散控制、集中管理。

六、PLC 的分类

PLC 的种类很多，其实现的功能、内存容量、控制规模、外形等方面均存在较大差异。因此，PLC 的分类没有严格的统一标准，可以按照硬件结构形式、控制规模、实现的功能等进行大致的分类。

（一）按硬件结构形式分类

PLC 按照其硬件的结构形式可以分为整体式和组合式。另外，近期还出现了内插板式。

1. 整体式 PLC

整体式 PLC 的 CPU、存储器、输入/输出接口、电源等安装在同一机壳内形成一个整体，构成 PLC 的主机，如 SIEMENS 公司的 S7-200，欧姆龙（OMRON）公司的 C20P、C40P，松下电工的 FP0、FP1 等产品。整体式 PLC 的特点是结构简单，体积小，价格低，但由于输入/输出点数固定，实现的功能和控制规模固定，灵活性较低。

2. 组合式 PLC

组合式（模块式）PLC 采用总线结构，即在一块总线底板上有若干个总线槽（或采用总线连接器），每个总线槽上安装一个或数个模块，不同模块实现不同功能。PLC 的 CPU 和存储器设计在一个模块上，有时电源也放在这个模块上，该模块一般称为 CPU 模块，在总线上的位置是固定的。其他还有输入/输出、智能、通信等模块，根据控制规模、实现的功能不同进行选择，并安排在总线槽中。组合式 PLC 的特点是系统构成的灵活性较高，可构成不同控制规模和功能的 PLC，维护维修方便，但价格相对较高。

3. 内插板式 PLC

为了适应机电一体化的需要，有的 PLC 制造成内插板式，可嵌入到有关装置中。如有的数控系统，其逻辑量控制用的内置 PLC，就可用这种内插板式 PLC 代替。它有输入点、输出点，还有通信口、扩展口及编程器口，但它只是一个控制板，可很方便地镶嵌到有关装置中。

（二）按控制规模分类

可编程序控制器输入端子与输出端子的数目之和，称为 PLC 的输入/输出点数，简称 I/O 点数。为了适应信息处理量和系统复杂程度的不同需求，PLC 具有不同的 I/O 点数、用户程序存储器容量和功能范围。根据 PLC 的 I/O 点数，PLC 可分为微型机、小型机、中型机、大型机和巨型机。微型机的 I/O 点数小于 64 点；小型机的 I/O 点数在 256 点以下；中型机的 I/O 点数在 512~2048 之间；大型机的 I/O 点数在 2048 点以上；巨型机的 I/O 点数可达上万点。

（三）按生产厂家分类

目前世界上生产 PLC 的厂家较多，较有影响的公司有：德国西门子（SIEMENS）公司，美国罗克韦尔（ROCKWELL）公司，日本欧姆龙（OMRON）公司、三菱公司、松下电工等数十家公司，国内也有一些正在发展中的 PLC 厂家。

西门子公司的 PLC 主流产品为 S7-200、S7-300 及 S7-400，此外还推出微型机 LOGO！。S7-200 是针对低性能要求的小型 PLC；S7-300 是针对低性能要求的模块式中小型 PLC；S7-400 是用于中高级性能要求的大型 PLC。欧姆龙公司的产品有 CMP1A 型、CMP2A 型、P 型、H 型、CQM1 型、CV 型、CS1 型等，其中大、中、小、超小型各具特色。美国罗克韦尔公司兼并阿兰德—布兰德利（A-B）公司，生产 PLC-5 系列及 SLC-500 型机。日本三菱公司早期小型机产品 F1 在国内使用较多，后来又推出 FX2 机，中大型机为 A 系列。

目前，国内市场上的三种主流机型是西门子公司的 PLC、欧姆龙公司的 PLC 以及三菱公司的 PLC。

论题二　认识 S7-200 PLC

SIMATIC S7-200 PLC 是由西门子自动化与驱动集团开发、生产的小型模块化 PLC 系统，具有极高的性价比和强大的功能，无论在独立运行或连成网络皆能实现复杂控制功能。S7-200 PLC 的使用范围可覆盖从替代继电器的简单控制到更复杂的自动化控制，应用领域极为广泛，涉及所有与自动检测、自动化控制有关的工业及民用领域，包括各种机床、机械、电力设施、民用设施、环境保护设备等。

一、S7-200 PLC 的硬件结构

S7-200 PLC 的主机（基本单元）是将微处理器、集成电源和 I/O 模块组装在一个紧凑的箱型机壳内，形成一套整体式 PLC，通常称为 CPU 模块。CPU 模块可以单独作为控制单元用于自动化系统。

S7-200 PLC 还提供了具有不同点数的数字量、模拟量 I/O 扩展模块，当系统需要扩展时，选用需要的扩展模块与基本单元连接。此外，S7-200 PLC 还配备一些专用特殊功能模块，如热电阻模块、热电偶模块、位控模块、通信模块等，使 PLC 的功能得以扩展。

（一）CPU 模块

1. CPU 模块的外形结构

S7-200 CPU 模块的外形结构如图 1-10 所示。

（1）输入/输出接线端子　在 CPU 的本机集成了 I/O 接口。输入接线端子用于连接外部控制信号（开关、按钮、继电器触点等），在底部端子盖下是 PLC 输入接线端子和为传感器提供 24V 直流电源的接线端子；输出接线端子用于连接被控设备（指示灯、电磁阀、接触器线圈等），在顶部端子盖下是 PLC 工作电源和输出接线端子。

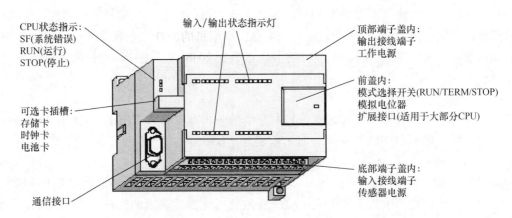

图 1-10　S7-200 CPU 模块的外形结构

（2）CPU 状态指示　用 LED 指示 CPU 的运行与故障诊断状态，有 SF、STOP、RUN 三个指示灯。

（3）输入/输出状态指示灯　采用 LED 显示，每个 I/O 点有一个状态指示灯。某点输入状态指示灯亮表示该输入点电路接通，有输入控制信号接入 PLC；某点输出状态指示灯亮表示该输出点有信号输出到执行设备（如接触器、电磁阀、指示灯等）。

（4）扩展接口　除 CPU 221 模块外，S7-200 其余型号 CPU 模块具有扩展接口，用于连接 I/O 扩展模块以增加 I/O 点的数目或用于连接其他特殊功能模块。S7-200 的扩展模块通过扩展接口、扁平电缆线连接到 CPU 模块。

（5）通信接口　S7-200 CPU 本机设有 RS-485 通信接口，用于连接编程设备（手持编程器或装有编程软件的 PC）、文本/图形显示器、PLC 网络等外部设备，可进行程序的下载（从编程设备到 PLC）、上载（从 PLC 到编程设备）或与网络中其他设备进行通信。

（6）可选卡插槽　可选卡插槽可根据需要选择安装 EEPROM 存储卡、电池卡和时钟卡，除一些特殊功能外，CPU 模块可在不插入上述任何卡的情况下运行。

EEPROM 存储卡可作为修改与复制程序的快速工具（无需编程器），并可进行辅助软件归档工作。电池卡用于长时间数据后备，在连续无供电时，S7-200 的用户数据（如标志位状态、数据块、定时器、计数器）可通过内部的超级电容保持大约 100h，若选用电池卡能延长保持时间到 200 天（典型值）。电池卡不可充电，CPU 在不断电的情况下，电池卡的使用寿命约为 5 年。CPU 224 及以上产品为内置时钟，因此无时钟卡。

（7）模拟电位器　模拟电位器用来改变特殊存储器（SMB28、SMB29）中的数值，以改变程序运行时的参数，如定时器、计数器的预置值，过程量的控制参数等。

2. CPU 模块中的存储器

S7-200 PLC 使用 ROM、RAM 和 EEPROM 三种物理存储器。ROM 用来存放 PLC 的系统程序，RAM 和 EEPROM 用于存储用户程序、CPU 组态（配置）及程序数据等。

当执行程序下载操作时，用户程序、CPU 组态（配置）、程序数据等由编程器送入 RAM 存储器区，并自动复制到 EEPROM 区，永久保存。系统掉电时，会自动将 RAM 中 M 存储器的内容保存到 EEPROM 存储器。上电恢复时，用户程序及 CPU 组态（配置）将自动从 EEPROM 的永久保存区装载到 RAM 中。如果 V 存储区或 M 存储区内容丢失，则 EEP-

ROM 永久保存区的数据会复制到 RAM 中。执行 PLC 的上载操作时，RAM 区的用户程序、CPU 组态（配置）将上载到 PC 中，RAM 和 EEPROM 中的数据块合并后也会上载到 PC 中。

3. CPU 模块的类型及技术指标

SIMATIC S7-200 PLC 有 CPU 21X 和 CPU 22X 两代产品，根据 I/O 点数、输入/输出方式、供电电源、性能标准的不同，S7-200 CPU 又有多种产品，见表 1-1。CPU 的技术性能指标是选用 PLC 的基础，S7-200 CPU 的主要技术指标见表 1-2。

表 1-1　S7-200 CPU 模块产品

订货号	CPU 模板	CPU 供电（标称）	数字量输入	数字量输出	通信口	模拟量输入	模拟量输出	可拆卸连接
6ES 7211-0AA23-0XB0	CPU 221	24V（直流）	6×24V（直流）	4×24V（直流）	1	否	否	否
6ES 7211-0BA23-0XB0	CPU 221	120~240V（交流）	6×24V（直流）	4×继电器	1	否	否	否
6ES 7212-1AB23-0XB0	CPU 222	24V（直流）	8×24V（直流）	6×24V（直流）	1	否	否	否
6ES 7212-1BB23-0XB0	CPU 222	120~240V（交流）	8×24V（直流）	6×继电器	1	否	否	否
6ES 7214-1AD23-0XB0	CPU 224	24V（直流）	14×24V（直流）	10×24V（直流）	1	否	否	是
6ES 7214-1BD23-0XB0	CPU 224	120~240V（交流）	14×24V（直流）	10×继电器	1	否	否	是
6ES 7214-2AD23-0XB0	CPU 224XP	24V（直流）	14×24V（直流）	10×24V（直流）	2	2	1	是
6ES 7214-2AS23-0XB0	CPU 224XPsi	24V（直流）	14×24V（直流）	10×24V（直流）	2	2	1	是
6ES 7214-2BD23-0XB0	CPU 224XP	120~240V（交流）	14×24V（直流）	10×继电器	2	2	1	是
6ES 7216-2AD23-0XB0	CPU 226	24V（直流）	24×24V（直流）	16×24V（直流）	2	否	否	是
6ES 7216-2BD23-0XB0	CPU 226	120~240V（交流）	24×24V（直流）	16×继电器	2	否	否	是

表 1-2　S7-200 的主要技术指标

特性	CPU 221	CPU 222	CPU 224	CPU 224XP	CPU 226
外形尺寸/mm	90×80×62	90×80×62	120.5×80×62	140×80×62	190×80×62
程序存储器：					
带运行模式下编辑	4096B	4096B	8192B	12288B	16384B
不带运行模式下编辑	4096B	4096B	12288B	16384B	24576B
数据存储器	2048B	2048B	8192B	10240B	10240B
掉电保护时间	50h	50h	100h	100h	100h
本机 I/O					
数字量	6 输入/4 输出	8 输入/6 输出	14 输入/10 输出	14 输入/10 输出	24 输入/16 输出
模拟量	—	—	—	2 输入/1 输出	—
扩展模块数量	无	2 个模块	7 个模块	7 个模块	7 个模块
高速计数器					
单相	4 路 30kHz	4 路 30kHz	6 路 30kHz	4 路 30kHz 2 路 200kHz	6 路 30kHz
两相	2 路 20kHz	2 路 20kHz	4 路 20kHz	3 路 20kHz 1 路 100kHz	4 路 20kHz

（续）

特性	CPU 221	CPU 222	CPU 224	CPU 224XP	CPU 226
脉冲输出（直流）	2 路 20kHz	2 路 20kHz	2 路 20kHz	2 路 100kHz	2 路 20kHz
模拟电位器	1	1	2	2	2
实时时钟	卡	卡	内置	内置	内置
通信口	1，RS-485	1，RS-485	1，RS-485	2，RS-485	2，RS-485
浮点数运算	是				
数字 I/O 映像大小	256（128 输入/128 输出）				
布尔型执行速度	0.22ms/指令				

CPU 221 无扩展功能，价格低廉，适于用作小点数的微型控制器。CPU 222 有扩展功能，是 S7-200 家族中低成本的单元，通过可连接的扩展模块，即可处理模拟量。CPU 224、CPU 224XP 具有更多的输入、输出点及更大的存储器，是具有较强控制功能的控制器。CPU 226 适用于复杂的中小型控制系统，可扩展到 248 点数字量和 35 路模拟量，有 2 个 RS-485 通信接口。

4. 本机 I/O

S7-200 CPU 模块本机集成有数字量输入点和数字量输出点，各 I/O 点的通/断状态可以用发光二极管（LED）显示。不同型号的 S7-200 CPU 具有不同的电源电压和控制电压，CPU 本机输入点采用直流 24V（源型或漏型）输入，输出点采用直流 24V 晶体管（源型或漏型）输出或继电器输出。CPU 224 及以上的产品本机数字量 I/O 接线端子使用可以拆卸的插座型端子板，不需要断开端子板的外部连线就可以迅速更换模块。数字量输入中有 4 个用作硬件中断，6 个用于高速功能。两个高速输出可以输出最高 20kHz 频率和宽度可调的脉冲列。

CPU 224XP 本机还集成有 2 个模拟量输入点和 1 个模拟量输出点。模拟量输入点为双极性电压输入，输入范围为 ±10V（直流）。模拟量输出点为单极性电压或电流输出，输出范围为直流 0~10V 电压或直流 0~20mA 电流。

（二）S7-200 PLC 的扩展模块

S7-200 PLC 具有多种类型的扩展模块，如数字量扩展模块、模拟量扩展模块、PROFI-BUS-DP 模块、调制解调器模块、工业以太网模块等，扩展模块通过扁平电缆线连接到 CPU 模块上的扩展接口，可以增加 PLC 系统的 I/O 点数和实现一些特殊功能。

1. 数字量扩展模块

当 CPU 模块的数字量（也称开关量）I/O 点数不能满足系统设计要求时，可使用数字量扩展模块增加 I/O 点数。数字量扩展模块各 I/O 点的通/断状态可以用发光二极管（LED）显示，并使用可以拆卸的插座型端子板，不需要断开端子板的外部连线就可以迅速更换模块。

S7-200 PLC 提供不同 I/O 点数、不同输入/输出方式的数字量输入/输出扩展模块供用户选择，见表 1-3。这些扩展模块可分为 EM221、EM222 和 EM223 三大类。EM221 为数字量输入模块，EM222 为数字量输出模块，EM223 为数字量混合输入、输出模块。数字量输入又有交流输入和直流输入两种方式，数字量输出又有交流输出、直流输出和继电器输出三种方式。

表 1-3　S7-200 的数字量扩展模块

扩展模块	数字量输入	数字量输出	可拆卸连接
EM 221 数字量输入 8×24V（直流）	8x24V（直流）	—	是
EM 221 数字量输入 8×120/230V（交流）	8×120/230V（交流）	—	是
EM 221 数字量输入 16×24V（直流）	16×24 V（直流）	—	是
EM 222 数字量输出 4×24V（直流）-5A	—	4×24V（直流）-5A	是
EM 222 数字量输出 4×继电器-10A	—	4×继电器-10A	是
EM 222 数字量输出 8×24V（直流）	—	8×24V（直流）-0.75A	是
EM 222 数字量输出 8×继电器	—	8×继电器-2A	是
EM 222 数字量输出 8×120/230V（交流）	—	8×120/230V（交流）	是
EM 223 24V（直流）数字量组合 4 输入/4 输出	4×24V（直流）	4×24V（直流）-0.75A	是
EM 223 24V（直流）数字量组合 4 输入/4 继电器输出	4×24V（直流）	4×继电器-2A	是
EM 223 24V（直流）数字量组合 8 输入/8 输出	8×24V（直流）	8×24V（直流）-0.75A	是
EM 223 24V（直流）数字量组合 8 输入/8 继电器输出	8×24V（直流）	8×继电器-2A	是
EM 223 24V（直流）数字量组合 16 输入/16 输出	16×24V（直流）	16×24V（直流）-0.75A	是
EM 223 24V（直流）数字量组合 16 输入/16 继电器输出	16×24V（直流）	16×继电器-2A	是
EM 223 24V（直流）数字量组合 32 输入/32 输出	32×24V（直流）	32×24V（直流）-0.75A	是
EM 223 24V（直流）数字量组合 32 输入/32 继电器输出	32×24V（直流）	32×继电器-2A	是

2. 模拟量扩展模块

模拟量扩展模块提供了模拟量输入/输出的功能。S7-200 PLC 提供三种模拟量扩展模块：EM231、EM232 和 EM235，见表 1-4。S7-200 PLC 的模拟量扩展模块可适用于复杂的控制场合，12 位的分辨率和多种输入/输出范围能够不用外加放大器而与传感器和执行器直接相连。

表 1-4　模拟量扩展模块

扩展模块	输　入	输　出	可拆卸连接器
EM 231 模拟量输入，4 输入	4	—	否
EM 231 模拟量输入，8 输入	8	—	否
EM 232 模拟量输出，2 输出	—	2	否
EM 232 模拟量输出，4 输出	—	4	否
EM 235 模拟量组合，4 输入/1 输出	4	1	否

（1）模拟量输入模块　S7-200 PLC 模拟量输入模块有直流 0～10V、0～5V、0～1V、0～500mV、0～100mV、0～50mV、±10V、±5V、±2.5V、±1V、±500mV、±250mV、±100mV、±50mV、±25mV、0～20mA 多种输入量程供用户选择，量程用模块上的 DIP 开关来设置，用户可根据不同的需要选择合适类型的模拟量输入模块，并通过 DIP 开关设置需

要的输入量程。例如，4 模拟量输入 EM231 模块的模拟量输入范围通过 DIP 开关 SW1、SW2 和 SW3 来设置，设置方法见表 1-5。进行量程设置后，PLC 需重新上电设置才能生效。

表 1-5　组态 EM231 模块模拟量输入范围的 DIP 开关表

SW1	SW2	SW3	满量程输入	分辨率
ON	OFF	ON	0 ~ 10V	2.5mV
	ON	OFF	0 ~ 5V	1.25mV
			0 ~ 20mA	5μA
OFF	OFF	ON	±5V	2.5mV
	ON	OFF	±2.5V	1.25mV

　　模拟量输入模块把输入的模拟量信号经 A-D 转换器转换成数字量值，单极性输入全量程范围对应的数据值为 0 ~ 32000，转换精度为 12 位，双极性输入全量程范围对应的数据值为 -32000 ~ 32000，转换精度为 11 位加 1 符号位。图 1-11 给出了 EM231 和 EM235 的 12 位输入数据值在 CPU 的模拟量输入字中的格式。A-D 转换器的 12 位读数是左端对齐的，剩余的位填零补齐。MSB 是符号位，此位为零表示该数字量值是一个正数。

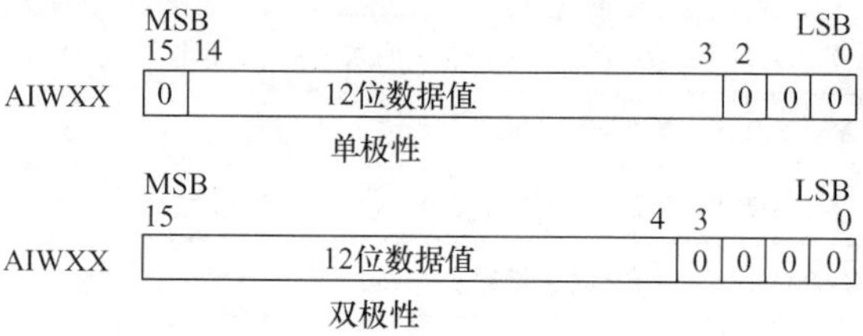

图 1-11　EM231 和 EM235 输入数据字格式

　　（2）模拟量输出模块　　S7-200 PLC 的模拟量输出模块的量程有直流 ±10V 和 0 ~ 20mA 两种，对应的数字量数值范围分别为 -32000 ~ 32000 和 0 ~ 32000，满量程时电压输出和电流输出的分辨率为 11 位。图 1-12 给出了 EM231 和 EM235 的 12 位输出数据值在 CPU 的模拟量输出字中的格式。D-A 转换器（DAC）的 12 位读数在其输出数据格式中是左端对齐的。MSB 是符号位，此位为零表示该数字量值是一个正数。

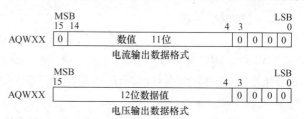

图 1-12　EM231 和 EM235 输出数据字格式

　　（3）热电偶和 RTD（热电阻）扩展模块　　热电偶和 RTD（热电阻）模块设计用于 CPU 222、CPU 224、CPU 224XP 和 CPU 226。组态 DIP 开关位于模块的底部，可以选择热电偶模块的类型、断线检测、温度范围和冷端补偿。要使 DIP 开关设置起作用，需要给 PLC 和/或用户的 DC 24V 重新上电。S7-200 PLC 的热电偶和 RTD 扩展模块产品见表 1-6。

表 1-6　热电偶和 RTD（热电阻）扩展模块

扩展模块	输　入	输　出	可拆卸连接器
EM 231 模拟量输入热电偶，4 输入	4 热电偶	—	否
EM 231 模拟量输入热电偶，8 输入	8 热电偶	—	否
EM 231 模拟量输入 RTD，2 输入	2 RTD	—	否
EM 231 模拟量输入 RTD，4 输入	4 RTD	—	否

热电偶和RTD模块要安装在一个稳定的温度环境内，这样才具有最佳的性能。例如，EM231热电偶模块有专门的冷端补偿电路，该电路在模块连接器处测量温度，并对测量值作出必要的修正，以补偿基准温度和模块处温度之间的温度差。如果EM231热电偶模块安装环境的温度变化很剧烈，则会引起附加的误差。

二、S7-200 PLC的工作模式

（一）S7-200 PLC的三种工作模式

S7-200 PLC有三种工作模式，即RUN、STOP和TERM。

在RUN模式下，PLC执行用户程序来实现控制要求和控制功能，CPU模块面板上的"RUN" LED指示灯将点亮显示当前的"RUN"工作模式。

在STOP模式下，CPU不执行用户程序，可用编程软件创建和编辑用户程序，设置可编程序控制器的硬件功能，并将用户程序和硬件设置信息下载到PLC。CPU模块面板上的"STOP" LED指示灯将点亮显示当前的"STOP"工作模式。

如果有致命错误，在解决之前不允许从停止模式转换到运行模式。对于非致命错误，由PLC操作系统存储供用户检查，但不会从运行模式自动进入停止模式。存在错误时，CPU模块面板上的"SF" LED指示灯将点亮显示当前存在错误。

转换开关RUN模式和STOP模式中间还有一档就是TERM模式，在TERM模式下，PLC的工作模式（STOP或RUN）可由编程设备通过通信方式来改变。此种模式多数用于联网的PLC网络或现场调试时使用。

（二）改变工作模式

CPU模块上有一个工作模式转换开关，当此开关转到STOP位置时将停止用户程序的运行，转到RUN位置时，将启动用户程序的运行。在RUN位置时，电源通电后CPU自动进入运行模式；模式开关在STOP位置时，电源通电后CPU自动进入停止模式。

在编程软件与PLC之间建立起通信连接后，将转换开关转到TERM模式，通过菜单命令就可以改变CPU的工作模式。另外，在程序中插入STOP指令，可使CPU由RUN模式进入STOP模式。

三、S7-200 PLC的编程语言

IEC（国际电工委员会）1994年5月公布的可编程序控制器标准的第三部分（IEC1131-3）说明了5种编程语言，即顺序功能图（Sequential Function Chart）、梯形图（Ladder Diagram）、功能块图（Function Block Diagram）、指令表（Instruction List）和结构文本（Structured Text）。S7-200 PLC的编程软件中，用户可以选用梯形图（LAD）、功能块图（FBD）和指令表（STL）三种编程语言，若满足格式要求，在编程软件中，三种编程语言可进行相互转换。

（一）梯形图（LAD）

梯形图是国内使用最多的PLC编程语言。梯形图与继电器控制系统的电路图很相似，具有直观易懂的优点，很容易被熟悉继电接触器控制的电气人员掌握，特别适用于开关量逻辑控制。

图1-13a为梯形图程序示例。梯形图由触点、线圈和用方框表示的功能块组成。触点代

表逻辑输入条件，如外部的开关、按钮和内部条件等；线圈通常代表逻辑输出结果，用来控制外部的指示灯、交流接触器和内部的输出条件等；功能块用来表示定时器、计数器或者数学运算等附加指令。

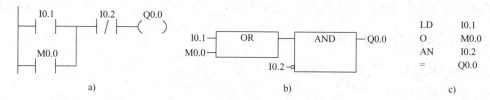

图 1-13　S7-200 PLC 的编程语言举例

（二）功能块图（FBD）

功能块图是一种类似于数字逻辑门电路的编程语言，有数字电路基础的人很容易掌握。该编程语言用类似与门、或门的方框来表示逻辑运算关系，方框的左侧为逻辑运算的输入变量，右侧为输出变量，输入、输出端的小圆圈表示"非"运算，方框用"导线"连接在一起，信号自左向右流动。实现图 1-13a 相同控制逻辑的功能块图程序如图 1-13b 所示。西门子公司的"LOGO！"系列微型可编程序控制器就使用功能块图编程语言。

（三）语句表（STL）

S7 系列 PLC 将指令表称为语句表，其指令是一种与微机的汇编语言中的指令相似的助记符表达式。实现图 1-13a 相同控制逻辑的语句表程序如图 1-13c 所示。语句表比较适合熟悉可编程序控制器和逻辑程序设计的经验丰富的程序员，它可以实现某些不能用梯形图或功能块图实现的功能。S7-200 CPU 在执行程序时要用到逻辑堆栈，梯形图和功能块图编辑器自动地插入处理栈操作所需的指令。在语句表中，必须由编程人员加入这些堆栈处理指令。

四、SIMATIC 和 IEC1131-3 指令集

S7-200 PLC 主机中有两种基本指令集：SIMATIC 指令集和 IEC1131-3 指令集，程序员可以任选一种。SIMATIC 指令集是专为 S7-200 PLC 设计的，指令执行时间短，而且可以用 LAD、STL 和 FBD 三种编程语言。IEC1131-3 指令集是适用于不同 PLC 厂家的标准化指令，它不能使用 STL 编程语言。SIMATIC 指令集中部分指令不属于这个标准，两种指令集在使用和执行上也存在一定的区别，如 IEC1131-3 指令中变量必须进行类型声明，执行时自动检查指令参数并选择合适的数据格式。

五、S7-200 PLC 的程序结构

S7-200 PLC 的程序分为主程序、子程序和中断程序三种。

（一）主程序

主程序是程序的主体，每个项目都必须且只能有一个主程序。在主程序中可以调用子程序和中断程序。

主程序通过指令控制整个应用程序的执行，每次 CPU 扫描都要执行一次主程序。STEP 7-Micro/WIN 编程软件的程序编辑器窗口下部的标签用来选择不同的程序。因为各种程序已

被分开，在程序结束时无需加入 END、RET 或 RETI 等无条件结束指令。

（二）子程序

子程序仅在被其他程序调用时执行。同一子程序可以在不同的地方被多次调用，使用子程序可以简化程序代码和减少扫描时间。

（三）中断程序

中断程序不是被主程序调用，它们在中断事件发生时由 PLC 的操作系统调用。中断程序用来处理预先规定的中断事件，因为不能预知何时会出现中断事件，所以不允许中断程序改写可能在其他程序中使用的存储器。

思考与练习

1. PLC 有哪几种物理存储器？各有什么作用？

2. 简述 PLC 的结构组成。

3. PLC 有哪些常用的输入/输出模块？各有何作用？

4. 与继电器控制系统相比，可编程序控制器有哪些优点？

5. 简述 PLC 的工作原理。

6. S7-200 PLC 有哪几种编程语言？各有什么特点？

7. S7-200 CPU 有哪几种工作模式？如何改变其工作模式？

8. 简述 S7-200 PLC 的程序结构。

模块二　S7-200 PLC 系统设计基础

本模块主要介绍 S7-200 PLC 的硬件安装与接线、S7-200 CPU 的数据存取、基本位逻辑指令的应用以及 STEP 7-Micro/WIN 编程软件的使用，为后续模块任务设计与程序编写打下基础。

学习目标:
- ➤ 掌握 S7-200 PLC 的硬件安装与常用模块线路连接方法。
- ➤ 掌握 S7-200 CPU 的存储区及其编址与寻址方式。
- ➤ 掌握 S7-200 CPU 基本位逻辑指令的应用。
- ➤ 熟悉 STEP 7-Micro/WIN 编程软件的基本功能。

论题一　S7-200 PLC 的安装与线路连接

一、S7-200 PLC 模块的安装和拆卸

S7-200 PLC 为模块化结构，在模块上具有安装孔并同时配备 DIN 夹子，使其安装更为灵活、方便。S7-200 可以很容易地安装在一个标准 DIN 导轨或面板上，并且既可采用水平方式安装，又可采用垂直方式安装，如图 2-1 所示。CPU 模块与扩展模块之间采用扁平电缆连接，如果需要扩展模块较多，模块连接起来会过长，这时可以使用扩展转接电缆重叠排布，但一个 S7-200 系统只允许使用一根可选的扩充电缆。

（一）安装 S7-200 CPU 和扩展模块

1. 安装要求

在安装和拆卸之前，必须确认

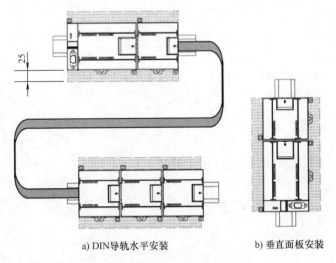

a) DIN导轨水平安装　　b) 垂直面板安装

图 2-1　S7-200 模块的安装方式

该设备的电源已断开。同样，也要确保与该设备相关联的设备的供电已被切断。在更换或安装 S7-200 器件时，要确保使用了正确的模块或等同的模块。水平安装时，扩展模块安装在 CPU 右边，垂直安装时，扩展模块安装在 CPU 上方，模块之间用总线连接电缆连接。

S7-200 设备的设计采用自然对流散热方式。在器件的上方和下方都必须留有至少 25 mm 的空间，以便于正常的散热。前面板与背板的板间距离也应保持至少 75 mm。在安排 S7-200 设备时，应留出接线和连接通信电缆的足够空间。

　　S7-200 CPU 有一个内部电源，系统中的扩展模块由 CPU 提供 5V 直流逻辑电源。如果系统配置超出了 CPU 的供电能力，只能去掉一些模块或者选择一个供电能力更强的 CPU。

2. CPU 和扩展模块的面板安装

　　面板安装是用螺钉将模块固定在控制柜的背板上，如果系统处于高振动环境中，使用背板安装方式可以得到较高的振动保护等级。

　　面板安装步骤如下：

　　1）按照模块、螺孔的尺寸进行定位、钻安装孔（用 M4 或美国标准 8 号螺钉）。

　　2）用合适的螺钉将模块固定在背板上。

　　3）如果使用了扩展模块，将扩展模块的扁平电缆连到盖板下面的扩展口。

3. CPU 和扩展模块的 DIN 导轨安装

　　利用 CPU 和扩展模块上的 DIN 夹子，把模块固定在一个标准（DIN）的导轨上。当 S7-200 的使用环境振动比较大或者采用垂直安装方式时，应该使用 DIN 导轨挡块。

　　DIN 导轨安装步骤如下：

　　1）保持导轨固定点的间隔为 75mm。

　　2）打开模块底部的 DIN 夹子，将模块背部卡在 DIN 导轨上。

　　3）如果使用了扩展模块，将扩展模块的扁平电缆连到盖板下面的扩展口。

　　4）旋转模块贴近 DIN 导轨，合上 DIN 夹子。仔细检查模块上 DIN 夹子与 DIN 导轨是否紧密固定好。

　　为避免模块损坏，不要直接按压模块正面，而要按压安装孔的部分。

　　（二）拆卸 S7-200 CPU 或者扩展模块

　　按照以下步骤拆卸 S7-200 CPU 或扩展模块：

　　1）拆卸 S7-200 的电源。

　　2）拆卸模块上的所有连线和电缆。大多数的 CPU 和扩展模块有可拆卸的端子排，若模块配备可拆卸的端子排，可直接拆卸端子排，而不必要拆卸端子上的接线。

　　3）如果有其他扩展模块连接在要拆卸的模块上，则要打开盖板，拔掉相邻模块的扩展扁平电缆。

　　4）拆掉安装螺钉或者打开 DIN 夹子。

　　5）拆下模块。

　　（三）拆卸和安装端子排

　　为了安装和替换模块方便，大多数的 S7-200 模块都有可拆卸的端子排，如图 2-2 所示。在 PLC 硬件组成部分给出了哪些 S7-200 模块有可拆卸的端子排，也可以为固定端子排的模块订购可选的扇出连接排。

　　端子排的拆卸步骤：

　　1）打开端子排安装位置的上盖板。

　　2）把螺钉旋具插入端子排中央的槽口中。

　　3）用力下压并撬出端子排，如图 2-3 所示。

　　端子排的重新安装步骤：

　　1）打开 CPU 或扩展模块端子排的盖板。

　　2）确保模块上的插针与端子排边缘的小孔对正。

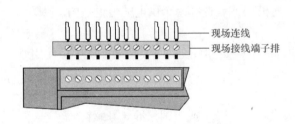

图 2-2　S7-200 模块的可拆卸端子排

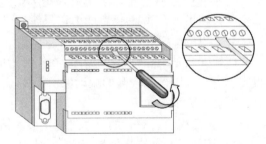

图 2-3　S7-200 模块端子排的拆卸

3）将端子排向下压入模块。确保端子块对准了位置并锁住。

二、S7-200 模块的外部接线

（一）电源的连接

S7-200 PLC 有交流和直流两种供电方式。

1. 交流电源系统

交流电源系统的外部电路如图 2-4 所示。PLC 的交流电源接在 L1（相线）和 N（中性线）端，此外还有保护接地（PE）端子。

用一个单刀开关将电源与 CPU、所有的输入电路和输出（负载）电路隔离开。可以用过电流保护设备（例如断路器）保护 CPU 的电源和 I/O 电路，也可以为每个输出点加上熔丝进行范围更广的保护。当使用 PLC 24V（直流）传感器电源时，可以取消输入点的外部过电流保护，因为该传感器电源具有短路保护功能。将 S7-200 的所有地线端子集中到一起后用 $1.5 mm^2$ 的接地线同最近接地点相连接，以获得最好的抗干扰能力。

2. 直流电源系统

直流电源系统的外部电路如图 2-5 所示。用一个单刀开关将电源同 CPU、所有的输入电路和输出（负载）电路隔离开，过电流保护设备、短路保护和接地的处理与交流电源系统

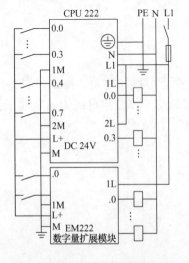

图 2-4　交流电源系统的外部电路

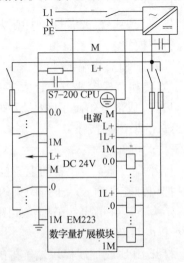

图 2-5　直流电源系统的外部电路

相同。为确保直流电源有足够的抗冲击能力，以保证在负载突变时，可以维持一个稳定的电压，在外部 AC/DC 的输出端接了一个大容量的电容。在大部分的应用中，把所有的直流电源接到地可以得到最佳的噪声抑制。在未接地直流电源的公共端与保护地之间并联电阻与电容。电阻提供了静电释放通路，电容提供高频噪声通路，它们的典型值分别是 1MΩ 和 4700pF。直流 24V 电源回路与设备之间，以及交流 120V/230V 电源与危险环境之间，必须提供安全电气隔离。

（二）输入/输出接线

S7-200 PLC 的数字量 I/O 点，由几个点组成一组，每组共享一个电源公共端子。以图 2-4 所示的 CPU 222 本机数字量 I/O 点为例，8 输入点分为 I0.0 ~ I0.3、I0.4 ~ I0.7 两组，1M 和 2M 分别是两组输入点内部电路的公共端。6 输出点分为 Q0.0 ~ Q0.2、Q0.3 ~ Q0.5 两组，1L 和 2L 分别是两组输出点内部电路的公共端。S7-200 CPU 模块、扩展模块数字量 I/O 接线方法相同。

1. 数字量输入点接线

S7-200 PLC 的数字量输入有 24V 直流输入和 120/230V 交流输入两种方式，24V 直流输入又有源型（信号电流从模块内向输入器件流出）和漏型（信号电流从输入器件流入）两种形式。漏型输入电源公共端 M 接 24V 直流电源的负极，源型输入电源公共端 M 接 24V 直流电源的正极。S7-200 PLC 数字量输入模块接线示例如图 2-6 所示，其中图 2-6a 为 24V 直流输入方式，图 2-6b 为 120/230V 交流输入方式。

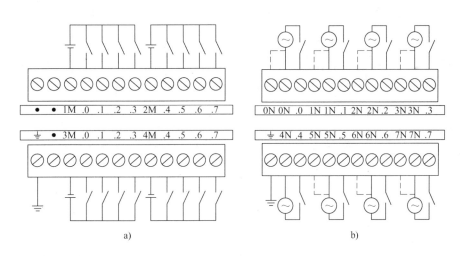

图 2-6　S7-200 PLC 数字量输入模块接线示例

S7-200 PLC 的所有 CPU 有一个直流 24V 传感器电源，如图 2-4 所示，L + 和 M 端子分别是电源的正极和负极。它可以为本机和扩展模块的输入点提供电源，如果设备用电量超过了电源供电定额，必须为系统另配一个外部直流 24V 供电电源。如果使用了外部直流 24V 供电电源，要确保该电源没有与 S7-200 CPU 上的传感器电源并联使用。为了加强电子噪声保护，建议将不同电源的公共端（M）连在一起。

2. 数字量输出点接线

S7-200 的数字量输出有 24V 直流（晶体管）输出、120/230V 交流输出和继电器触点输出三种类型，图 2-7 ~ 图 2-9 所示为三种输出类型数字量输出模块接线示例，其中图 2-7 为 24V 直流（晶体管）输出方式，图 2-8 为继电器触点输出方式，图 2-9 为 120/230V 交流输出方式。

对于 CPU 本机上的输出点来说，凡是 24V 直流供电的 CPU 都是晶体管输出，负载采用 MOSFET 功率驱动器件，所以只能用直流为负载供电。220V 交流供电的 CPU 本机输出点为 120/230V 交流输出或继电器触点输出，若为继电器触点输出，则既可以选用直流为负载供电，也可以采用交流为负载供电。在图 2-4 所示的 CPU 模块继电器输出电路中，数字量输出分为两组，1L、2L 为公共端，每组的公共端为本组的电源供给端，各组之间可接入不同电压等级、不同电压性质的负载电源。

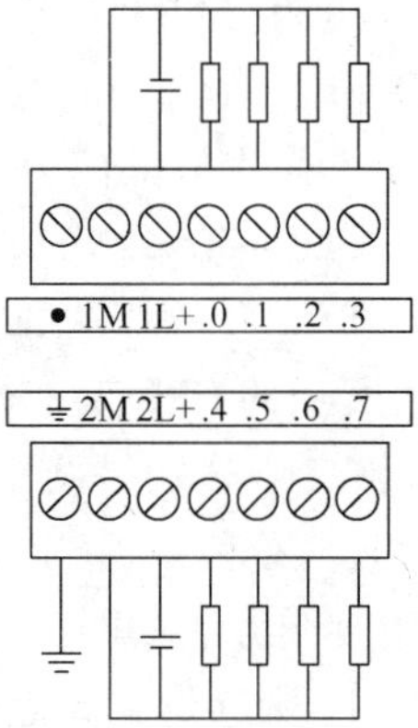

3. 模拟量模块接线

S7-200 PLC 的模拟量扩展模块可适用于复杂的控制场合，12 位的分辨率和多种输入/输出范围能够不用外加放大器而与传感器和执行器直接相连。图 2-10a 所示为以 4 模拟量输入模块 EM231 为例的模拟量输入接线方法。通过 EM231 右下侧的 DIP 开关，可以设置一个模拟量输入通道为电压输入或电流输入，并根据需要设置不同的量程，DIP 开关设置后 PLC 需重新上电设置才能生效。为避免干扰，未使用的模拟量输入通道应短接。图 2-10b 所示为以 2 模拟量输出模块 EM232 为例的模拟量输出接线方法，模拟量输出通道可以用作电压输出，也可以用作电流输出。

图 2-7　24V 直流（晶体管）输出方式

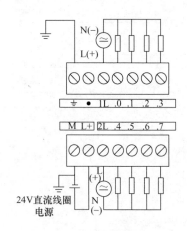

图 2-8　继电器触点输出方式

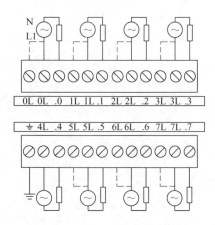

图 2-9　120/230V 交流输出方式

4. 热电偶和 RTD（热电阻）扩展模块接线

以 4 热电偶输入模块 EM231 为例的热电偶输入接线方法如图 2-11a 所示，组态 DIP 开关位于模块的底部，可以选择热电偶模块的类型、断线检测、温度范围和冷端补偿。以 2 热电阻输入模块 EM231 为例的热电阻输入接线方法如图 2-11b 所示，使用 DIP 开关可以选择热电阻的类型、接线方式、温度测量单位和开路故障的方向。要使 DIP 开关设置起作用，需要给 PLC 和/或用户的 24V 重新上电。

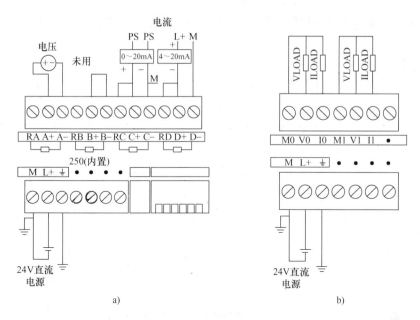

图 2-10　模拟量模块接线示例

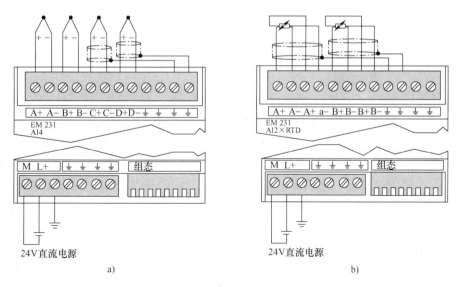

图 2-11　热电偶输入模块和热电阻输入模块接线示例

论题二　S7-200 CPU 的数据存取

一、S7-200 CPU 的存储区编址

（一）位、字节、字、双字

S7-200 CPU 可以按位（bit）、字节（Byte）、字（Word）和双字（Double Word）进行

数据存取，存取的数据类型包括布尔（BOOL）型、整数（INT）型和实数（REAL，浮点数）型三种。

1. 位数据

按位存取的数据为 BOOL（布尔）型，取值只有 1 和 0（TURE 和 FALSE）两种状态。

可以进行位操作的存储单元，每一位都可以看成是有 0 和 1 两种状态的逻辑器件，可用来表示开关量（或称数字量）的两种不同的状态。在梯形图程序中，用这些存储位代替继电器电路中的中间继电器、接触器等器件。若该位为 1，则表示梯形图中对应的编程元件的线圈"得电"，其常开触点闭合、常闭触点断开，以后称该编程元件为 1（或 ON）状态；若该位为 0，则表示梯形图中对应的编程元件的线圈"失电"，其常开触点断开、常闭触点闭合，以后称该编程元件为 0（或 OFF）状态。

2. 字节、字与双字数据

8 位二进制数组成 1 个字节，其中的第 0 位为最低位（LSB）、第 7 位为最高位（MSB）。两个字节组成 1 个字，两个字组成 1 个双字。字节、字和双字保存数据的格式及取值范围见表 2-1。

表 2-1　数据格式和取值范围

数据格式	无符号整数		有符号整数		IEEE 32 位单精度浮点数	
	十进制	十六进制	十进制	十六进制	正数	负数
BYTE 8 位	0 ~ 255	0 ~ FF	− 128 ~ 127	80 ~ 7F	不适用	不适用
WORD 16 位	0 ~ 65535	0 ~ FFFF	− 32768 ~ 32767	8000 ~ 7FFF	不适用	不适用
DWORD 32 位	0 ~ 4294967295	0 ~ FFFF FFFF	− 2147483648 ~ 2147483647	8000 0000 ~ 7FFF FFFF	1. 175495E − 38 ~ 3. 402823E + 38	− 3. 402823E + 38 ~ 1. 175495E − 38

整数分有符号整数和无符号整数。有符号整数和浮点数的最高位为符号位，最高位为 0 时为正数，为 1 时为负数。

（二）S7-200 CPU 的存储区编址方法

所谓编址，就是对每个物理存储单元分配地址，编址的目的是为了寻址。S7-200 CPU 存取数据的单位可以是位、字节、字、双字，所以需要对位、字节、字、双字进行编址。

1. 位编址

若要访问存储区的某一位，则必须指定地址。位存储单元的地址包括存储器标识符、字节地址和位地址，格式：［区域标识］［字节地址］.［位地址］。例如：图 2-12 所示的位地址表示为"I3.4"，其中的区域标识符"I"表示输入（Input），字节地址为 3，位地址为 4。I3.4 表示输入映像寄存器 3 号字节的 4 号位。输入字节 IB3（B 是 Byte 的缩写）由 I3.0 ~ I3.7 这 8 位组成。

2. 字节、字、双字编址

若要访问 CPU 中的一个字节、字或双字数据，则必须以类似位编址的方式给出地址，包括存储器标识符、数据大小以及该字节、字或双字的起始字节地址，如图 2-13 所示。

字节格式：［区域标识］［字节标识符］.［字节地址］，如 VB100。

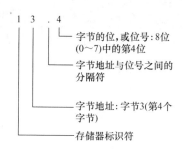

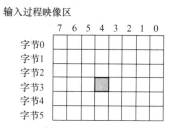

图 2-12　位的编址

字格式：〔区域标识〕〔字标识符〕.〔字节起始地址〕，相邻的两个字节组成一个字，一个字中的两个字节的地址必须连续。如 VW100 表示由 VB100 和 VB101 组成的 1 个字，VW100 中的 V 为区域标识符，W 表示字（Word），100 为起始字节的地址。

双字格式：〔区域标识〕〔双字标识符〕.〔字节起始地址〕，相邻的四个字节表示一个双字，四个字节的地址必须连续。如 VD100 表示由 VB100 ~ VB103 组成的双字，V 为区域标识符，D 表示存取双字（Double Word），100 为起始字节的地址。

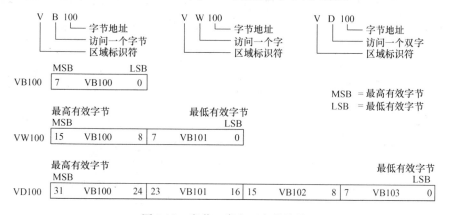

图 2-13　字节、字和双字的编址

二、S7-200 CPU 的存储区

（一）S7-200 CPU 的存储区分类及编址

1. 输入映像寄存器 I

输入映像区是以字节为单位的寄存器，它的每一位对应 PLC 一个数字量输入点，用来接收外部元件（按钮、行程开关、传感器等）所提供的输入信号。在每个扫描周期的开始，CPU 对输入点进行采样，并将采样值存于输入映像寄存器中，外部输入电路接通时对应的映像寄存器为 ON（1 状态），否则为 OFF（0 状态）。CPU 在接下来的本周期各阶段不再改变输入过程映像寄存器中的值，直到下一个扫描周期的输入处理阶段。输入映像寄存器的状态变化只能由外部输入信号驱动，不能用 PLC 内部程序驱动。

输入映像寄存器等效电路如图 2-14 所示。每一个输入映像寄存器的线圈都与相应的 PLC 输入端相连，当外部开关闭合时，对应线圈得电，其常开触点闭合，常闭触点断开。工程实践中，常把输入映像寄存器称为输入继电器，其触点在 PLC 编程时可以无限次使用。

输入映像寄存器的标识符为 I，可以按位、字节、字或双字来存取输入过程映像寄存器中的数据：

位：I［字节地址］.［位地址］，如 I0.1；

字节、字或双字：I［大小］［起始字节地址］，如 IB4。

2. 输出映像寄存器 Q

输出映像区也是以字节为单位的寄存器，它的每一位对应 PLC 一个数字量输出点，用来将输出信号传送到负载的接口。若内部程序使输出映像寄存器为 ON（1 状态），梯形图中对应的线圈则"通电"，其常开触点闭合，常闭触点断开。输出扫描阶段，CPU 将输出映像寄存器中的数值集中复制到物理输出端子上，驱动外部负载。输出映像寄存器的状态只能用内部程序控制。

输出映像寄存器等效电路如图 2-15 所示。输出映像寄存器 Q0.0 位为 ON（1 状态），继电器型输出模块中对应的硬件继电器的常开触点闭合，使接在标号为 Q0.0 的端子的外部负载工作。工程实践中，常把输出映像寄存器称为输出继电器。输出模块中的每一个硬件继电器仅有一对常开触点，但是在梯形图编程中，每一个输出位的常开触点和常闭触点可以无限次使用。

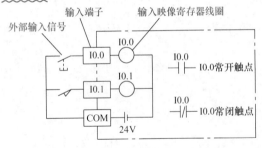

图 2-14　输入映像寄存器等效电路

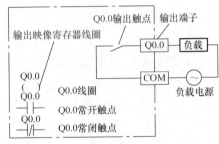

图 2-15　输出映像寄存器等效电路

输出映像寄存器的标识符为 Q，可以按位、字节、字或双字来存取输出映像寄存器中的数据：

位：Q［字节地址］.［位地址］，如 Q1.1；

字节、字或双字：Q［大小］［起始字节地址］，如 QB5。

3. 模拟量输入寄存器 AI

PLC 将现实世界连续变化的模拟量（如温度、压力、电流、电压等）用 A-D 转换器转换为 1 个字长（16 位）的数字量，用区域标识符 AI、数据长度（W）和字节的起始地址来表示模拟量输入的地址，如 AIW0。因为模拟输入量为 1 个字长，且从偶数位字节（如 0、2、4）开始，所以必须用偶数字节地址（如 AIW0、AIW2、AIW4）来存取这些值。模拟量输入值为只读数据。

格式：AIW［起始字节地址］，如 AIW4。

4. 模拟量输出寄存器 AQ

S7-200 PLC 把 1 个字长（16 位）数字值用 D-A 转换器按比例转换为电流或电压。用区域标识符 AQ、数据长度（W）和字节的起始地址来表示存储模拟量输出的地址，如 AQW0。

因为模拟量为一个字长，且从偶数字节（如 0、2、4）开始，所以必须用偶数字节地址（如 AQW0、AQW2、AQW4）来改变这些值。模拟量输出值是只写数据。

格式：AQW［起始字节地址］，如 AQW4。

5. 变量存储器 V

变量存储器（或称数据存储器）V 用来存储程序执行过程中的中间操作结果，也可以用它来保存与工序或任务相关的其他数据。可以按位、字节、字或双字来存取变量存储器中的数据：

位：V［字节地址］.［位地址］，如 V10.2；

字节、字或双字：V［大小］［起始字节地址］，如 VW100。

6. 内部位存储器 M

内部位存储器 M 用来存储中间操作状态或其他控制信息，其作用相当于继电接触器控制系统中的中间继电器，有的资料中直接把位存储器 M 称为中间继电器。可以按位、字节、字或双字来存取内部位存储器中的数据：

位：M［字节地址］.［位地址］，如 M26.7；

字节、字或双字：M［大小］［起始字节地址］，如 MD20。

7. 特殊存储器 SM

SM 位为 CPU 与用户程序之间传递信息提供了一种手段，可使用这些位来选择和控制 S7-200 CPU 的某些特殊功能。例如：SM0.0 始终为"1"状态，当 PLC 运行时可以利用其触点驱动输出继电器；SM0.1 仅在执行用户程序的第一个扫描周期为 1 状态，可以用于初始化程序；SM0.2 在 RAM 中数据丢失时，导通 1 个扫描周期，用于出错处理；SM0.4 是周期为 1min、占空比为 50% 的时钟脉冲；SM0.5 是周期为 1s、占空比为 50% 的时钟脉冲。

特殊标志位分为只读区和可读可写区两部分，对于只读区特殊标志位，用户只能使用其触点，其地址编号范围随 CPU 的不同而不同。可以按位、字节、字或双字来存取 SM 位：

位：SM［字节地址］.［位地址］，如 SM0.1；

字节、字或双字：SM［大小］［起始字节地址］，如 SMB86。

8. 局部变量存储器 L

局部变量存储器用来存放局部变量，它和变量存储器 V 很相似，主要区别是变量存储器 V 是全局有效的，可以被所有的 POU（Program Organizational Unit，程序组织单元，如主程序、子程序、中断程序）存取，而局部变量存储器 L 仅在创建它的 POU 中有效。S7-200 PLC 为每个 POU 分配 64 个字节的局部变量存储器，其中 60 个字节可以作为暂时存储器，或给子程序传递参数，后 4 个字节作为系统的保留字节。可以按位、字节、字或双字来存取局部变量存储器中的数据：

位：L［字节地址］.［位地址］，如 L0.0；

字节、字或双字：L［大小］［起始字节地址］，如 LB33。

9. 定时器 T

S7-200 CPU 中，定时器可用于时间累计，其作用相当于继电器电路中的时间继电器。S7-200 定时器的分辨率（时基增量）分为 1ms、10ms 和 100ms 三种。定时器有两个变量：

当前值：该 16 位有符号整数可存储由定时器计数的时间量。

定时器位：在比较当前值和预设值后，可设置或清除该位。

可以用定时器地址（T + 定时器号）来存取这两种形式的定时器数据：

格式：T［定时器编号］，如 T24。

访问的是定时器位还是当前值取决于所使用的指令：带位操作数的指令可访问定时器位，而带字操作数的指令则访问当前值。

10. 计数器 C

计数器就是 PLC 具有计数功能的计数设备，计数器用来累计输入端接收到的脉冲个数，S7-200 有三种计数器：加计数器、减计数器、加减计数器。计数器变量有两种形式：

当前值：该 16 位有符号整数可存储累加计数值；

计数器位：在比较当前值和预设值后，可设置或清除该位。

可以用计数器地址（C + 计数器号）来访问这两种形式的计数器数据：

格式：C［计数器编号］，如 C24。

访问的是计数器位还是当前值取决于所使用的指令：带位操作数的指令访问计数器位，而带字操作数的指令则访问当前值。

11. 高速计数器 HC

高速计数器用来累计比 CPU 的扫描速率更快的事件，计数过程与扫描周期无关。高速计数器有一个 32 位的有符号整数计数值（或当前值）。若要存取高速计数器中的值，则应给出高速计数器的地址，即存储器类型（HC）加上计数器号（如 HC0）。高速计数器的当前值是只读数据，仅可以作为双字（32 位）来寻址。

格式：HC［高速计数器编号］，如 HC1。

12. 累加器 AC

累加器是用来暂存数据的寄存器，它可以用来存放运算数据、中间数据和结果，S7-200 提供了 4 个 32 位累加器（AC0、AC1、AC2 和 AC3）。可以按字节、字或双字的形式来访问累加器中的数值：

格式：AC［累加器编号］，如 AC0。

被访问的数据长度取决于存取累加器时所使用的指令。当以字节或者字的形式存取累加器时，使用的是数值的低 8 位或低 16 位。当以双字的形式存取累加器时，使用全部 32 位。

13. 顺序控制寄存器 S

顺序控制寄存器 S 又称状态元件，与顺序控制继电器指令配合使用，用于组织设备的顺序操作。可以按位、字节、字或双字来存取 S 位：

位：S［字节地址］.［位地址］，如 S3.1；

字节、字或双字：S［大小］［起始字节地址］，如 SB4。

（二）S7-200 CPU 存储器的范围及特性

PLC 存储器的范围及特性根据 CPU 型号不同而有所不同，不同 S7-200 CPU 的存储器范围及特性见表 2-2。

（三）本机 I/O 和扩展 I/O 的地址分配

CPU 提供的本机 I/O 具有固定的 I/O 地址，扩展模块的 I/O 地址取决于 I/O 类型和模块在 I/O 链中的位置。举例来说，输出模块不会影响输入模块上的点地址，反之亦然。类似地，模拟量模块不会影响数字量模块的寻址，反之亦然。

表 2-2 S7-200 CPU 的存储器范围及特性

描述		CPU 221	CPU 222	CPU 224	CPU 224XP	CPU 226
用户程序大小/B	带运行模式下	4096	4096	8192	12288	16384
	不带运行模式下	4096	4096	12288	16384	24576
用户数据大小/B		2048	2048	8192	10240	10240
输入映像寄存器		I0.0 ~ I15.7	I0.0 ~ I15.7	I0.0 ~ I15.7	I0.0 ~ I15.7	I0.0 ~ I15.7
输出映像寄存器		Q0.0 ~ Q15.7	Q0.0 ~ Q15.7	Q0.0 ~ Q15.7	Q0.0 ~ Q15.7	Q0.0 ~ Q15.7
模拟量输入（只读）		AIW0 ~ AIW30	AIW0 ~ AIW30	AIW0 ~ AIW62	AIW0 ~ AIW62	AIW0 ~ AIW62
模拟量输出（只写）		AQW0 ~ AQW30	AQW0 ~ AQW30	AQW0 ~ AQW62	AQW0 ~ AQW62	AQW0 ~ AQW62
变量存储器（V）		VB0 ~ VB2047	VB0 ~ VB2047	VB0 ~ VB8191	VB0 ~ VB10239	VB0 ~ VB10239
局部存储器（L）		LB0 ~ LB63	LB0 ~ LB63	LB0 ~ LB63	LB0 ~ LB63	LB0 ~ LB63
位存储器（M）		M0.0 ~ M31.7	M0.0 ~ M31.7	M0.0 ~ M31.7	M0.0 ~ M31.7	M0.0 ~ M31.7
特殊存储器（SM）只读		SM0.0 ~ SM179.7 SM0.0 ~ SM29.7	SM0.0 ~ SM299.7 SM0.0 ~ SM29.7	SM0.0 ~ SM549.7 SM0.0 ~ SM29.7	SM0.0 ~ SM549.7 SM0.0 ~ SM29.7	SM0.0 ~ SM549.7 SM0.0 ~ SM29.7
定时器 有记忆接通延迟 1ms		256（T0 ~ T255）T0、T64	256（T0 ~ T255）T0、T64	256（T0 ~ T255）T0、T64	256（T0 ~ T255）T0、T64	256（T0 ~ T255）T0、T64
10ms		T1 ~ T4、T65 ~ T68	T1 ~ T4、T65 ~ T68	T1 ~ T4、T65 ~ T68	T1 ~ T4、T65 ~ T68	T1 ~ T4、T65 ~ T68
100ms		T5 ~ T31、T69 ~ T95	T5 ~ T31、T69 ~ T95	T5 ~ T31、T69 ~ T95	T5 ~ T31、T69 ~ T95	T5 ~ T31、T69 ~ T95
接通/关断延迟 1ms		T32、T96	T32、T96	T32、T96	T32、T96	T32、T96
10ms		T33 ~ T36、T97 ~ T100	T33 ~ T36、T97 ~ T100	T33 ~ T36、T97 ~ T100	T33 ~ T36、T97 ~ T100	T33 ~ T36、T97 ~ T100
100ms		T37 ~ T63、T101 ~ T255	T37 ~ T63、T101 ~ T255	T37 ~ T63、T101 ~ T255	T37 ~ T63、T10 ~ T255	T37 ~ T63、T101 ~ T255
计数器		C0 ~ C255	C0 ~ C255	C0 ~ C255	C0 ~ C255	C0 ~ C255
高速计数器		HC0 ~ HC5	HC0 ~ HC5	HC0 ~ HC5	HC0 ~ HC5	HC0 ~ HC5
顺序控制寄存器（S）		S0.0 ~ S31.7	S0.0 ~ S31.7	S0.0 ~ S31.7	S0.0 ~ S31.7	S0.0 ~ S31.7
累加器		AC0 ~ AC3	AC0 ~ AC3	AC0 ~ AC3	AC0 ~ AC3	AC0 ~ AC3
跳转标号		0 ~ 255	0 ~ 255	0 ~ 255	0 ~ 255	0 ~ 255
调用子程序		0 ~ 63	0 ~ 63	0 ~ 63	0 ~ 63	0 ~ 127
中断程序		0 ~ 127	0 ~ 127	0 ~ 127	0 ~ 127	0 ~ 127
正/负跳变		256	256	256	256	256
PID 回路		0 ~ 7	0 ~ 7	0 ~ 7	0 ~ 7	0 ~ 7
端口		端口 0	端口 0	端口 0	端口 0、1	端口 0、1

数字量模块总是保留以8位（1个字节）增加的过程映像寄存器空间。如果模块没有给保留字节中每一位提供相应的物理点，那些未用位就不能分配给I/O链中的后续模块。对于输入模块，这些保留字节中未使用的位会在每个输入刷新周期中被清零。模拟量I/O点总是以两点（4个字节）增加的方式来分配空间。如果模块没有给每个点分配相应的物理点，则这些I/O映像寄存器空间会空置，并且不能够分配给I/O链中的后续模块。图2-16所示为CPU 224XP的本地和扩展I/O地址示例。用斜体文字表示的地址没有对应的物理端子，无法用作I/O地址。

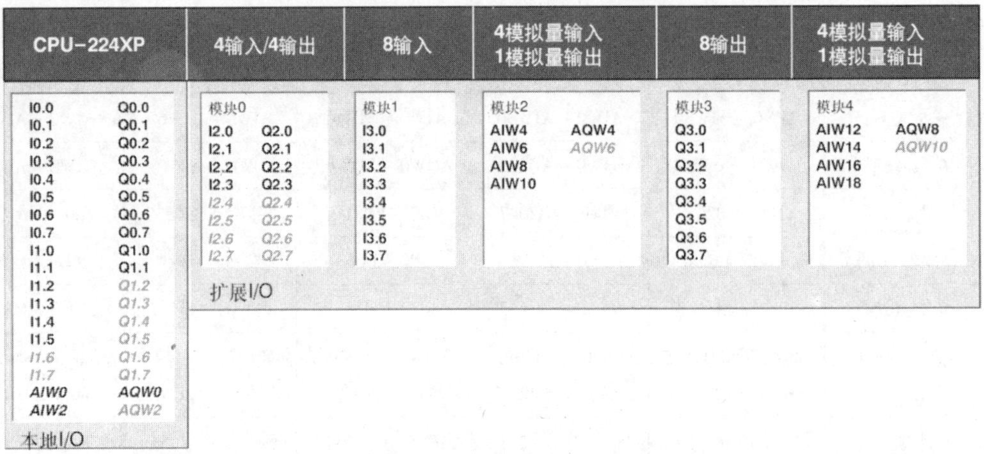

图2-16　CPU 224XP 的本地和扩展 I/O 地址示例

三、S7-200 CPU 的寻址

S7-200 编程语言的基本单位是语句，而语句的构成是指令，每条指令有两部分：一部分是操作码，另一部分是操作数。操作码指出这条指令的功能是什么，操作数则指明了操作码所需要的数据所在。所谓寻址，就是寻找操作数的过程。S7-200 CPU 有立即寻址、直接寻址、间接寻址三种寻址方式。

（一）立即寻址

在一条指令中，如果操作码后面的操作数就是操作码所需要的具体数据，这种指令的寻址方式就叫做立即寻址。

如在传送指令中，MOV IN, OUT——操作码"MOV"指出该指令的功能是把IN中的数据传送到OUT中，其中IN是源操作数，OUT是目标操作数。

若指令为MOVD 2505, VD500，该指令将十进制常数2505传送到VD500中，这里2505就是源操作数。因这个操作数的数值已经在指令中了，不用再去寻找，这个操作数即为立即数，寻址方式就是立即寻址方式。而目标操作数的数值在指令中并未给出，只给出了要传送到的地址VD500，这个操作数的寻址方式就是直接寻址。

在S7-200 PLC中，常数值可为字节、字或双字。存储器以二进制方式存储所有常数。指令中可用二进制、十进制、十六进制或ASCII码形式来表示常数，其具体的格式举例如下：

二进制常数：2#1001 0101；

十进制常数：20047；

十六进制常数：16#4E4F；

实数（浮点数）格式：4.475495E-38（正数），-4.475495E-38（负数）；

ASCII 码常数：'good'。

（二）直接寻址

在一条指令中，如果操作码后面的操作数是以操作数所在地址的形式出现的，这种指令的寻址方式就叫做直接寻址。在 S7-200 系统中，可以按位、字节、字和双字对存储单元寻址，如 I3.2、VB100、VW100、VD100 等。

例如：MOVD VD400，VD500，该指令将 VD400 中的双字数据传给 VD500，VD400 指 V 存储区中的双字，地址为 400，这里 VD400、VD500 的寻址方式就是直接寻址。

（三）间接寻址

在一条指令中，如果操作码后面的操作数不提供直接数据位置，而是通过使用地址指针来存取存储器中的数据，这种指令的寻址方式就叫做间接寻址。指针以双字的形式存储其他存储区的地址。只能用 V 存储器、L 存储器或者累加器寄存器（AC1、AC2、AC3）作为指针。要建立一个指针，必须以双字的形式，将需要间接寻址的存储器地址移动到指针中。指针也可以为子程序传递参数。S7-200 允许指针访问以下存储区：I、Q、V、M、S、AI、AQ、SM、T（仅限于当前值）和 C（仅限于当前值）。无法用间接寻址的方式访问位地址，也不能访问 HC 或者 L 存储区。

使用间接寻址之前，要先用 "&" 符号加上要访问的存储区地址来建立一个指针。指令的输入操作数应该以 "&" 符号开头来表明是存储区的地址，而不是其内容将移动到指令的输出操作数（指针）中。当指令中的操作数是指针时，应该在操作数前面加上 "∗" 号。如图 2-17 所示，输入 ∗AC1 指定 AC1 是一个指针，MOVW 指令决定了指针指向的是一个字长的数据。

如：MOVD &VW200，AC1

功能：将 VB200 的地址（VW200 的起始地址）作为指针存入 AC1 中。

如：MOVW ∗AC1，AC0

功能：将 AC1 所指向的字（VW200）中的值送入 AC0，传送示意图如图 2-17 所示。

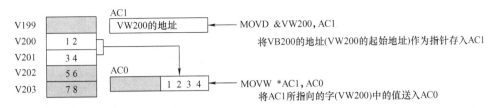

图 2-17　使用指针的间接寻址

由于指针是一个 32 位的数据，要用双字指令来改变指针的数值。简单的数学运算，如加法指令或者递增指令，可用于改变指针的数值。访问字节时，指针值加 1；访问字或定时器或计数器的当前值时，指针值加 2；访问双字时，指针值加 4。使用加法指令改变指针的传送示意图如图 2-18 所示。

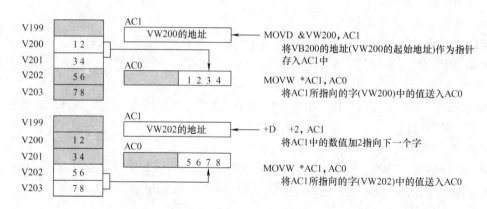

图 2-18　使用加法指令改变指针的传送示意图

论题三　S7-200 PLC 的基本逻辑指令

程序指令按功能可分为基本指令、顺序控制指令和功能指令三大类。由基本指令组成的程序梯形图类似继电器控制系统的电气原理图，熟悉电气控制电路的人员比较容易理解和掌握；为了能让初学者更容易入门，首先介绍几种基本位逻辑指令及其应用。

一、S7-200 PLC 的基本位逻辑指令

（一）触点、线圈指令

触点、线圈指令是 PLC 最基本的指令，其指令格式及操作数范围见表 2-3。

表 2-3　触点、线圈指令

指令名称	LAD	STL	操作数
常开触点	─┤ Bit ├─	LD　Bit A　　Bit O　　Bit	I、Q、M、SM、 T、C、V、S、L
常闭触点	─┤ Bit /├─	LDN　Bit AN　　Bit ON　　Bit	
输出线圈	─(Bit)─	=　Bit	Q、M、SM、V、S、L

1. 触点指令

在梯形图（LAD）中用触点来描述所使用的开关量的状态，梯形图的每个触点状态为 ON 或 OFF，取决于分配给它的位操作数的状态。标准触点指令包括常开触点指令和常闭触点指令。

在梯形图程序中，触点指令操作数 Bit 对应的存储位相当于此触点的继电器线圈，触点

指令从操作数 Bit 对应的存储器中得到参考值。若该位操作数为 1，表示继电器线圈通电，则其常开触点闭合（状态为 ON 或 1），常闭触点断开（状态为 OFF 或 0）；若位操作数为 0，表示继电器线圈断电，则其常开触点断开（状态为 OFF 或 0），常闭触点闭合（状态为 ON 或 1）。梯形图中的触点也像继电器电路一样，可以串联和并联，触点串联执行"与"逻辑运算，触点并联执行"或"逻辑运算。

STL 触点指令的助记符有 LD、LDN、A、AN、O、ON 六种形式，具体使用方法在后续内容介绍。

2. 输出线圈指令

在梯形图上，输出以线圈的形式表示。驱动线圈的触点电路接通时，线圈流过一个假想的"能流"，线圈"得电"，对应的存储器位置 1，反之，线圈"失电"，对应的存储器位复位为 0。输出类指令应放在梯形图的最右边，变量为 BOOL 型。若线圈对应的存储位为输出映像寄存器，输出指令将逻辑的运算结果写入输出映像寄存器中，从而决定下一扫描周期中的输出端子的状态，输出端子的状态改变要等到集中刷新处理后才能表现出来。输出指令也可将结果写入内部存储器中，例如，位存储器 M、变量存储器 V、局部变量存储器 L 等。上述存储位在梯形图程序中可以作为软件继电器使用，其触点可以在程序中无限次地使用。输入映像寄存器在每个扫描周期由外界物理端子的输入信息刷新，只能读取，不能通过程序改变其状态，因而输出指令不能用于驱动输入映像寄存器的线圈。

输出指令可以连续使用多次，相当于电路中多个线圈的并联形式。如果同一个线圈的输出指令在同一程序中多次使用，PLC 最终输出的是最后一次执行输出指令的结果。为了避免冲突，在程序中同一个线圈的输出指令尽量不要多次使用。

STL 输出指令的助记符为"="，执行输出指令"="时，将逻辑运算结果（逻辑堆栈的栈顶值）复制到对应的输出映像寄存器或内部存储器。

（二）触点、线圈指令的梯形图程序

1. 梯形图程序

梯形图是一种从电气控制电路图演变而来的图形语言。它是借助类似于继电器的常开触点、常闭触点、线圈，以及串/并联等术语和符号，根据控制要求连接而成的表示 PLC 输入和输出之间逻辑关系的图形，直观易懂。梯形图中常用┤├和┤/├图形符号分别表示 PLC 编程元件的常开触点和常闭触点；用（ ）表示它们的线圈。梯形图中编程元件的种类用图形符号及标注的字母或数加以区别。触点和线圈等组成的独立电路称为网络（Network），用编程软件生成的梯形图和语句表程序中有网络编号，允许以网络为单位给梯形图加注释。

（1）梯形图的特点

1）梯形图按从左到右、自上而下的顺序排列。每一逻辑行（或称梯级）起始于左母线，然后是触点的串/并联连接，最后是线圈。

2）梯形图中每个梯级流过的不是物理电流，而是"概念电流"，从左流向右，其两端没有电源。这个"概念电流"只是用于形象地描述用户程序执行中应满足线圈接通的条件。

3）输入映像寄存器用于接收外部输入信号，而不能由 PLC 内部其他继电器的触点来驱动。因此，梯形图中只出现输入映像寄存器的触点，而不出现其线圈。输出映像寄存器则输出程序执行结果给外部输出设备，当梯形图中的输出映像寄存器线圈得电时，就有信号输出，但不是直接驱动输出设备，而要通过输出接口的继电器、晶体管或晶闸管才能实现。输出映像寄存器的触点也可供内部编程使用。

（2）梯形图设计规则

1）触点应画在水平线上，并且根据自左至右、自上而下的原则和对输出线圈的控制路径来画。

2）不包含触点的分支应放在垂直方向，以便于识别触点的组合和对输出线圈的控制路径。

3）在几个串联回路相并联时，应将触点多的那个串联回路放在梯形图的最上面。在几个并联回路相串联时，应将触点最多的并联回路放在梯形图的最左面。这样所编制的程序简洁明了，语句较少。

（3）梯形图的表示方法　LAD 主要由触点、线圈、指令盒等软元件组成，元件之间通过线段连接，左侧有提供能流的母线。触点代表逻辑的"输入条件"，例如：开关、按钮或者内部条件等；线圈通常表示逻辑的"输出结果"，例如：灯负载、电动机起动器、中间继电器或者内部输出条件；指令盒则代表定时器、计数器、数学运算等复杂指令。最基本的 LAD 指令由触点和线圈组成，其表示方法如图 2-19 所示。

触点和线圈的上方标注的是操作数，触点的状态取决于分配给它的位操作数的状态及触点的性质，线圈的状态影响分配给它的位操作数的状态。梯形图中每个触点有 ON（接通）和 OFF（断开）两种状态，如果位操作数是 1，则与其对应的常开触点为 ON（接通），常闭触点为 OFF（断开）。如果位操作数是 0，则与其对应的常开触点为 OFF（断开），常闭触点为 ON（接通）。

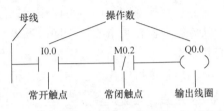

图 2-19　梯形图中触点和线圈的表示方法

（4）梯形图的分析方法　在梯形图回路中，有一个由左母线提供的假想的"能流"，触点条件为 ON（接通）时，允许能流通过；触点条件为 OFF（断开）时，不允许能流通过。能流只能从左侧母线开始自左向右流动，不能反向流动。当有能流到达输出线圈时，线圈状态为 ON（通电），其对应的位操作数置 1，当没有能流到达输出线圈时，线圈状态为 OFF（断电），其对应的位操作数复位为 0。若梯形图右侧为指令盒，当有能流到达指令盒时，指令盒功能执行，当没有能流到达指令盒时，指令盒功能不执行。在网络中，程序的逻辑运算按从左到右的方向执行，与能流的方向一致。各网络按从上到下的顺序执行，执行完所有的网络后，下一个扫描周期返回最上面的网络重新执行。

由基本指令组成的梯形图程序类似继电器控制系统的电气原理图，在分析梯形图中的逻辑关系时，也可以借用继电器电路图的分析方法。把 PLC 中每个允许位寻址的存储位当做继电器，梯形图中触点即为这些继电器的辅助触点，可以在程序中无限次使用，梯形图中的输出线圈就是这些继电器的线圈，梯形图中元件间的线段相当于继电器电路中的导线。可以想象梯形图左右两侧有垂直的"电源线"（右侧的垂直电源线省略），"电源线"之间有一个左正右负的直流电源电压。梯形图中触点状态为 ON，表示触点闭合，电路接通；触点状态为 OFF，表示触点断开，电路断开。当输出线圈左侧电路接通时，继电器线圈通电；当输出线圈左侧电路断开时，继电器线圈断电。

2. 触点、线圈指令程序

（1）单触点程序举例　图 2-20a 所示为单触点和输出线圈组成的简单梯形图程序。网络 1 中，常开触点 I0.0 控制输出线圈 Q0.0 的通断，当 PLC 外部输入端子 I0.0 接通高电平时，输入映像寄存器 I0.0 线圈"通电"（输入映像寄存器 I0.0 位为 1），其常开触点闭合，有能流到达输出线圈 Q0.0，输出线圈 Q0.0"通电"（输出映像寄存器 Q0.0 位置 1）；在网络 2 中，常闭触点 I0.1 控制输出线圈 Q0.1 和 Q0.2 的通断，当 PLC 端子 I0.1 外部输入电路断开，端子 I0.1 为低电平时，输入映像寄存器 I0.1 线圈"失电"（输入映像寄存器 I0.1 位为 0），其常闭触点闭合，输出继电器 Q0.1、Q0.2 通电（输出映像寄存器 Q0.1、Q0.2 位置 1）。

图 2-20b 所示为图 2-20a 对应的 STL 程序。<u>梯形图中每个梯级与左母线相连的第一个触点，其 STL 指令为 LD 或 LDN，LD 表示常开触点，LDN 表示常闭触点。</u>S7-200 有一个 9 位的堆栈，栈顶用来存储逻辑运算的结果，下面的 8 位用来存储中间运算结果。堆栈中的数据一般按"先进后出"的原则存取。执行 LD（Load）指令时，将指令操作数 Bit 的值（0 或 1）装载入栈顶，准备参加逻辑运算。而执行 LDN（Load Not）指令时，先将操作数 Bit 的内容取反，再装载入栈顶。执行输出指令"="时，将逻辑运算结果（逻辑堆栈的栈顶值）复制到"="对应的输出映像寄存器。

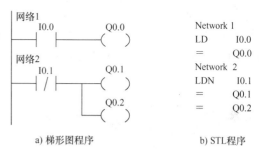

a) 梯形图程序　　　　　b) STL程序

图 2-20　单触点程序举例

（2）触点串联和并联的程序举例　图 2-21a 所示为触点串联和并联的 LAD 程序的例子。网络 1 中，输入映像寄存器位 I0.2、内部存储位 M1.0 均为 1，且变量存储器位 V4.1 状态为 0，串联的三个触点均接通，内部存储位 M2.0 线圈"通电"（内部存储位 M2.0 置 1）。网络 2 中，或者输入映像寄存器 I0.4 位为 1，或者变量存储器 V2.0 位状态为 0，或者内部存储位 M2.0 为 1，变量存储器位 V3.0 线圈"通电"。

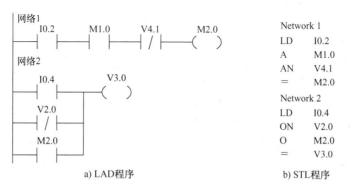

a) LAD程序　　　　　　　b) STL程序

图 2-21　触点串联和并联的程序举例

图 2-21b 所示为图 2-21a 对应的 STL 程序。在 STL 中，单个常开触点的串联连接用 A 指令，单个常闭触点的串联连接用 AN 指令，单个常开触点的并联连接用 O 指令，单个常闭触

点的并联连接用 ON 指令。执行 A（And）指令，把操作数的内容与栈顶中的内容相与，结果送入栈顶；执行 AN（And Not）指令，把操作数的内容先取反（代表常闭触点），然后再和栈顶中的内容作与运算，结果存入栈顶。执行 O（Or）指令，把操作数的内容与栈顶中的内容相或，结果送入栈顶。执行 ON（Or Not）指令，把操作数的内容先取反（代表常闭触点），然后再和栈顶中的内容作或运算，结果存入栈顶。

（3）触点混联的程序举例　图 2-22 所示为既有触点串联又有触点并联的 PLC 程序，这也是梯形图程序设计中常用的起保停电路。初始情况下，输入映像寄存器 I0.0、I0.1 和输出映像寄存器 Q0.0 均为 0 状态，其常开触点断开，常闭触点闭合。当 PLC 的输入端子 I0.0 外部电路接通时，输入映像寄存器 I0.0 线圈"通电"，其常开触点接通，输出线圈 Q0.0 "通电"，与 I0.0 常开触点并联的 Q0.0 常开触点接通自保，即使 I0.0 线圈"断电"，输出线圈 Q0.0 也会持续"通电"。当 I0.1 外部电路接通时，输入映像寄存器 I0.1 线圈"通电"，其常闭触点断开，使输出线圈 Q0.0 "断电"。

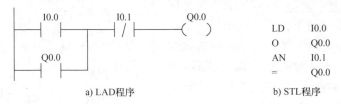

a) LAD程序　　　　　　　　　　b) STL程序

图 2-22　触点混联的程序举例

3. 按照继电器电路分析梯形图程序的方法

梯形图程序是从继电器电路演变而来的，仅由线圈和触点组成的梯形图可以完全按照继电器电路来分析和设计程序。为了初学者和熟悉继电器电路的技术人员能够快速掌握梯形图程序的分析与设计方法，理解 PLC 程序的执行过程，下面以常用的起保停程序为例，按照继电器电路的分析方法分析梯形图程序的执行过程。

图 2-23 所示为 S7-200 PLC 程序执行过程原理图。图中输入电路和输出电路为 PLC 外部电路，分别连接于 PLC 的输入、输出端子。点画线内为 PLC 的内部电路。当按下按钮 SB1 时，输入继电器 I0.0 线圈通电，此时 I0.1 保持断电。梯形图程序网络 1 中 I0.0 常开触点和 I0.1 常闭触点均闭合，输出继电器 Q0.0 线圈通电，其常开触点闭合自保。当 SB1 松开时，Q0.0 线圈继续通电。网络 2 中 Q0.0 常开触点闭合，使输出继电器 Q0.1 线圈通电。Q0.0 线圈通电，其常开触点闭合，使输出电路中继电器 KA 通电。Q0.1 线圈通电，其常开触点闭合，使输出电路中指示灯 HL 亮。当按下按钮 SB2 时，输入继电器 I0.1 线圈通电，梯形图程序网络 1 中 I0.1 常闭触点断开，继电器 Q0.0 线圈断电，其常开触点断开，使继电器 KA 断电。网络 2 中 Q0.0 常开触点断开，继电器 Q0.1 线圈断电，其常开触点断开，使输出电路指示灯 HL 熄灭。

（三）取反（NOT）指令

取反指令改变能流输入的状态（即将栈顶的值取反后，放入栈顶），也就是说将其左边的逻辑运算结果取反，运算结果若为 1 则变为 0，为 0 则变为 1，指令没有操作数。取反指令只是作为条件参入控制，不与存储器中任何单元发生联系。

取反指令的 LAD 及 STL 的指令格式见表 2-4。

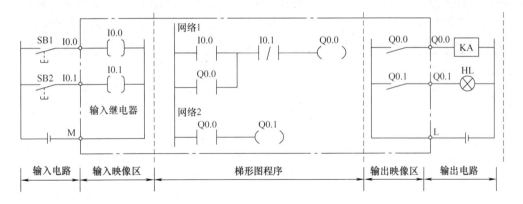

图 2-23　S7-200 PLC 程序执行过程原理图

表 2-4　取反指令格式

指 令 名 称	LAD	STL	操 作 数
取反	──┤ NOT ├──	NOT	I、Q、M、SM、T、C、V、S、L

取反指令应用示例如图 2-24 所示。

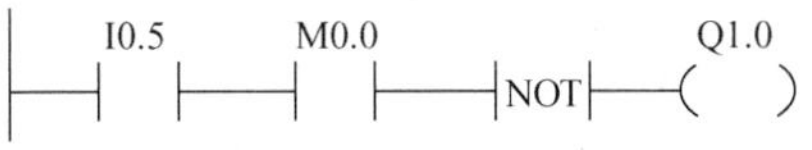

```
LD    I0.5
A     M0.0
NOT
=     Q1.0
```

a) LAD程序　　　　　　　b) STL程序

图 2-24　取反指令应用示例

二、置位与复位指令

置位指令 S、复位指令 R 格式见表 2-5。

表 2-5　S、R 指令

指 令 名 称	梯 形 图	指 令 表	逻 辑 功 能
置位指令	Bit ──(S) 　　N	S Bit, N	从 Bit 开始的 N 个元件置 1 并保持
复位指令	Bit ──(R) 　　N	R Bit, N	从 Bit 开始的 N 个元件清 0 并保持

对位元件来说，一旦被置位，就保持在"通电"状态（状态为 1），除非对它复位；而一旦被复位就保持在"断电"状态（状态为 0），除非再对它置位。如果复位指令指定的是定时器（T）或计数器（C），指令不但复位定时器位或计数器位，而且清除定时器或计数器的当前值。N 的范围为 1～255，N 可为 VB、IB、QB、MB、SMB、SB、LB、AC、常数、＊VD、＊AC 和＊LD，一般情况下使用常数；S/R 指令的操作数为 Q、M、SM、T、C、V、S 和 L。置位与复位指令的应用如图 2-25 所示。

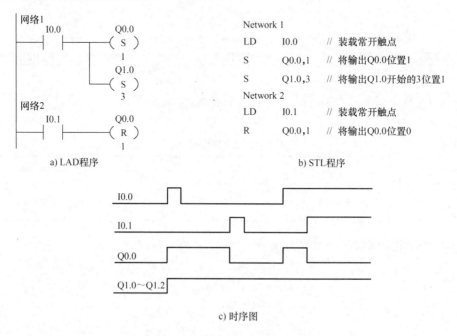

图 2-25　置位与复位指令的应用

S/R 指令可以互换次序使用，但由于 PLC 采用扫描工作方式，所以写在后面的指令具有优先权。在图 2-25 所示程序中，若 I0.0 和 I0.1 同时为 1，则程序的最终运算结果是 Q0.0 复位为 0。

论题四　STEP 7-Micro/WIN 编程软件

STEP 7-Micro/WIN 是西门子公司专门为 S7-200 PLC 设计开发的编程工具软件。STEP 7-Micro/WIN 基于 Windows 操作系统，是用户开发、编辑、调试和监控 PLC 应用程序的便捷有效工具，V4.0 以上版本支持汉化功能。STEP 7-Micro/WIN 既可以在 PC 上运行，也可以在 SIEMENS 公司的编程器上运行。

一、STEP 7-Micro/WIN 编程软件的安装

（一）PC 或编程器的配置要求

PC 或编程器的最小配置如下：

1）操作系统：Windows 2000，Windows XP（专业版或家庭版）；

2）至少 100MB 硬盘空间。

（二）软件安装

双击 V4.0 版编程软件中的安装程序 SETUP. EXE，根据安装时的提示完成安装。

（三）语言选择

进入安装程序时，选择英语作为安装过程中使用的语言。安装完成后，在用菜单命令"Tools"→"Options"打开的对话框"General"选项卡中，选择希望使用的语言，如图 2-26 所示，单击"OK"，根据提示退出项目后重新打开编程软件，即完成语言选择。

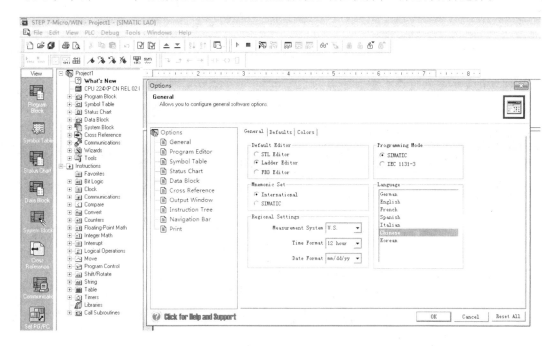

图 2-26　语言选择

二、STEP 7-Micro/WIN 主界面

STEP 7-Micro/WIN 编程工具软件为用户创建控制程序提供了便捷的工作环境、丰富的编程向导，提高了程序的易用性，其主界面如图 2-27 所示。

主界面通常包括：菜单栏、工具栏、浏览栏、指令树、用户窗口、输出窗口和状态栏等。

（一）菜单栏

菜单栏包括 8 个主菜单选项，菜单栏各选项如图 2-28 所示。

为了便于读者学习编程软件，充分了解编程软件功能，更好地完成用户程序开发任务，下面介绍编程软件主界面各主菜单的功能及其选项内容如下：

（1）文件　文件菜单可以实现对文件的操作。

（2）编辑　编辑菜单提供程序的编辑工具。

（3）查看　查看菜单可以设置软件开发环境的风格。

（4）PLC　PLC 菜单可建立与 PLC 联机时的相关操作，也可提供离线编译的功能。

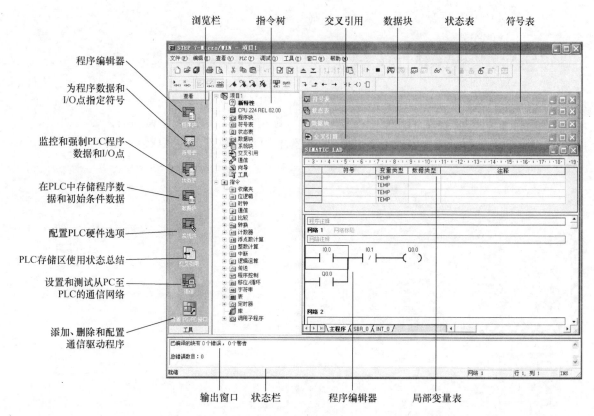

图 2-27   STEP 7-Micro/WIN 编程软件的主界面

图 2-28   菜单栏

（5）调试   调试菜单用于联机时的动态调试。

（6）工具   工具菜单提供复杂指令向导，使复杂指令编程时的工作简化，同时提供文本显示器 TD200 设置向导；另外，工具菜单的定制子菜单可以更改 STEP 7-Micro/WIN 工具栏的外观或内容，以及在工具菜单中增加常用工具；工具菜单的选项可以设置三种编辑器的风格，如字体、指令盒的大小等样式。

（7）窗口   窗口菜单可以打开一个或多个窗口，并可进行窗口之间的切换；还可以设置窗口的排列形式。

（8）帮助   可以通过帮助菜单的目录和索引了解几乎所有相关的使用帮助信息。在编程过程中，如果对某条指令或某个功能的使用有疑问，可以使用在线帮助功能，在软件操作过程中的任何步骤或任何位置，都可以按 F1 键来显示在线帮助，大大方便了用户的使用。

（二）工具栏

工具栏提供简便的鼠标操作，它将最常用的 STEP 7-Micro/WIN 编程软件操作以按钮形式设定到工具栏。可执行菜单"查看"→"工具栏"选项，实现显示或隐藏标准、调试、公用和指令工具栏。

工具栏可划分为标准工具栏、调试工具栏、公用工具栏和指令工具栏 4 个区域，各工具栏按钮选项的操作功能如图 2-29 ~ 图 2-32 所示。

图 2-29　标准工具栏

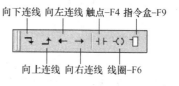

图 2-30　LAD 指令工具栏

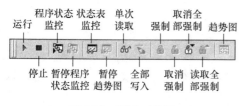

图 2-31　调试工具栏

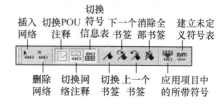

图 2-32　公用工具栏

（三）浏览栏

浏览栏可为编程提供按钮控制的快速窗口切换功能，单击浏览栏的任意选项按钮，则主窗口切换成此按钮对应的窗口。浏览栏各选项功能如图 2-27 所示。

（四）指令树

指令树以树形结构提供项目对象和当前编辑器的所有指令。双击指令树中的指令符，能自动在梯形图显示区光标位置插入所选的梯形图指令。项目对象的操作可以双击项目选项文件夹，然后双击打开需要的配置页。指令树可用执行菜单"查看"→"指令树"选项来选择是否打开。

（五）输出窗口

输出窗口在用户编译程序时提供信息。

当输出窗口列出程序错误时，可双击错误信息，会在程序编辑器窗口中显示对应的网络。修正程序后，执行新的编译，更新输出窗口，并清除已改正的网络的错误参考。

将鼠标放在输出窗口中，用鼠标右键单击，隐藏输出窗口或清除其内容。

使用"查看"→"框架"→"输出窗口"菜单命令，可在窗口打开和关闭之间切换。

（六）状态栏

状态栏提供用户在 STEP 7-Micro/WIN 中操作时的操作状态信息。

1. 编辑器信息

当用户在编辑模式中工作时，显示编辑器信息。

状态栏根据具体情形显示下列信息：简要状态说明；当前网络号码；光标位置（用于 STL 编辑器的行和列；用于 LAD 或 FBD 编辑器的行和列）；当前编辑模式：插入或覆盖；表示背景任务状态的图标（例如保存或打印）。

2. 在线状态信息

打开程序状态监控或状态表监控时，可使用在线状态信息。

状态栏根据具体情形显示下列信息：用于通信的本地硬件配置；波特率；本地站和远程

站的通信地址；PLC 操作模式；存在致命或非致命错误的状况（如果有）；一个强制图标，如果至少有一个地址在 PLC 中被强制。

3. 进展信息

如果正在进行的操作需要很长时间才能完成，则显示进展信息。状态栏提供操作说明和进展指示条。

三、在编程软件中编写程序

STEP 7-Micro/WIN 编程软件具有编程和程序调试等多种功能，下面通过一个简单程序示例，介绍编程软件的基本使用。

（一）编程的准备

1. 创建一个项目或打开一个已有的项目

在进行控制程序编程之前，首先应创建一个项目。执行菜单"文件"→"新建"选项或单击工具栏的新建按钮 ，可以生成一个新的项目。执行菜单"文件"→"打开"选项或单击工具栏的打开按钮 ，可以打开已有的项目。项目以扩展名为 .mwp 的文件格式保存。

2. 设置与读取 PLC 的类型

在对 PLC 编程之前，应正确设置其类型，以防止创建程序时发生编辑错误。如果指定了类型，指令树用红色标记"×"表示对当前选择的 PLC 无效的指令。设置与读取 PLC 的类型可以有两种方法：

1）执行菜单"PLC"→"类型"选项，在出现的对话框中，可以选择PLC 类型和 CPU 版本，如图 2-33 所示。

2）双击指令树的"项目 1"，然后双击 PLC 类型和 CPU 版本选项，在弹出的对话框中进行设置即可。如果

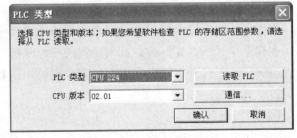

图 2-33　设置 PLC 的类型

已经成功建立通信连接，单击对话框中的"读取 PLC"按钮，可以通过通信读出 PLC 的信号与硬件版本号。

3. 选择编程语言和指令集

S7-200 PLC 支持的指令集有 SIMATIC 和 IEC1131-3 两种。SIMATIC 编程模式选择，可以执行菜单"工具"→"选项"→"常规"→"SIMATIC"选项来确定。

编程软件可实现三种编程语言（编程器）之间的切换，执行菜单"查看"→"梯形图"或"STL"或"FBD"选项便可进入相应的编程环境。

4. 确定程序的结构

简单的数字量控制程序一般只有主程序，系统较大、功能复杂的程序除了主程序外，可能还有子程序、中断程序。编程时可以单击编辑窗口下方的选项来实现切换以完成不同程序结构的程序编辑。用户程序结构选择编辑窗口如图 2-34 所示。

图 2-34　用户程序结构选择编辑窗口

主程序在每个循环扫描周期内均被顺序执行一次。子程序的指令放在独立的程序块中,仅在被程序调用时才执行。中断程序的指令也放在独立的程序块中,用来处理预先规定的中断事件,在中断事件发生时操作系统调用中断程序。

(二)编写用户程序

1. 梯形图的编辑

在梯形图编辑窗口中,梯形图程序被划分成若干个网络,一个网络中只能有一个独立电路块。如果一个网络中有两个独立电路块,在编译时输出窗口将显示"1 个错误",待错误修正后方可继续。可以对网络中的程序或者某个编程元件进行编辑,执行删除、复制或粘贴操作。步骤如下:

1)首先打开 STEP 7-Micro/WIN 编程软件,进入主界面。

2)单击浏览栏的"程序块"按钮,进入梯形图编辑窗口。

3)在编辑窗口中,把光标定位到将要输入编程元件的地方。

4)可直接在指令工具栏中单击常开触点按钮,在打开的位逻辑指令中单击⊣⊦图标选项,选择常开触点,如图 2-35 所示。输入的常开触点符号会自动写入到光标所在位置,如图 2-36 所示。也可以在指令树中双击位逻辑选项,然后双击常开触点输入。

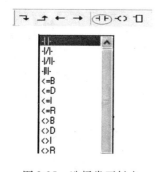

图 2-35　选择常开触点

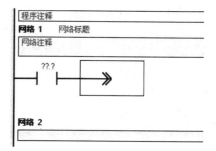

图 2-36　输入的常开触点

5)在?? . ? 中输入操作数 I0.1,光标自动移到下一列,如图 2-37 所示。

6)用同样的方法在光标位置输入⊣⊦和⊣⊦,并填写对应地址 T37 和 Q0.1,编辑结果如图 2-38 所示。

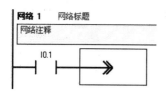

图 2-37　输入操作数 I0.1

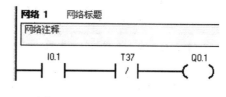

图 2-38　T37 和 Q0.1 编辑结果

7)将光标定位到 I0.1 下方,按照 I0.1 的输入办法输入 Q0.1,如图 2-39 所示。

8)将光标移到要合并的触点处,单击指令工具栏中的向上连线按钮⊥,将 Q0.1 和I0.1 并联连接,编辑结果如图 2-40 所示。

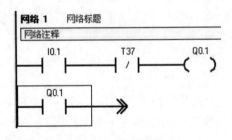

图 2-39　Q0.1 编辑结果

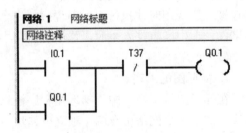

图 2-40　Q0.1 和 I0.1 并联连接

9）将光标定位到网络 2，放置 Q0.1 常开触点。

10）将光标定位到网络 2 中 Q0.1 常开触点右端，双击指令树的"定时器"选项，然后再双击接通延时定时器图标，如图 2-41 所示；在光标位置即可出现接通延时定时器 TON，如图 2-42 所示，也可通过 LAD 指令工具栏的指令盒插入定时器；在定时器指令盒上面的???? 处输入定时器编号 T37，在左侧的???? 处输入预置值 100，编辑结果如图 2-43 所示。

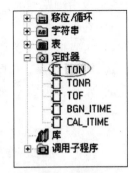

图 2-41　选择定时器

经过上述操作过程，编程软件使用示例的梯形图就编辑完成了。如果需要进行语句表和功能图编辑，可按下面办法来实现。

2. 语句表的编辑

执行菜单"查看"→"STL"选项，可以直接进行语句表的编辑，如图 2-44 所示。

3. 功能图的编辑

执行菜单"查看"→"FBD"选项，可以直接进行功能图的编辑，如图 2-45 所示。

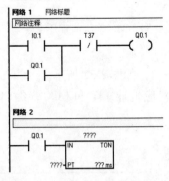

图 2-42　输入接通延时定时器

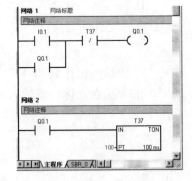

图 2-43　编程软件使用示例的梯形图

（三）编译程序

执行菜单"PLC"→"编译"或"全部编译"选项，或单击工具栏的☑或☑按钮，可以分别编译当前打开的程序或全部程序。<u>编译后在输出窗口中显示程序编译结果，必须在修正程序中的所有错误，编译无错误后，才能下载程序</u>。若没有对程序进行编译，在下载之前编程软件会自动对程序进行编译。

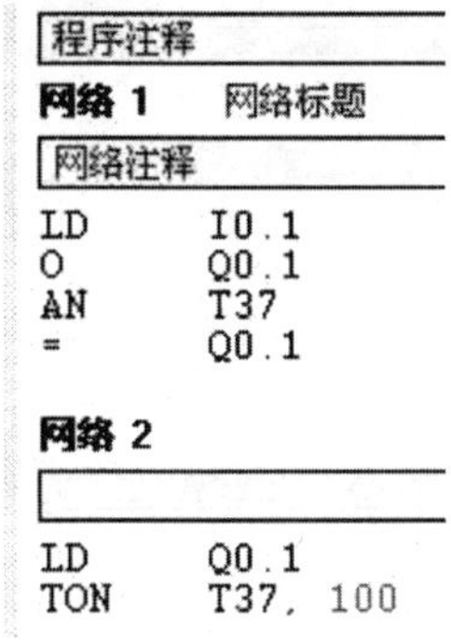

程序注释
网络 1 网络标题
网络注释
LD I0.1
O Q0.1
AN T37
= Q0.1
网络 2
LD Q0.1
TON T37, 100

图 2-44 语句表的编辑

网络 1 网络标题
网络注释
I0.1
Q0.1
OR
AND
Q0.1
T37
网络 2
T37
Q0.1
IN
TON
100
PT
100 ms

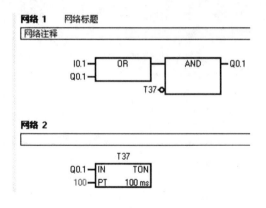

图 2-45 功能图的编辑

四、在 PLC 中运行程序

在 PLC 中运行、调试编写的控制程序，就要把程序下载到 PLC 中。

（一）编程计算机与 PLC 的通信连接

1. 编程电缆的连接

用计算机作为编程器时，计算机与 PLC 之间的连接一般使用 USB/PPI 多主站电缆或 RS-232/PPI 多主站电缆进行通信。编程电缆带有 USB/PPI 或 RS-232/PPI 转换器，电缆标注“PC”端接至编程计算机的 USB（USB/PPI 多主站电缆）或 RS-232（RS-232/PPI 多主站电缆）接口，标有“PPI”的 RS-485 端连接到 PLC 的通信接口。

因许多 PC 不配置 COM 口，因此 USB/PPI 多主站电缆很受程序开发人员和 PLC 爱好者的欢迎。USB/PPI 多主站电缆是一种即插即用设备，PC 侧为 USB 接口，编程软件必须为 STEP 7-Micro/WIN 3.2 SP4 以上版本。若采用此电缆，只需连上电缆，将 PPI 电缆设为接口并选用 PPI 协议，然后在 PC 连接标签下设置好 USB 端口即可，但 USB 电缆不支持自由口通信功能。目前国内市场上有一款 USB/PPI 多主站电缆的替代产品，在 PC 侧使用 USB 接口，价格便宜，但在“设置 PG/PC 接口”中应设置 PC 侧为 COM 口，并且编程计算机需另外安装驱动程序。

2. 通信参数的设置

为了实现 PLC 与计算机的通信，需在 STEP 7-Micro/WIN 中对 PLC 和编程计算机的通信参数进行设置。

需对 PC 进行下列设置：

1）单击浏览栏“设置 PG/PC 接口”图标，或双击指令树“通信”文件夹中的“设置 PG/PC 接口”图标。

2）在“设置 PG/PC 接口”界面把 PC/PPI cable 设置为接口，并单击“属性”按钮。

3）在“属性”页中，单击“本地连接”选项卡，选中 USB（USB/PPI 多主站电缆）或所需的 COM 端口（RS-232/PPI 多主站电缆）；单击“PPI”选项卡设置 PPI 电缆的参数（波特率、PC 站地址等），波特率一般选 9600 bit/s。通常默认即可，如图 2-46 所示。

需对 PLC 通信口进行下列设置：

1）单击浏览栏“系统块”图标，或双击指令树“系统块”文件夹中的“通信端口”图标。

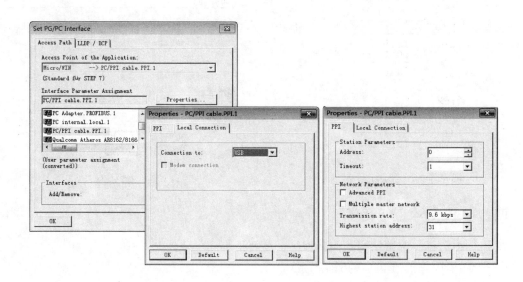

图 2-46　设置 PG/PC 接口

2）设置 PLC 通信接口的参数（波特率、PLC 地址等），默认的地址为 2。如图 2-47 所示。不能确定 PLC 接口的波特率时，可以选中"通信"对话框中的"搜索所有波特率"多选框。设置完成后需要把系统块下载到 PLC 后才会起作用。

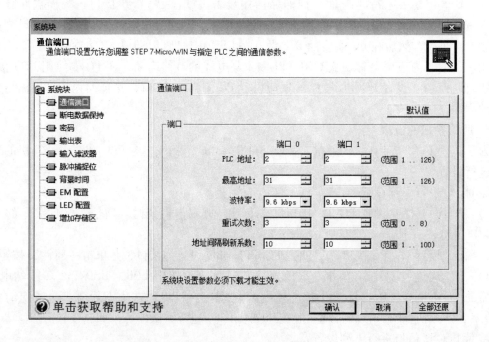

图 2-47　设置 PLC 通信接口

3. 建立计算机与 PLC 的在线连接

如果在"通信"对话框中，显示为尚未建立通信连接，如图 2-48a 所示，双击对话框中的"刷新"图标，编程软件将检查所有可能与计算机连接的 S7-200 CPU 站，并在对话框中显示已建立连接的每个站的 CPU 图标、CPU 型号和站地址，如图 2-48b 所示。

（二）下载与上载程序

1. 程序的下载

下载是将当前编程器中的程序写入到 PLC 的存储器中。计算机与 PLC 建立的通信连接正常，并且用户程序编译无错误后，可以将程序下载到 PLC 中。具体步骤如下：

1）执行程序下载时，PLC 转到"停止"模式。

2）单击工具栏中的 ▾ 按钮，或选择"文件"→"下载"，出现"下载"对话框。

a) 通信地址未设置　　　　b) 通信地址已设置

图 2-48　通信地址设置

3）根据默认值，在用户初次发出下载命令时，"程序代码块"、"数据块"和"系统块"复选框被选择。如果用户不需要下载某一特定的块，清除该复选框。

4）单击"确定"，开始下载程序。

5）如果 STEP 7-Micro/WIN 中用于用户的 PLC 类型的数值与用户实际使用的 PLC 不匹配，会显示以下警告信息："为项目所选的 PLC 类型与远程 PLC 类型不匹配。继续下载吗？"

6）欲纠正 PLC 类型选项，选择"否"，终止下载程序。

7）从菜单栏选择"PLC"→"类型"，调出"PLC 类型"对话框。

8）用户可以从下拉列表中选择纠正类型，或单击"读取 PLC"按钮，由 STEP 7-Micro/WIN 自动读取正确的数值。

9）单击"确定"，确认 PLC 类型，并清除对话框，再重新开始下载程序。

2. 程序的上载

上载是将 PLC 中未加密的程序向上传送到编程器中。具体步骤如下：

1）上载至 PLC 之前，用户必须核实 PLC 位于"停止"模式。打开 STEP 7-Micro/WIN 中的一个项目，容纳用户将从 PLC 上载的块。如果用户希望上载至一个空项目，选择"文件"→"新建"，或使用工具栏"新建项目"按钮。如果用户希望上载至现有项目，选择"文件"→"打开"，或使用工具栏"打开项目"按钮。

2）选择"文件"→"上载"，或使用工具栏按钮▴，初始化上载程序。

3）STEP 7-Micro/WIN 显示下列警告："您希望将改动存入项目吗？"单击"是"。

4）"上载"方框显示程序块、数据块和系统块复选框。请核实已选择用户希望上载的块复选框，并取消选择用户不希望上载的任何块，然后单击"确认"。

（三）PLC 的工作方式选择

PLC 有运行和停止两种工作方式。可以单击工具栏的按钮▸使 PLC 运行，单击按钮■使 PLC 停止，或通过执行菜单栏"PLC"→"运行"或"停止"的选项来选择工作方式，也可以在 PLC 的工作方式开关处操作来选择。PLC 运行时绿色 RUN（运行）灯点亮，黄色 STOP（停止）状态指示灯灭。

思考与练习

1. 按顺序写出以下扩展模块的地址分配。

	Module0	Module1	Module2	Module3	Module4
CPU 224	8 In	8 Out	4 AI/1 AQ	4 In/4 Out	4 AI/1 AQ

2. 举例说明存储区地址的含义。

3. 在 PLC 中，字母"I"、"Q"分别表示什么存储单元？这些存储单元有何作用？

4. 说明 PLC 梯形图中能流的概念。

模块三　S7-200 PLC 基本编程指令及应用

本模块通过常用控制任务，学习 PLC 基本逻辑指令、置位、复位指令以及定时器、计数器、触发器指令等基本编程指令的应用以及常用控制任务的实现方法，内容由浅及深，读者可以边学习边实践。

学习目标：
➢ 熟悉 PLC 控制系统的设计步骤。
➢ 熟悉 PLC 典型控制任务的实现方法。
➢ 掌握 S7-200 PLC 基本编程指令的应用。
➢ 能用 S7-200 PLC 实现简单的控制任务。

任务一　三相异步电动机直接起动连续运行控制

一、任务提出

船舶机舱各种泵浦电动机一般为笼型电动机，功率多为几十千瓦，大部分采用全压直接起动方式。图 3-1 所示为三相异步电动机直接起动连续运行的控制电路，通过起动按钮 SB2 和停止按钮 SB1 对电动机进行起停控制，由接触器 KM 接通与断开电动机主电路。

任务要求：采用 S7-200 PLC 实现图 3-1 所示电路控制功能，要求能够对电动机的运行、停止、过载故障状态进行信号指示。

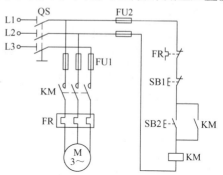

图 3-1　电动机起动连续运行控制电路

二、相关知识点

（一）电动机起动连续运行的电路分析

图 3-1 所示电路的主电路元件包括电源开关 QS、熔断器 FU1、三相交流接触器 KM、热继电器 FR，通过接触器 KM 接通与断开电动机主电路。起动时，合上电源开关 QS，引入三相电源，同时接通控制电路电源。按下起动按钮 SB2，接触器 KM 线圈通电，KM 主触点闭合，电动机因接通三相交流电源而起动。同时，与起动按钮 SB2 并联的 KM 常开辅助触点闭合自锁（自保）。当松开起动按钮 SB2 时，KM 线圈继续保持通电，从而保证了电动机的连续运转。当需要电动机停止时，可按下停止按钮 SB1，切断 KM 线圈电路，此时 KM 主触点与常开辅助触点均断开，电动机电源断开，停止运转。

图 3-1 所示的电路具有短路保护、过载保护、欠电压与失电压保护功能。由熔断器 FU1、FU2 分别实现主电路和控制电路的短路保护。由热继电器 FR 实现电动机的过载保护。当电动机长期过载时，串接在电动机定子电路中的双金属片因过热而变形，致使其串接在控

制电路中的热继电器 FR 常闭触点断开，切断 KM 线圈电路，电动机停止运转，实现过载保护。欠电压和失电压保护由接触器自身的电磁机构来实现。当电源电压严重过低或失电压时，接触器的衔铁自行释放，电动机失电而停止运转。当电源电压恢复正常时，接触器线圈不能自动得电，只有再次按下起动按钮时电动机才会起动，由此可避免突然来电引发人身事故。

（二）PLC 控制系统的设计步骤

PLC 作为通用的工业自动控制装置，可以应用于各种工业控制场合。要实现一个完整的 PLC 控制系统，一般按照以下步骤进行设计。

1. 分析控制对象的生产工艺过程及控制要求

首先要充分了解系统设计的目的及任务要求。比如要控制一台设备，就要了解设备相关的生产工艺以及操作动作；了解设备需要哪些操作装置（如按钮、主令开关）及配备哪些检测单元；了解设备需要哪些执行机构，如接触器或电磁阀等。同时，还要弄清这些装置间的操作配合及制约关系，并清点接入 PLC 信号的数量及选择合适的机型。

2. PLC 的资源分配及接线设计

控制对象的主令信号、反馈信号及执行信号都要输入 PLC 或由 PLC 输出，要为每一个信号分配连接 PLC 的输入/输出接口。例如，某个按钮接入某个输入接口，某个接触器线圈接入某个输出接口等。同时还应考虑 PLC 及外围接入设备的电源。

输入/输出接线的连接分配实际上也是 PLC 内存储单元（输入映像寄存器和输出映像寄存器）的分配。此外，还要考虑编程方法及程序中还需要使用哪些内部元器件，如定时器、计数器及其他内部存储器等，这些内部器件也要落实到具体的器件编号。

3. 编制 PLC 控制程序

PLC 控制系统的功能是通过程序实现的。程序描述了控制系统各种事物间的联系与制约关系。编程时首先要选择合适的编程方法和程序结构，还要选择编程语言形式等。

4. 联机调试及修改完善

一般情况下，初步编制的程序需下载到 PLC 中实际运行，并与控制设备联机调试修改后才能达到较好的效果。

三、任务实施

（一）控制功能分析与设计

三相异步电动机的运行控制实际上是对三相交流接触器 KM 的控制，接触器 KM 通电吸合，电动机 M 运转，KM 断电释放，电动机就停止运转。控制系统输入控制部件包括起动按钮 SB2、停止按钮 SB1 和热继电器 FR 的触点。SB2、SB1 均采用常开触点，并采用热继电器 FR 的常开触点提供电动机过载信号。输出元件包括控制电动机运转的三相交流接触器 KM 和用于电动机状态指示的指示灯，指示灯包括运行指示灯 HL1、停止指示灯 HL2 和故障指示灯 HL3。选用线圈额定工作电压为交流 220V 的接触器和额定工作电压为交流 220V 的指示灯。

根据功能要求，控制系统控制过程如下：

接通电源总开关 QS，按下起动按钮 SB2，接触器 KM 通电并自保，松开起动按钮，KM 持续通电。按下停止按钮或热继电器 FR 的触点动作，接触器 KM 断电。KM 通电时，运行指示灯 HL1 亮，KM 断电时，停止指示灯 HL2 亮，FR 的触点动作时故障指示灯 HL3 亮。

（二）PLC I/O（输入/输出）地址分配

根据控制任务要求，PLC 系统需要 3 个开关量输入点和 4 个开关量输出点。本任务中 PLC 选用 CPU 224 模块，开关量输入信号采用直流 24V 输入，开关量输出采用继电器输出。各 I/O 点的地址分配见表 3-1。

表 3-1　I/O 地址分配

输入元件	输入端子地址	输出元件	输出端子地址
起动按钮 SB2	I0.0	接触点线圈 KM	Q0.0
停止按钮 SB1	I0.1	运行指示灯 HL1	Q0.1
热继电器触点 FR	I0.2	停止指示灯 HL2	Q0.2
		故障指示灯 HL3	Q0.3

（三）PLC 的 I/O 线路连接

CPU 模块工作电源采用交流 220V，开关量输入由 CPU 模块上提供的直流 24V 传感器电源供电。因输出元件额定工作电压为交流 220V，因此 PLC 输出点接交流 220V 电源。系统的主电路及 PLC 的 I/O 接线如图 3-2 所示。

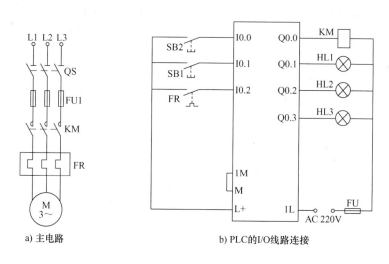

a) 主电路　　　　　　　　　　　b) PLC的I/O线路连接

图 3-2　PLC 控制的电动机起动连续运转电路

（四）程序设计

实现同一控制功能，PLC 可以有多种程序设计方法，下面是实现三相异步电动机直接起动连续运转控制的两种程序设计方案。

1. 用触点、线圈指令实现

直接用触点的串、并联指令和输出线圈指令来实现控制功能，其梯形图及语句表程序如图 3-3 所示。

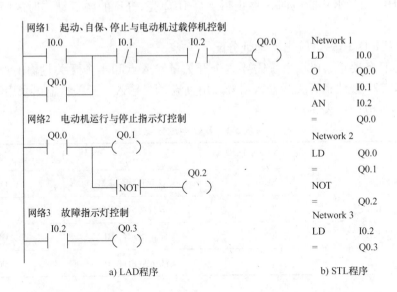

图 3-3　用触点、线圈指令实现控制功能的 PLC 程序

　　网络 1 程序用于电动机控制与过载保护。网络 2、3 程序用于电动机运行状态和过载故障指示灯控制。

　　在网络 1 中，输出线圈 Q0.0 用于控制外电路接触器 KM 的通电与断电，I0.0、I0.1 和 I0.2 分别用于检测起动按钮、停止按钮和热继电器的状态，I0.1 和 I0.2 的常闭触点与输出线圈 Q0.0 串联，分别用于正常停机和过载保护停机控制。不按停止按钮时，I0.1 为 0，其常闭触点闭合；电动机没过载，热继电器常开触点保持断开，I0.2 为 0，其常闭触点闭合，若此时按下起动按钮，I0.0 为 1，其常开触点闭合，输出线圈 Q0.0 回路接通通电，使外电路接触器 KM 通电，电动机运转。Q0.0 常开触点用于自保，松开起动按钮后 I0.0 变为 0，输出线圈 Q0.0 通过自保触点继续"通电"。当按下停止按钮时，I0.1 为 1，其常闭触点断开，输出线圈 Q0.0 "断电"，电动机停转。当电动机过载致热继电器动作时，其常开触点闭合，I0.2 为 1，其常闭触点断开，输出线圈 Q0.0 "断电"，电动机停转实现过载保护。

　　网络 1 所示电路又称为起保停电路，它是梯形图中最基本的电路之一，其最主要的特点是具有"记忆"功能。

2. 用置位/复位指令实现

　　用置位/复位指令来实现相同功能的梯形图及语句表程序如图 3-4 所示。状态显示部分程序

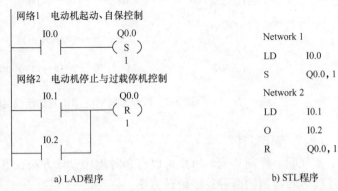

图 3-4　用置位/复位指令实现控制功能的 PLC 程序

与图 3-3 网络 2、3 部分相同，因此只列出了电动机控制程序。

四、知识拓展

（一）编程指令知识拓展

1. 立即指令

立即（Immediate，I）指令是为了提高 PLC 对输入/输出的响应速度而设置的，它不受 PLC 扫描周期的影响，允许对输入和输出点进行快速直接存取。当用立即指令读取输入点的状态时，立即读入物理输入点的值，根据该值决定触点的接通/断开状态，但是并不更新该物理输入点对应的输入映像寄存器，即相应的输入映像寄存器中的值并未更新；当用立即指令访问输出点时，对 Q 进行操作，新值同时写到 PLC 的物理输出点和相应的输出映像寄存器。立即指令只能用于输入 I 和输出 Q。在语句表中，分别用 LDI、AI、OI 来表示开始、串联和并联的常开立即触点，用 LDNI、ANI、ONI 来表示开始、串联和并联的常闭立即触点。在梯形图中，在触点符号中间加"I"和"/I"表示立即常开和立即常闭。

立即指令包含 LDI、LDNI、OI、ONI、AI、ANI、=I、SI、RI 命令，各指令的 LAD 及 STL 指令格式如图 3-5 所示。

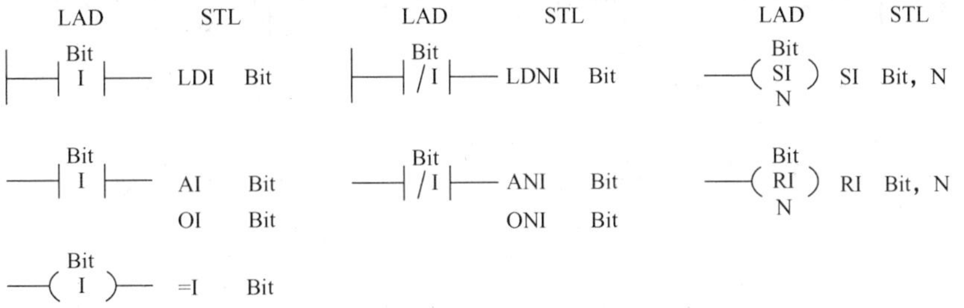

图 3-5　立即指令的 LAD 及 STL 指令格式

LDI、LDNI：立即装载、立即装载非指令；OI、ONI：立即"或"、立即"或非"指令；AI、ANI：立即"与"、立即"与非"指令；=I：立即输出指令；SI、RI：立即置位、立即复位指令。立即指令的有效操作数见表 3-2。

表 3-2　立即指令的有效操作数

输入/输出	数据类型	操作数范围
Bit（立即）	BOOL	I、Q
N	BYTE	IB、QB、VB、MB、SMB、SB、LB、AC、＊VD、＊LD、＊AC、常数

立即指令的应用示例如图 3-6 所示。

2. RS 触发器指令

RS 触发器指令包括置位优先（SR）触发器和复位优先（RS）触发器，其基本功能与置位指令 S 和复位指令 R 的功能相同。RS 触发器指令的应用举例及对应时序图如图 3-7 所示。

置位优先（SR）触发器是一个置位优先的锁存器。当置位信号 S1 和复位信号 R 同时为 1 时，输出信号 OUT 为 1。复位优先（RS）触发器是一个复位优先的锁存器。当置位信号 S 和复位信号 R1 同时为 1 时，输出信号 OUT 为 0。

```
Network 1
LD    I0.0      //装入常开触点
=     Q0.0      //输出触点
=I    Q0.1      //立即输出触点
SI    Q0.2,1    //Q0.2被立即置1
Network 2
LDI   I0.0      //立即输入触点指令
=     Q0.3      //物理I点状态直接影响Q0.3
```

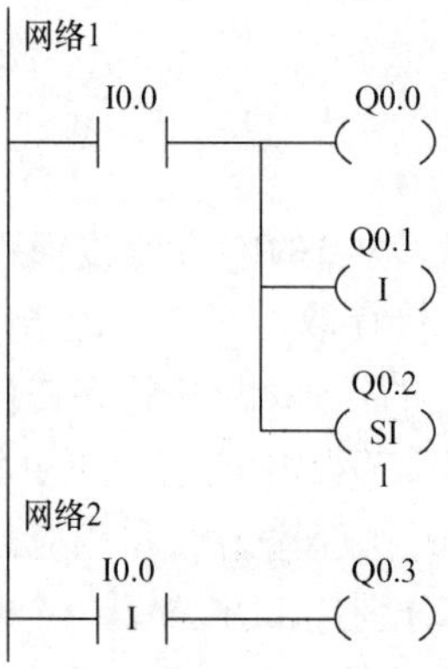

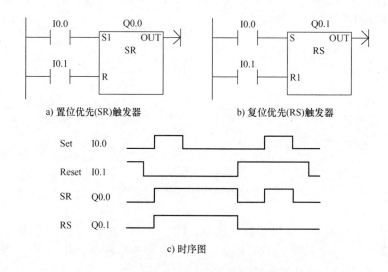

图 3-6　立即指令的应用示例

a) 置位优先(SR)触发器　b) 复位优先(RS)触发器

c) 时序图

图 3-7　置位优先与复位优先触发器

（二）PLC 常闭触点输入信号的处理

前面在介绍梯形图的设计方法时，实际上有一个前提，就是假设输入的数字量信号均由外部常开触点提供，但是在实际工程项目设计时，有些输入信号只能由常闭触点提供。在继电器电路中，热继电器和停止按钮也往往习惯用常闭触点进行控制。

如果将图 3-2 中接在 PLC 的输入端 I0. 2 处的 FR 的常开触点改为常闭触点，未过载时它是闭合的，I0. 2 为 1 状态，梯形图中 I0. 2 的常开触点闭合。显然，应将 I0. 2 的常开触点而不是常闭触点与 Q0. 0 的线圈串联。过载时 FR 的常闭触点断开，I0. 2 为 0 状态，梯形图中 I0. 2 的常开触点断开，起到了过载保护的作用。同样道理，若把输入端 I0. 1 处的停止按钮改为常闭触点，梯形图中，应将 I0. 1 的常开触点与 Q0. 0 的线圈串联。上述电路热继电器 FR 和停止按钮 SB1 均采用常闭触点的 PLC 程序如图 3-8 所示。

采用常闭触点后，继电器电路图中 SB1、FR 的触点类型（常闭）和梯形图中对应的

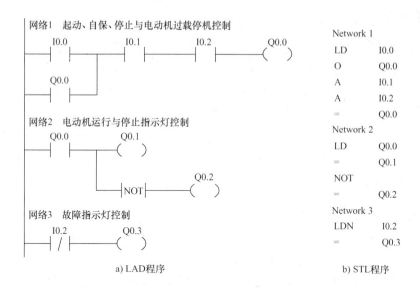

网络1　起动、自保、停止与电动机过载停机控制

网络2　电动机运行与停止指示灯控制

网络3　故障指示灯控制

a) LAD程序

Network 1
LD　　I0.0
O　　　Q0.0
A　　　I0.1
A　　　I0.2
=　　　Q0.0
Network 2
LD　　Q0.0
=　　　Q0.1
NOT
=　　　Q0.2
Network 3
LDN　I0.2
=　　　Q0.3

b) STL程序

图 3-8　采用常闭触点的 PLC 程序

I0.1、I0.2 的触点类型（常开）刚好相反，给电路的分析带来不便。为了使梯形图和继电器电路图中触点的类型相同，建议尽可能地用常开触点作 PLC 的输入信号。如果某些信号只能用常闭触点输入，可以按输入全部为常开触点来设计，然后将梯形图中相应的输入位的触点改为相反的触点，即常开触点改为常闭触点，常闭触点改为常开触点。

任务二　三相异步电动机的多点控制

一、任务提出

有些生产机械常需两个或两个以上地点进行控制，即所谓"多点"控制。例如，船内机舱许多泵浦电动机不但要求能在泵的附近进行起停控制，而且要求能在集控室进行遥控操纵，船舶消防泵还可在驾驶台、消防站等地点进行控制。

任务要求：图 3-9 所示为船舶机舱泵浦电动机两点控制的电气原理图，图中停止按钮 SB1 及起动按钮 SB2 安装于机旁，停止按钮 SB3 及起动按钮 SB4 安装于集控室，既可以在机旁对设备进行起停控制，也可以在集控室进行遥控控制。用 S7-200 PLC 设计控制系统，实现图 3-9 所示控制电路的两点控制功能。

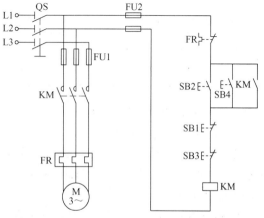

图 3-9　两点控制的三相异步电动机控制电路

二、相关知识点

在继电器控制电路中，多点控制是用多组起动按钮、停止按钮来进行的，把多点起动按钮的常开触点并联，形成逻辑"或"的关系，把多点停止按钮的常闭触点串联，形成逻辑"与"的关系。在图 3-9 中，安装于机旁的停止按钮 SB1 与安装于集控室的停止按钮 SB3 均采用常闭触点且相互串联，安装于机旁的起动按钮 SB2 与安装于集控室的起动按钮 SB4 均采用常开触点且相互并联连接。当两点之中任意一操作人员按下起动按钮，KM 都得电并自锁；停止时只需要两点中的其中一点的停止按钮被按下即可实现。

三、任务实施

（一）系统功能分析与设计

控制系统输入控制部件包括机旁起动按钮 SB2、机旁停止按钮 SB1、集控室遥控起动按钮 SB4、遥控停止按钮 SB3 和热继电器 FR 的触点。各起动按钮均采用常开触点，停止按钮均采用常闭触点。采用热继电器 FR 的常开触点提供电动机过载信号。输出执行元件包括只有一个控制电动机运转的交流接触器 KM，线圈额定工作电压为交流 220V。

根据功能要求，控制系统控制过程如下：

接通电源总开关 QS，按下起动按钮 SB2 或 SB4，接触器 KM 通电并自保，松开起动按钮，KM 持续通电。按下停止按钮 SB1 或 SB3，或者热继电器 FR 的触点动作，接触器 KM 断电。

（二）PLC I/O（输入/输出）地址分配

PLC 接线时，把两点起动按钮 SB2、SB4 的常开触点并联连接共用一个 PLC 输入点，把两点停止按钮 SB1、SB3 的常闭触点串联后接到一个 PLC 输入点，因此，根据控制任务要求可以确定 PLC 需要 3 个输入点和 1 个输出点。本任务中 PLC 选用 CPU 224 模块，开关量输入信号采用直流 24V 输入，开关量输出采用继电器输出。各 I/O 点的地址分配见表 3-3。

表 3-3　I/O 地址分配

输入元件	输入端子地址	输出元件	输出端子地址
起动按钮 SB2、SB4（并联）	I0.0	接触器 KM	Q0.0
停止按钮 SB1、SB3（串联）	I0.1		
热继电器触点 FR	I0.2		

（三）PLC 的 I/O 线路连接

CPU 模块工作电源采用交流 220V，开关量输入由 CPU 模块上提供的直流 24V 传感器电源供电。因接触器 KM 线圈额定工作电压为交流 220V，因此 PLC 输出点接交流 220V 电源。系统的主电路及 PLC 的 I/O 接线如图 3-10 所示。

（四）程序设计

用触点的串、并联指令来实现异步电动机两点控制的梯形图及语句表程序如图 3-11 所示。

根据 I/O 地址分配，当起动按钮 SB2 或 SB4 被按下时，输入映像寄存器 I0.0 为 1，其

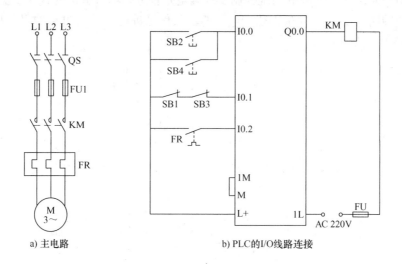

a) 主电路　　　　　　　　b) PLC的I/O线路连接

图 3-10　PLC 控制的电动机两点控制电路

a) LAD程序　　　　　　　　b) STL程序

图 3-11　异步电动机的两点控制 PLC 程序

常开触点接通，输出线圈 Q0.0"得电"，Q0.0 常开触点接通自保，并且使交流接触器 KM 线圈通电，电动机连续运行。电动机运行时，停止按钮均闭合，I0.1 为 1，按下停止按钮 SB1 或 SB3，切断 I0.1 输入电路，输入映像寄存器 I0.1 变为 0，与输出线圈串联的常开触点断开，Q0.0"失电"，接触器 KM 断电，电动机停止运行。若电动机过载使热继电器 FR 动作，其常开触点闭合，输入映像寄存器 I0.2 变为 1，其常闭触点断开，也会使输出线圈 Q0.0"失电"，接触器 KM 断电，电动机停转实现过载保护。

四、知识拓展

在 PLC 系统设计时，可以把实现同样控制功能的按钮、开关、继电器触点等合并后接入同一个 PLC 输入点，以节省 PLC 的输入点数目，节省开发成本。触点合并的原则是：若采用常开触点，则把所有的触点并联，若采用常闭触点，则把所有的触点串联。例如，在用于电动机多点控制的 PLC 系统中，各控制地点的起动按钮均采用常开触点并进行并联连接，各控制地点的停止按钮均采用常闭触点并进行串联连接。图 3-10 所示的 PLC 接线还可把热继电器 FR 的触点改用常闭触点，并与停止按钮串联，如图 3-12a 所示，进一步减少 PLC 的输入点。相应的 PLC 程序做如图 3-12b、c 所示的修改。

需要注意的是：采用这种节省 PLC 输入点的方法，PLC 内部不能明确表明是哪个开关信号控制相应设备动作，要根据系统控制要求确定是否进行输入触点的合并。例如，图 3-12 所示的 PLC 控制系统，若需要根据热继电器的输入信号进行电动机过载的报警显示，则 FR 的触点信号必须单独输入。

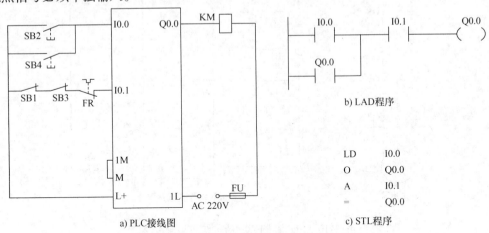

a) PLC接线图   b) LAD程序   c) STL程序

图 3-12　异步电动机的两点控制接线图及程序

在图 3-12 中，要实现电动机的过载保护，还可以把热继电器 FR 的常闭辅助触点直接与电动机的接触器 KM 线圈串联，而不接入 PLC 输入端。当电动机过载时，热继电器的常闭触点断开而使接触器 KM 线圈断电释放，使电动机停转。采用这种方案，热继电器的触点状态不会影响到 PLC 内部程序的运行，若电动机过载停转，热继电器一复位，电动机会马上恢复运转。

任务三　三相异步电动机的顺序起动控制

一、任务提出

具有多台拖动电动机的生产机械常有各台电动机顺序起停要求。例如：船舶主空压机正常工作时，需要冷却水进行冷却，所以要求冷却水泵先运行，冷却水压力建立后才能起动压缩机；在船舶液压控制系统中，辅助油泵起动后，主油泵才能起动，主油泵停止后，辅助油泵才能停止；在船舶电动起货机控制系统中的主拖动电动机，只有为它冷却的风机电动机起动后它才能起动。

任务要求：图 3-13 所示是两台异步电动机顺序起动控制电路，系统工作时电动机 M1 先起动，然后电动机 M2 才可能起动，停止时要先停止 M2，然后才能停止 M1。采用 S7-200 PLC 设计控制系统，实现图 3-13 所示电路控制功能。

二、相关知识点

（一）电动机的顺序起动

根据起动与停止的顺序不同，顺序起动控制可分为：顺序起动同时停止、顺序起动顺序停止、顺序起动逆序停止和任意起动顺序停止等。图 3-13 所示电路具有顺序起动逆序停止

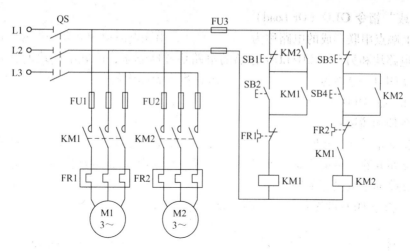

图 3-13　两台电动机顺序起动控制电路

控制功能。电路中，在 M2 的接触器 KM2 线圈电路中串联 M1 的接触器 KM1 的常开辅助触点，即只有在接触器 KM1 吸合 M1 起动运转后，起动 M2 才有可能起动，这样仅满足了 M1 先于 M2 的顺序起动要求。此外在 M1 的停止按钮 SB1 的两端并联接触器 KM2 的常开触点。这样当接触器 KM2 吸合 M2 运转时，M1 的停止按钮被短接，亦即在 M2 运行期间，SB1 失去了停止功能，只有当接触器 KM2 释放、M2 停车后，SB1 才恢复停止功能，这样便满足了 M2 先于 M1 的逆序停止要求。

（二）S7-200 PLC 电路块指令

1. 块"与"指令 ALD（And Load）

两条以上支路并联形成的电路叫做并联电路块，并联电路块的串联连接是将梯形图中以 LD/LDN 起始的电路块与另一以 LD/LDN 起始的电路块串联起来。并联电路块的串联连接指令的 STL 助记符为 ALD，也称为块"与"指令。ALD 指令无操作数。

➤ 指令格式：ALD

ALD 指令使用说明：

分支电路（并联电路块）与前面电路串联连接时，使用 ALD 指令。分支的起始点用 LD、LDN 指令，并联电路块结束后，使用 ALD 指令与前面电路串联。如果有多个并联电路块串联，顺次以 ALD 指令与前面支路连接，支路数量没有限制。

块"与"指令 ALD 的操作示例如图 3-14 所示。

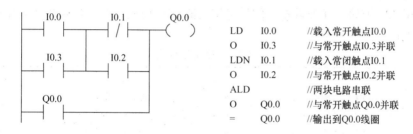

图 3-14　ALD 指令使用举例

2. 块"或"指令 OLD（Or Load）

两个以上触点串联形成的电路称为串联电路块，串联电路块的并联是将梯形图中以 LD/LDN 起始的电路块和另一以 LD/LDN 起始的电路块并联起来，串联电路块的并联连接指令 STL 助记符为 OLD，也称为块"或"指令。OLD 指令无操作数。

➢ 指令格式：OLD

OLD 指令使用说明：

几个串联支路并联连接时，其支路的起点以 LD、LDN 开始，支路终点用 OLD 指令，若需要将多个支路并联，从第 2 条支路开始，在每一支路后面加 OLD 指令。用这种方法编程时，对并联支路的个数没有限制。

块"或"指令 OLD 的操作示例如图 3-15 所示。

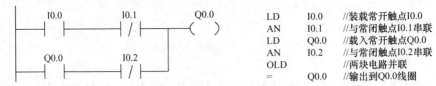

LD	I0.0	//装载常开触点 I0.0
AN	I0.1	//与常闭触点 I0.1 串联
LD	Q0.0	//载入常开触点 Q0.0
AN	I0.2	//与常闭触点 I0.2 串联
OLD		//两块电路并联
=	Q0.0	//输出到 Q0.0 线圈

图 3-15　OLD 指令使用举例

三、任务实施

（一）系统功能分析与设计

控制系统输入控制部件包括电动机 M1 的起动按钮 SB2、停止按钮 SB1，电动机 M2 的起动按钮 SB4、停止按钮 SB3，热继电器 FR1 和 FR2 的常开触点。各控制按钮均采用常开触点，由热继电器 FR1 的常开触点提供电动机 M1 的过载信号，FR2 的常开触点提供电动机 M2 的过载信号。输出执行元件包括控制电动机 M1 运转的交流接触器 KM1 和控制电动机 M2 运转的交流接触器 KM2，接触器线圈额定工作电压均为交流 220V。

根据控制功能要求，电动机 M1、M2 的起、停顺序如下：

系统起动时先按下起动按钮 SB2，接触器 KM1 通电并自保，KM1 通电后，再按下起动按钮 SB4，接触器 KM2 通电并自保。停止时先按下停止按钮 SB3，接触器 KM2 断电，再按下停止按钮 SB1，接触器 KM1 断电。若 KM1 没有通电，KM2 不能通电，若 KM2 已通电，KM1 不能断电。电动机 M2 过载，KM2 断电，对 KM1 无影响；电动机 M1 过载，KM1、KM2 同时断电。

（二）PLC I/O（输入/输出）地址分配

根据控制任务要求，PLC 系统需要 6 个开关量输入点和 2 个开关量输出点。本任务中 PLC 选用 CPU 224 模块，开关量输入信号采用直流 24V 输入，开关量输出采用继电器输出。各 I/O 点的地址分配见表 3-4。

表 3-4　I/O 地址分配

输入/输出	元　件	端子地址	元　件	端子地址
	M1 停止按钮 SB1	I0.0	M2 起动按钮 SB4	I0.3
输入	M1 起动按钮 SB2	I0.1	热继电器触点 FR1	I0.4
	M2 停止按钮 SB3	I0.2	热继电器触点 FR2	I0.5
输出	接触器线圈 KM1	Q0.0	接触器线圈 KM2	Q0.1

（三）PLC 的 I/O 线路连接

CPU 模块工作电源采用交流 220V，开关量输入由 CPU 模块上提供的直流 24V 传感器电源供电。因输出元件额定工作电压为交流 220V，因此 PLC 输出点接交流 220V 电源。系统的主电路及 PLC 的外部接线如图 3-16 所示。

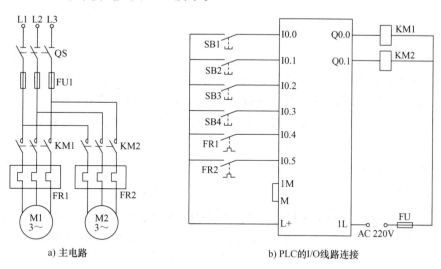

a) 主电路　　　　　　　　　　　　　　b) PLC的I/O线路连接

图 3-16　异步电动机顺序起动逆序停止 PLC 控制电路

（四）程序设计

实现顺序起动的关键是：先起动的接触器的常开辅助触点与后起动接触器的起动回路串联。实现逆序停止的关键是：先停止接触器的常开辅助触点与后停止接触器的停止按钮并联。实现两台电动机顺序起动逆序停止的梯形图及语句表程序如图 3-17 所示。

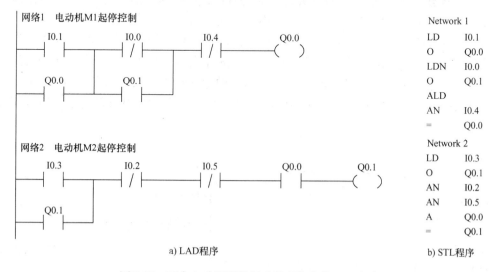

a) LAD程序　　　　　　　　　　　　　　b) STL程序

图 3-17　两台电动机顺序起动逆序停止的 PLC 程序

网络 1 程序用于 M1 电动机控制。在网络 1 中采用了块"与"指令 ALD 把两个并联电路块串联。输出线圈 Q0.0 的常开触点与 I0.0 的常开触点并联用于自保，与 I0.0 常闭触点并联的 Q0.1 常开触点确保电动机 M2 运行时，M1 无法停止。网络 2 程序用于 M2 电动机控制。网络 2 中与输出线圈 Q0.1 串联的 Q0.0 常开触点确保只有 M1 运行后，电动机 M2 才能起动。

四、知识拓展

程序的调试及运行监控是程序开发的重要环节，设计的用户程序只有经过调试运行甚至现场运行后才能发现程序中不合理的地方，从而进行修改。STEP 7-Micro/WIN 编程软件提供了一系列工具，可使用户直接在软件环境下调试并监视用户程序的执行。在程序调试中，经常采用程序状态监控、状态表监控和趋势图监控三种监控方式反映程序的运行状态。

（一）程序状态监控

进行程序的监控、调试用的工具条如图 3-18 所示。单击工具条中的按钮 ，或执行菜单"调试"→"开始程序状态监控"选项，进入程序状态监控。

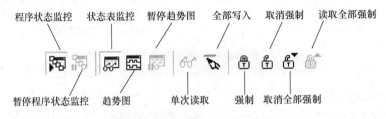

图 3-18　调试程序用的工具条

在监控状态下，"能流"通过的元件将显示蓝色，这样梯形图中的每个元件的实际状态也都显示出来。可以用接在 PLC 输入端的小开关或按钮来模拟实际的输入信号，也可以用状态表写入新值改变内部存储位状态或使用强制功能改变 I/O 的状态，模拟设备工艺过程，从而检验程序运行是否满足设计要求。对于 PLC 的输出点，也可以通过输出模块上对应的 LED 指示灯观察输出状态。图 3-19 为两台电动机顺序起动程序状态监控的例子，I0.1 由外电路小开关设定为 1；图 3-20 为定时器程序状态监控的例子，M1.0 在状态表中写入新值 1。

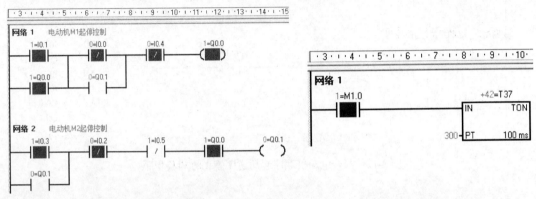

图 3-19　电动机顺序起动的程序状态　　　　图 3-20　定时器的程序状态

（二）状态表监控

如果需要同时监视的变量不能在程序编辑器中同时显示，可以使用状态表监控功能。也可以把状态表与程序状态监控结合起来进行程序的调试与监控。在状态表中，可以进行状态监视，可以给内部存储区写入新值，还可以用强制功能修改用户程序的变量。可以选择下面办法之一来进行状态表监控：

1）执行菜单"查看"→"组件"→"状态表"。

2）单击浏览栏的【状态表】按钮。

3）单击装订线，选择程序段，单击鼠标右键，选择【创建状态图】命令，能快速生成一个包含所选程序段内各元件的新的表格。

图 3-19、图 3-20 所示程序进行监控的状态表如图 3-21、图 3-22 所示。在当前值栏目中显示了各元件的状态和数值大小；在新值栏填入新值，单击工具栏按钮 ▓ 可修改当前值；定时器 T37 显示的位格式数值"0"为定时器的状态，有符号数值格式显示定时器计数的当前值为 +137。

	地址	格式	当前值	新值
1	Q0.0	位	2#1	
2	Q0.1	位	2#0	
3	I0.0	位	2#0	
4	I0.1	位	2#1	

图 3-21　图 3-19 所示程序的状态表监控

	地址	格式	当前值	新值
1	M1.0	位	2#1	
2	T37	位	2#0	
3	T37	有符号	+137	

图 3-22　图 3-20 所示程序的状态表监控

在状态表中，输入新值，右键单击选中要强制的 I/O 点地址，可进行 I/O 点的"强制"与"取消强制"操作，也可通过工具栏按钮进行强制相关功能的操作。完成强制的状态表如图 3-23 所示，被强制的变量当前值有符号标识。

	地址	格式	当前值	新值
1	Q0.0	位	2#1	
2	Q0.1	位	2#0	
3	I0.0	位	2#0	
4	I0.1	位	🔒 2#1	

图 3-23　I/O 变量强制的状态表

（三）趋势图监控

趋势图监控是采用编程元件的状态和数值大小随时间变化关系的图形监控。可单击工具栏的按钮 ▓，将状态表监控切换为趋势图监控。

任务四 三相异步电动机的正/反转控制

一、任务提出

有些生产机械既需要正向运转，又需要反向运转。例如船舶电动锚机的起锚和抛锚作业，起货机的提升货物与降落货物，机舱通风机的供风和排气运行等，这就要求控制系统能保证电动机可靠地正转与反转。

任务要求：图 3-24 所示为由继电器组成的三相异步电动机的正/反转控制电路。采用 S7-200 PLC 实现电路的控制功能，并能够对电动机的正/反转运行、停止、过载故障状态进行信号指示。

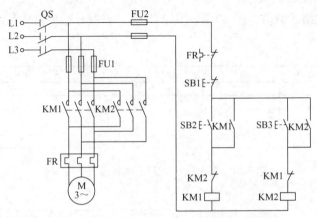

图 3-24 三相异步电动机正/反转控制电路

二、相关知识点

（一）三相异步电动机的正/反转运行

对于三相异步电动机，只要改变三相交流电源的相序，即任意交换三相电源中的两相，就可改变电动机的旋转方向。实际电路构成时，是在主电路中用两个接触器的主触点实现正转相序接线和反转相序接线，如图 3-24 所示。起动时，先合上电源开关 QS，引入三相电源，同时接通控制电路电源。按下起动按钮 SB2，接触器 KM1 线圈通电，KM1 常开主触点闭合，电动机接通三相交流电源而正转起动。同时，与起动按钮 SB2 并联的 KM1 常开辅助触点也闭合自锁，当松开起动按钮 SB2 时，KM1 线圈继续保持通电，主触点闭合，电动机正转连续运行。需要电动机反转起动时，先按下停止按钮 SB1，切断 KM1 线圈电路，电动机断开电源，停止运转。然后，按下起动按钮 SB3，接触器 KM2 线圈通电并自锁，主触点闭合，电动机的第 2 相与第 3 相电源接线交换，相序改变，电动机反转起动运行。当需要电动机停止时，可按下停止按钮 SB1，KM1、KM2 线圈均失电，电动机停止运转。

电动机的正/反转控制主电路通过接触器 KM1、KM2 来改变电动机定子绕组电源相序，实现电动机正/反转运行。由图 3-24 的主电路可知，若 KM1 与 KM2 的主触点同时闭合，将会造成电源短路，因此任何时候，只能允许一个接触器通电工作。要实现这样的控制要求，接触器 KM1 和 KM2 之间必须进行电气互锁。

（二）S7-200 PLC 的栈操作指令

栈操作指令即逻辑堆栈操作指令。堆栈是一组能够存储和取出数据的暂存单元，其特点是"先进后出"。每次进行入栈操作，新值放入栈顶，栈底值丢失；每次进行出栈操作，栈顶值弹出，栈底值补进随机数。逻辑堆栈指令主要用于完成对触点进行的复杂连接，其主要作用是用于一个触点（或触点组）同时控制两个或两个以上线圈的编程。逻辑堆栈指令无操作数（LDS 例外）。

1. LPS 指令

LPS 指令（Logic Push）即逻辑入栈指令（分支电路开始指令）。在梯形图的分支结构中，可以形象地看出，它用于生成一条新的母线，其左侧为原来的主逻辑块，右侧为新的从逻辑块，因此可以直接编程。从堆栈使用上来讲，LPS 指令的作用是把栈顶值复制后压入堆栈。

2. LRD 指令

LRD 指令（Logic Read）即逻辑读栈指令。在梯形图分支结构中，当新母线左侧为主逻辑块时 LPS 开始右侧的第 1 个从逻辑块编程，LRD 开始第 2 个以后的从逻辑块编程。从堆栈使用上来讲，LRD 读取最近的 LPS 压入堆栈的内容，而堆栈本身不进行入栈和出栈工作。

3. LPP 指令

LPP 指令（Logic Pop）即逻辑出栈指令（分支电路结束指令）。在梯形图分支结构中，LPP 用于 LPS 产生的新母线右侧的最后一个从逻辑块编程，它在读取完离它最近的 LPS 压入堆栈内容的同时复位该条新母线。从堆栈使用上来讲，LPP 把堆栈弹出一级，堆栈内容依次上移。

4. LDS 指令

LDS 指令（Load Stack）即装入堆栈指令。它的功能是复制堆栈中的第 n 个值到栈顶，而栈底丢失。

指令格式：LDS n（n 为 0～8 的整数）。

上述指令中，LDS 指令应用较少，不再详述。LPS、LRD、LPP 这三条指令也称为多重输出指令，主要用于一些复杂逻辑的输出处理，其编程举例如图 3-25 所示。

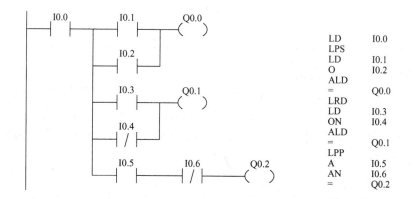

图 3-25　LPS、LRD、LPP 指令编程举例

三、任务实施

（一）控制功能分析及设计

控制系统输入控制部件包括正转起动按钮 SB2、反转起动按钮 SB3、停止按钮 SB1 和热继电器 FR 的常开触点。各控制按钮均采用常开触点，由热继电器 FR 的常开触点提供电动机过载信号。输出元件包括控制电动机运转的正转接触器 KM1、反转接触器 KM2 和用于电动机状态指示的指示灯，分别是正转运行指示灯 HL1、反转运行指示灯 HL2、停止指示灯 HL3 和故障指示灯 HL4。接触器线圈和各指示灯额定工作电压为交流 220V。

根据控制功能要求，控制系统工作过程如下：

接通电源总开关 QS，按下电动机正向起动按钮 SB2，正向控制接触器 KM1 线圈得电动作，电动机正向转动；反向起动时，要先按下停止按钮 SB1，接触器 KM1 线圈断电，主电路断开，电动机停转，然后按下反向起动按钮 SB3，反向接触器 KM2 线圈得电动作，电动机反转。同样，电动机反向运转时，要正向起动，必须先按下停止按钮 SB1，接触器 KM2 线圈断电，再按下正向起动按钮 SB2，电动机才能正转。当电动机运转时，直接按相反转向的起动按钮不能进行转向的切换。无论电动机正转还是反转运行，按下停止按钮 SB1 或热继电器 FR 的常开触点闭合，接触器 KM1、KM2 均断电，电动机停止运转。

电动机正转运行时，正转运行指示灯 HL1 亮，电动机反转运行时，反转运行指示灯 HL2 亮，电动机停止时，停止指示灯 HL3 亮，电动机过载时故障指示灯 HL4 亮。

（二）PLC I/O（输入/输出）地址分配

根据控制任务要求，PLC 系统需要 4 个开关量输入点和 6 个开关量输出点。本任务中 PLC 选用 CPU 224 模块，开关量输入信号采用直流 24V 输入，开关量输出采用继电器输出。各 I/O 点的地址分配见表 3-5。

表 3-5　I/O 地址分配

输入元件	输入端子地址	输出元件	输出端子地址
正转起动按钮 SB2	I0.0	正转接触器线圈 KM1	Q0.0
反转起动按钮 SB3	I0.1	反转接触器线圈 KM2	Q0.1
停止按钮 SB1	I0.2	正转运行指示灯 HL1	Q0.2
热继电器触点 FR	I0.3	反转运行指示灯 HL2	Q0.3
		停止指示灯 HL3	Q0.4
		故障指示灯 HL4	Q0.5

（三）PLC 的 I/O 线路连接

CPU 模块工作电源采用交流 220V，开关量输入由 CPU 模块上提供的直流 24V 传感器电源供电。因输出元件额定工作电压为交流 220V，因此 PLC 输出点接交流 220V 电源。为防止正转接触器和反转接触器同时通电，二者之间要在外电路进行电气互锁。系统的主电路及 PLC 的外部接线如图 3-26 所示。

（四）程序设计

根据 I/O 地址分配和控制功能要求，当输出线圈 Q0.0、Q0.1 均为 0 时，按下 SB2 按钮，输入点 I0.0 变为 1，输出点 Q0.0 置 1，交流接触器 KM1 线圈得电，这时电动机正转连

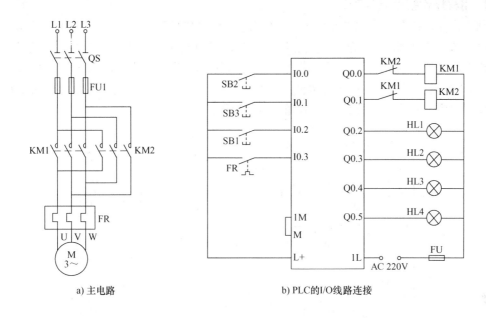

a) 主电路   b) PLC的I/O线路连接

图 3-26   PLC 控制的电动机正/反转控制电路

续运行；按下 SB3 按钮，输入点 I0.1 变为 1，输出继电器 Q0.1 置 1，交流接触器 KM2 线圈得电，这时电动机反转连续运行。当按下停止按钮 SB1 时，输入点 I0.2 变为 1，或热继电器 FR 的常开触点闭合，输入点 I0.3 变为 1，Q0.0、Q0.1 均置 0，正/反转接触器均断电，电动机停止运行。若电动机运行，即 Q0.0、Q0.1 其中一个为 1，必须先按停止按钮使 Q0.0、Q0.1 复位，才能相反方向起动。输出线圈 Q0.0、Q0.1 不能同时为 1，以确保接触器 KM1、KM2 线圈不会同时得电。

实现上述控制功能有多种编程方法，以下是能够实现上述控制功能的三种编程方案。

1. 采用触点、线圈指令来实现

采用触点、线圈指令来实现电动机正/反转控制的 PLC 程序如图 3-27 所示。

网络 1 和 2 为电动机的正/反转控制程序，其余网络用于状态显示。在网络 1 和 2 中，把 Q0.0 和 Q0.1 的常闭辅助触点串联到对方输出线圈回路中，目的是实现软件互锁，防止 Q0.0 和 Q0.1 同时为 1 而使接触器 KM1、KM2 同时通电吸合，导致电动机主电路短路。因为 PLC 程序扫描执行很快，外界物理器件来不及响应，仅靠 PLC 内部软件互锁往往达不到效果。例如，电动机在反转时，同时按下停止按钮和正转起动按钮，在第一个扫描周期，Q0.1 变为 0，反转接触器 KM2 线圈断电，在下一个扫描周期，Q0.0 即变为 1，正转接触器 KM1 线圈通电。但由于动作时间和电弧的原因，接触器触点完全断开有一定延迟时间，可能会出现 KM2 的触点还未断开，KM1 的触点已经接通的情况，引起主电路短路。因此，不仅要在梯形图中加入软继电器的互锁触点，而且还要在外部硬件输出电路中进行互锁，这也就是常说的"软、硬件双重互锁"。采用双重互锁，同时也避免了因接触器 KM1 和 KM2 的主触点熔焊而引起电动机主电路短路。

2. 用栈操作指令来实现

利用栈操作指令来实现电动机正/反转运行控制的 PLC 程序如图 3-28 所示。状态显示部分程序与图 3-27 网络 3 ~6 部分相同，因此只列出了电动机控制程序。与图 3-27 程序相比，利用栈操作指令的梯形图程序更接近实际继电器电路的设计方法，但用 STL 编程时要使用 LPS、LPP 等栈操作指令，程序可读性差，编写过程中容易出错，指令条数也有所增加。因此，在编写 STL 程序时，建议尽量不要采用栈操作指令。

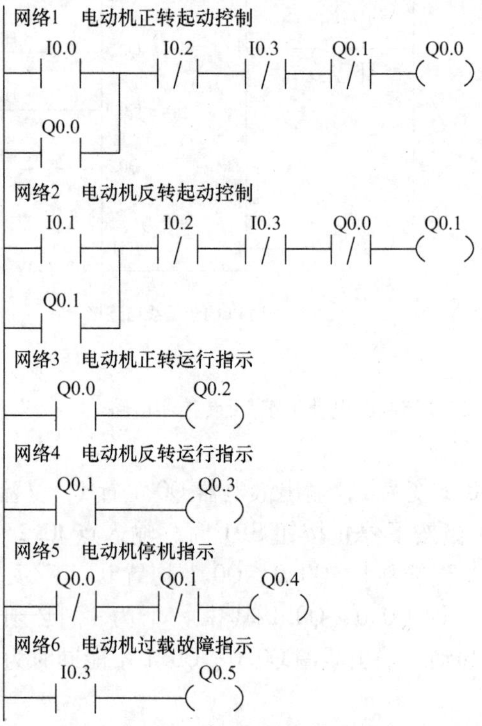

a) LAD程序

```
Network 1
LD      I0.0
O       Q0.0
AN      I0.2
AN      I0.3
AN      Q0.1
=       Q0.0
Network 2
LD      I0.1
O       Q0.1
AN      I0.2
AN      I0.3
AN      Q0.0
=       Q0.1
Network 3
LD      Q0.0
=       Q0.2
Network 4
LD      Q0.1
=       Q0.3
Network 5
LDN     Q0.0
AN      Q0.1
=       Q0.4
Network 6
LD      I0.3
=       Q0.5
```

b) STL程序

图 3-27 用触点、线圈指令来实现电动机正/反转控制的 PLC 程序

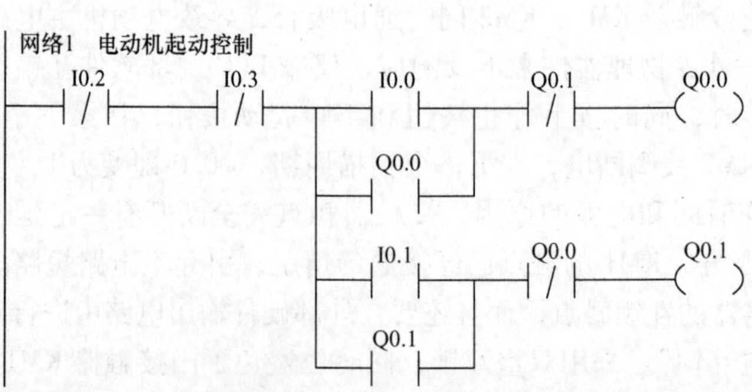

a) LAD程序

```
LDN     I0.2
AN      I0.3
LPS
LD      I0.0
O       Q0.0
ALD
AN      Q0.1
=       Q0.0
LPP
LD      I0.1
O       Q0.1
ALD
AN      Q0.0
=       Q0.1
```

b) STL程序

图 3-28 用栈操作指令来实现电动机正/反转运行控制的 PLC 程序

3. 用置位、复位指令来实现

利用置位、复位指令来实现电动机正/反转运行控制的 PLC 程序如图 3-29 所示。

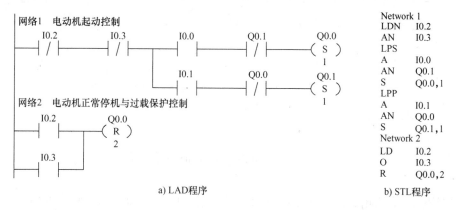

a) LAD程序　　　　　　　　b) STL程序

图 3-29　用置位、复位指令来实现电动机正/反转运行控制的 PLC 程序

四、知识拓展

（一）复合按钮的处理

在上述的电动机正/反转控制电路中，当变换电动机转向时，必须先按下停止按钮，才能实现反向运行，这样很不方便。图 3-30 所示的控制电路利用复合按钮 SB2、SB3 的联锁功能，可直接实现由正转变为反转的控制（反之亦然）。当接触器 KM1 线圈通电，电动机正向运转时，按下反向起动按钮 SB3，则会使串联在接触器 KM1 线圈回路中的常闭触点先断开，接触器 KM1 失电电动机停转，而后 KM2 线圈回路中的 SB3 常开触点闭合，接触器 KM2 通电

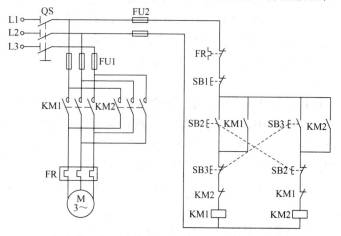

图 3-30　带复合按钮的电动机正/反转控制电路

自保，电动机反向起动运转；同样，当电动机反向运转时，按下正向起动按钮可实现电动机反向停止，然后正向起动运转控制。

对于 PLC 系统，在 PLC 外部 I/O 电路保持不变的情况下，通过不同的的软件编程，可以获得不同的控制功能，这也是 PLC 控制系统相对于继电器电路的一大优点。例如在本节的电动机正/反转控制任务中，保持图 3-26 所示 PLC 的 I/O 电路不变，对 PLC 程序稍作修改，就可以在软件中实现复合按钮的功能。修改后的程序如图 3-31 所示。

在图 3-31 中，网络 1 中 I0.0 的常开触点与网络 2 中与输出线圈串联的 I0.0 常闭触点实现了复合按钮的功能；同理，网络 2 中 I0.1 的常开触点与网络 1 中 I0.1 常闭触点也组成了复合按钮。当电动机正向运转时，网络 1 中输出线圈 Q0.0 通电，自保触点 Q0.0 闭合。当按下起动按钮 SB3 进行反向起动时，I0.1 变为 1，与输出线圈 Q0.0 串联的 I0.1 常闭触点断

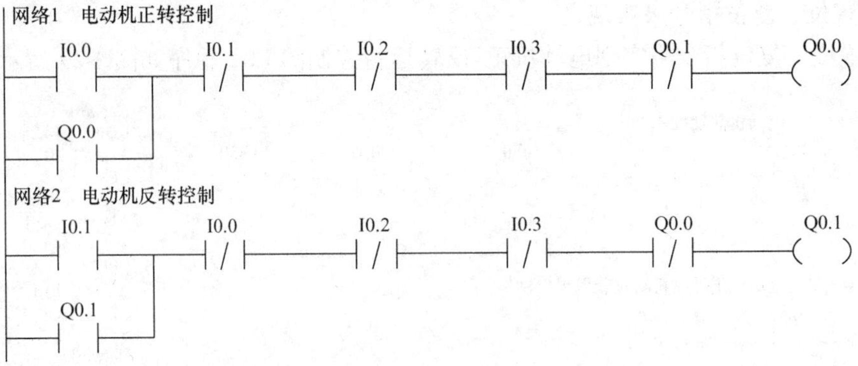

网络1 电动机正转控制

```
    I0.0        I0.1        I0.2        I0.3        Q0.1        Q0.0
 ──┤ ├──┬──┤/├────┤/├────┤/├────┤/├────┤/├───────( )──
         │
    Q0.0 │
 ──┤ ├───┘
```

网络2 电动机反转控制

```
    I0.1        I0.0        I0.2        I0.3        Q0.0        Q0.1
 ──┤ ├──┬──┤/├────┤/├────┤/├────┤/├────┤/├───────( )──
         │
    Q0.1 │
 ──┤ ├───┘
```

图 3-31 具有复合按钮功能的 PLC 程序

开，输出线圈 Q0.0 断电；网络 2 中的 I0.1 常开触点闭合，输出线圈 Q0.1 通电并自保。因此电动机直接进行正转到反转的切换。

需要注意的是，外电路接触器 KM1、KM2 必须进行硬件互锁，否则可能因为接触器的动作延迟导致两接触器的主触点同时闭合而引起主电路短路。

（二）行程开关的处理

某些生产机械工作时，其运动部件有一定的行程范围限制，这就要求对其进行行程控制。例如，船舶舵机的左、右舵角偏转必须限制在 35°以内，当舵叶向左或向右偏转达到 35°时，必须及时停止舵机继续转舵。再如起货机提升机构必须防止因吊索收尽而造成吊钩撞碰吊臂事故等，当吊钩上升到危险高度时，应及时停止起货机提升机构电动机的工作，避免事故的发生。

行程控制一般采用行程开关进行控制，在所需要限制的位置上装设行程开关，并将其常闭触点与控制电路中的停止按钮（或接触器线圈回路）串联。同时在生产机械的运动部件上设置撞块，当运动部件移动到极限位置时，撞块碰压行程开关，使其常闭触点断开。由于行程控制的常闭触点与停止按钮串联，常闭触点断开的作用与停止按钮被按压动作的作用相同，控制电动机的接触器线圈断电，电动机停止运转。行程控制的实质是限位控制，其作用是避免生产机械进入异常位置，是一种限位保护。图 3-32 所示的就是行程控制电路，图中采用 SQ1 和 SQ2 两个行程开关作为行程控制的控制元件，保证行程控制的可靠性。

在本节的电动机正/反转控制任务中，在图 3-26 所示的 PLC I/O 电路基础上再把行程开关 SQ1 和 SQ2 的状态信号输入 PLC，如图 3-33 所示，PLC 程序稍作修改，即可实现具有限位保护的电动机正/反转控制功能。修改后的程序如图 3-34 所示。

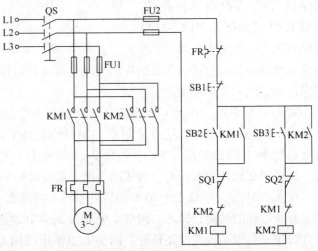

图 3-32 带有行程开关的电动机正/反转控制电路

在图3-34 所示的梯形图程序中，I0.4 的常闭触点与输出线圈 Q0.0 串联，I0.5 的常闭触点与输出线圈 Q0.1 串联，实现限位保护。当电动机正向运转使设备运行达到极限位置时，行程开关 SQ1 的常开触点闭合，I0.4 变为1，其常闭触点断开，使输出线圈 Q0.0 断电，电动机停止运转；同理，当电动机反向运转达到极限位置时，行程开关 SQ2 的常开触点闭合，I0.5 变为1，其常闭触点断开，使输出继电器线圈 Q0.1 断电，电动机停止运转。从而在软件中实现限位保护功能。在 PLC 的外电路中，把行程开关 SQ1 的常闭触点与正转接触器 KM1 线圈串联，把行程开关 SQ2 的常闭触点与反转接触

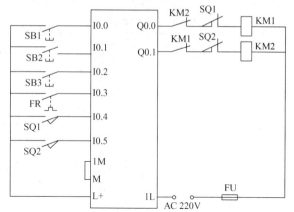

图 3-33　具有行程开关的电动机
正/反转 PLC 控制外电路连接

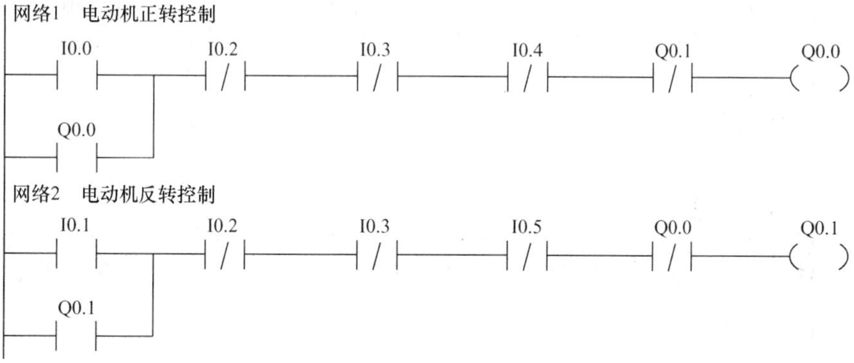

器 KM2 线圈串联，实现硬、软件双重限位保护。在某些情况下，为了节省 PLC 的输入点，也可只采用硬件电路限位保护。

图 3-34　具有行程开关的电动机正/反转 PLC 控制程序

（三）自动往复的处理

某些生产机械工作时，其运动部件不仅有行程范围限制，而且要求在到达行程限制位置时能够自动返回，实现运动部件的自动往复运动。例如，煤矿自动往返运煤小车的控制。这就要求电动机不仅能够限位停止，而且能够反向起动。小车自动往返运动的继电器控制电路如图 3-35 所示。自动往返运动控制电路是在图 3-32 具有限位停止保护的电动机正/反转控制电路基础上进行了改进，把限位停止保护用行程开关的常开触点与相反运动方向的起动按钮并联连接，在实现限位停止的同时进行反向起动。例如：正转停止的行程开关 SQ1 的常开触点与反转起动按钮 SB3 并联。

保持图 3-33 所示控制系统的 PLC I/O 电路不变，对 PLC 程序稍作修改，即可实现控制机械的自动往复运动。修改后的程序如图 3-36 所示。程序中采用了与继电器控制电路类似的方法进行编程，即把行程开关输入 I0.4、I0.5 的常开触点分别与起动用常开触点 I0.1、I0.0 并联。

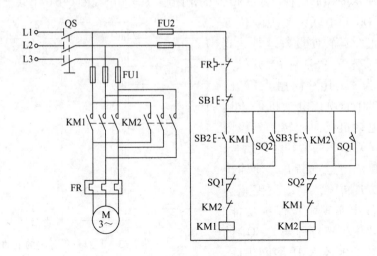

图 3-35　自动往复运动小车控制电路

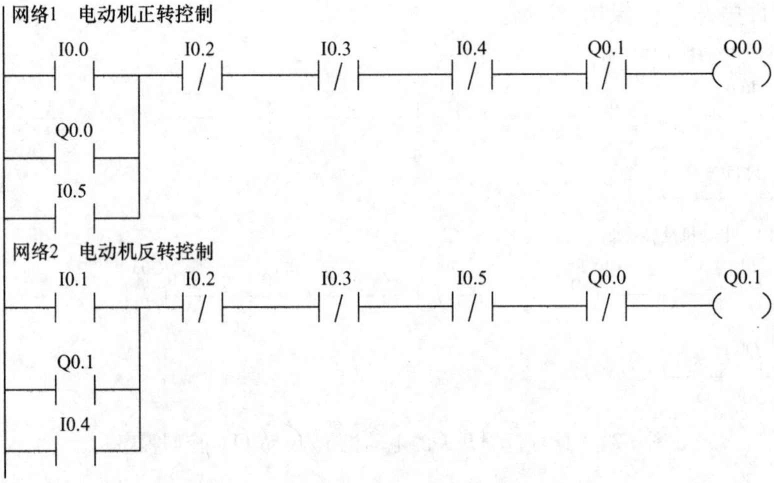

网络1　电动机正转控制

网络2　电动机反转控制

图 3-36　自动往复运动小车控制 PLC 程序

任务五　三相异步电动机延时顺序起动、逆序停止控制

一、任务提出

图 3-37 所示为两台电动机延时顺序起动逆序停止的控制电路图。按下起动按钮 SB2，第 1 台电动机 M1 开始运行，5s 后第 2 台电动机 M2 开始运行；按下停止按钮 SB3，第 2 台电动机 M2 停止运行，10s 后第 1 台电动机 M1 停止运行；SB1 为紧急停止按钮，当出现故障时，只要按下 SB1，两台电动机均立即停止运行。

任务要求：保持主电路不变，用 S7-200 PLC 来实现图 3-37 所示电路的控制功能。

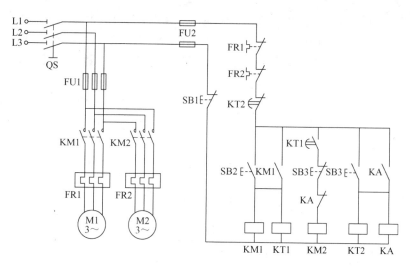

图 3-37 两台电动机延时顺序起动逆序停止的控制电路图

二、相关知识点

在继电器控制电路中，用时间继电器进行定时控制，在 PLC 控制系统中，与时间继电器相对应的编程元件是定时器。定时器是 PLC 重要的编程元件，编程时，给定时器输入时间预设值。当输入条件满足时，定时器开始计时，定时器的当前值从 0 开始按一定的时间单位递增，当定时器的当前值与预设值相等时，定时器动作，定时器所对应的常开触点闭合，常闭触点断开。连接在定时器触点后的线圈或功能块，可在预定的延时后动作。

（一）S7-200 PLC 定时器的类型及指令格式

按照工作方式，S7-200 PLC 有三种类型的定时器，即通电延时定时器（TON，On-Delay Timer）、断电延时定时器（TOF，Off-Delay Timer）和有记忆（保持型）通电延时定时器（TONR，Retentive On-Delay Timer），共计 256 个。定时器分辨率（S）可分为三个等级：1ms、10ms 和 100ms。

S7-200 PLC 定时器指令格式及操作数描述见表 3-6。

表 3-6 S7-200 PLC 定时器指令格式及操作数描述

定时器类型		通电延时定时器	有记忆的通电延时定时器	断电延时定时器
指令的表达形式	指令表	TON T××，PT	TONR T××，PT	TOF T××，PT
	梯形图	T×× TN TON ????-PT ???~	T×× TN TONR ????-PT ???~	T×× TN TOF ????-PT ???~
操作数的范围及类型		T××：（WORD）常数 T0~255 IN：（BOOL）I，Q，V，M，SM，S，T，C，L，能流 PT：（INT）IW，QW，VW，MW，SMW，T，C，LW，AC，AIW，*VD，*LD，*AC，常数		

定时器指令中，TON、TONR、TOF 表示定时器的类型；T×× 表示定时器的编号，编程范围为 T0～255；IN 是使能输入端，输入的是一个位值逻辑信号，当 IN 输入端电路接通时，有能流到达 IN 输入端，定时器开始工作；PT 是预置值输入端，数据类型为 INT，最大预置值为 32767。定时器定时时间 T 为预置（PT）值与分辨率的乘积，即，$T = PT \times S$，其中 T 为实际定时时间，PT 为设定值，S 为分辨率。例如，TON 指令使用 T97（分辨率为 10ms 的定时器），设定值为 100，则实际定时时间为 $T = 100 \times 10ms = 1000ms$。

（二）定时器的分辨率

在 S7-200 PLC 的定时器中，定时器的分辨率有 1ms、10ms、100ms 三种。分辨率与定时器的编号有关，见表 3-7。不同分辨率的定时器，由于刷新处理方法不同，从而对定时器的精度产生的影响也不同。使用时一定要注意根据使用场合和要求来选择定时器。

表 3-7　定时器编号和分辨率

定时器类型	分辨率/ms	定时范围（最大值）/s	定时器号
TONR	1	32.767	T0 和 T64
	10	327.67	T1～T4 和 T65～T68
	100	3276.7	T5～T31 和 T69～T95
TON TOF	1	32.767	T32 和 T96
	10	327.67	T33～T36 和 T97～T100
	100	3276.7	T37～T63 和 T101～T255

1. 1ms 定时器

1ms 定时器对起动后的 1ms 时间间隔计数。定时器指令执行期间每隔 1ms 对定时器位和当前值刷新一次，这一过程不与扫描周期同步（扫描周期大于 1ms 时，定时器位和当前值在一个扫描周期内被多次刷新）。

2. 10ms 定时器

10ms 定时器对起动后的 10ms 时间间隔计数。执行定时器指令时开始定时，在每一个扫描周期开始时刷新定时器（每个扫描周期只刷新一次），将一个扫描周期内增加的 10ms 时间间隔的个数加到当前值。定时器的当前值和定时器位在一个扫描周期内其余的时间保持不变。

3. 100ms 定时器

100ms 定时器对起动后的 100ms 时间间隔计数。它在每一个扫描周期开始时刷新定时器，将一个扫描周期内增加的 100ms 时间间隔的个数加到当前值。只有在执行定时器指令时，才对 100ms 定时器的当前值进行刷新。因此，如果起动了 100ms 定时器，但是没有在每一个扫描周期执行定时器指令，将会丢失时间。如果在一个扫描周期内多次执行同一个 100ms 定时器指令，应保证每一个扫描周期内同一条定时器指令只执行一次。

（三）S7-200 PLC 定时器的使用方法

1. 通电延时定时器（TON）

使能输入端（IN）接通（即输入电路接通）时，定时器开始计时，当前值从 0 开始递增，当前值大于等于预设值（PT）（PT = 1～32767）时，定时器位变为 ON，对应的常开触点闭合，常闭触点断开。达到预设值后，当前值仍继续计数，直到最大值 32767 为止。使能输入断开时，定时器位复位（即定时器位变为 OFF），当前值被清零。

CPU 在上电周期或首次扫描时，TON 被自动复位，定时器位变为 OFF，当前值为 0。可用复位指令（R）复位定时器。复位指令使定时器位变为 OFF，定时器当前值被清零。

图 3-38 所示为通电延时定时器的编程方法举例及对应的时序图。当 I0.0 为"1"时，T38 开始定时，当前值以 100ms 为单位递增，当计时时间达到 50×100ms 即 5s 时，T38 的常开触点导通，输出线圈 Q0.0 接通。若 I0.0 为"0"，T38 复位，当前值为 0，常开触点断开。

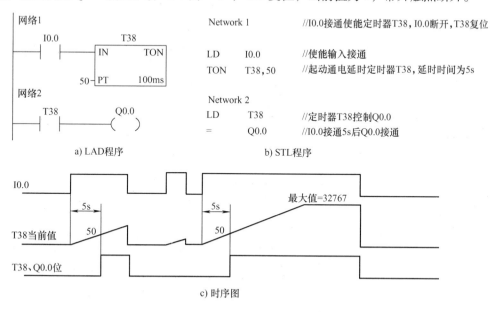

图 3-38　通电延时定时器编程举例

2. 断电延时定时器（TOF）

使能输入端（IN）接通时，定时器位立即为 ON，当前值复位为 0。当使能端（IN）由接通到断开时，定时器开始计时，当前值从 0 开始加 1 计数，当前值达到预设值时，定时器位变为 OFF，并停止计时，当前值保持不变，等于预设值。当使能输入断开的时间短于预设时间时，定时器位保持接通。TOF 复位后，如果使能输入再有从 ON 到 OFF 的负跳变，则可实现再次起动，并且每次都从 0 重新开始。

CPU 在上电周期或首次扫描时，TOF 被自动复位，定时器位为 OFF，当前值为 0。可用复位（R）指令复位定时器。复位指令使定时器位变为 OFF，定时器当前值被清零。

图 3-39 所示为断电延时定时器的编程方法举例及对应的时序图。

TON 和 TOF 使用相同范围的定时器编号，所以在同一个 PLC 程序中决不能把同一个定时器号同时用作 TON 和 TOF。例如在程序中，不能既有接通延时定时器 T32，又有断开延时定时器 T32。

3. 有记忆通电延时型定时器（TONR）

使能输入接通时，定时器位为 OFF，当前值从 0 开始计时。使能输入断开，定时器位和当前值保持最后状态。使能输入再次接通时，当前值从上次的保持值继续计数，当累计当前值达到预设值时，定时器位变为 ON，同时计数继续进行，一直到最大值 32767。有记忆通电延时型定时器用于对许多时间间隔的累计定时。

图 3-40 所示为有记忆通电延时型定时器的编程方法举例及对应的时序图，当时间间隔 $t_1 + t_2 + t_3 \geqslant 800ms$ 时，800ms 定时器 T2 的定时器位变为 ON。

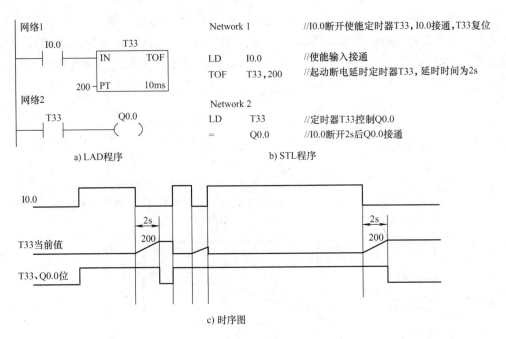

图 3-39　断电延时定时器编程举例

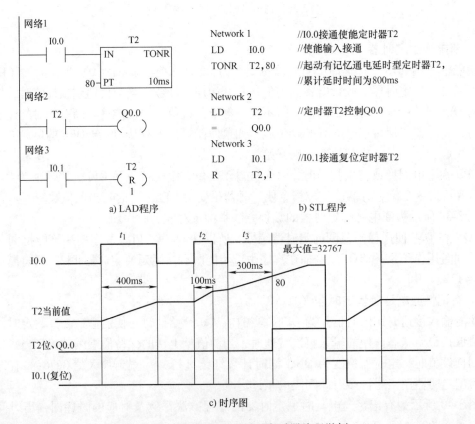

图 3-40　有记忆通电延时型定时器编程举例

TONR 定时器只能用复位指令进行复位操作。复位后，定时器当前值清零，定时器位为 OFF。CPU 在上电周期或首次扫描时，定时器位为 OFF，当前值可以设定为掉电保持。

三、任务实施

（一）控制功能分析与设计

控制系统输入控制部件包括控制按钮和热继电器。控制按钮包括起动按钮 SB2、停止按钮 SB3、应急停止按钮 SB1，各控制按钮均采用常开触点。由热继电器 FR1 提供电动机 M1 的过载信号，FR2 提供电动机 M2 的过载信号，任何一台电动机过载，两台电动机均停止运行，因此两个热继电器采用常闭触点并进行串联连接。输出元件包括控制电动机 M1 运转的交流接触器 KM1 和控制电动机 M2 运转的交流接触器 KM2，接触器线圈额定工作电压均为交流 220V。

根据控制功能要求，系统控制过程如下：

按下起动按钮 SB2，接触器 KM1 通电，电动机 M1 开始运行，5s 后接触器 KM2 通电，电动机 M2 开始运行；按下停止按钮 SB3，接触器 KM2 断电，电动机 M2 停止运行，10s 后，接触器 KM1 断电，电动机 M1 停止运行；两台电动机运行时，按下紧急停止按钮 SB1 或任一热继电器动作，接触器 KM1、KM2 均立即断电，两台电动机停止运行。

（二）PLC I/O（输入/输出）地址分配

根据控制任务要求，PLC 系统需要 4 个开关量输入点和 2 个开关量输出点。本任务中 PLC 选用 CPU 224 模块，开关量输入信号采用直流 24V 输入，开关量输出采用继电器输出。各 I/O 点的地址分配见表 3-8。表中，KM1 为电动机 M1 运行用交流接触器，KM2 为电动机 M2 运行用交流接触器。FR1 和 FR2 为电动机 M1 和 M2 热继电器的常闭触点，二者串联，可节省 PLC 的输入点。

表 3-8　I/O 地址分配

输入元件	输入端子地址	输出元件	输出端子地址
紧急停止按钮 SB1	I0.0	接触器 KM1	Q0.0
起动按钮 SB2	I0.1	接触器 KM2	Q0.1
停止按钮 SB3	I0.2		
FR1、FR2	I0.3		

（三）PLC 的 I/O 线路连接

CPU 模块工作电源采用交流 220V，开关量输入由 CPU 模块上提供的直流 24V 传感器电源供电。因接触器 KM1 和 KM2 线圈额定工作电压均为交流 220V，因此 PLC 输出点接交流 220V 电源。系统的主电路及 PLC 的外部接线如图 3-41 所示。

（四）程序设计

根据控制要求和 I/O 地址分配，两台电动机延时顺序起动逆序停止控制的 PLC 程序如图 3-42 所示。

网络 1 为电动机过载故障停机、应急停机判断。按下应急停机按钮，I0.0 常开触点闭合，或者电动机过载致热继电器常闭触点断开，I0.3 常闭触点闭合，内部存储位 M0.0 线圈接通变为 1，进行应急或故障停机。正常时 M0.0 为 0。

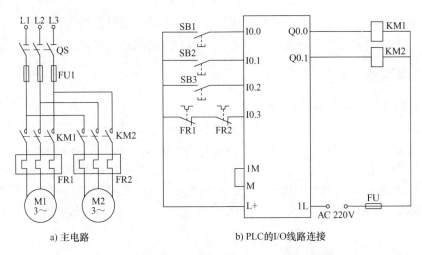

图 3-41　两台电动机延时顺序起动逆序停止的 PLC 控制电路

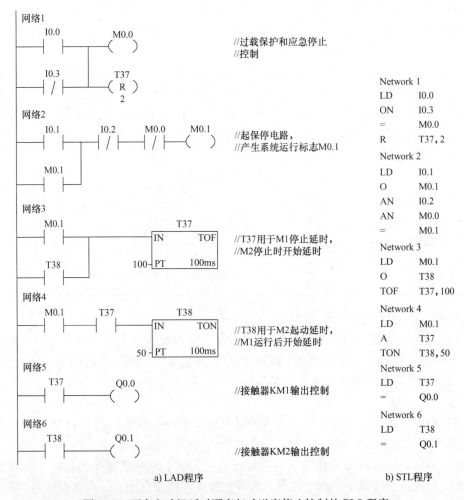

图 3-42　两台电动机延时顺序起动逆序停止控制的 PLC 程序

网络 2 为设备运行与停止控制。当起动按钮 SB2 被按下时，I0.1 变为 1，M0.1 线圈"通电"并自保；当按下停止按钮 SB3 时，I0.2 变为 1，其常闭触点断开，或 M0.0 为 1，其常闭触点断开，M0.1 线圈"断电"。M0.1"通电"，设备运行，M0.1"断电"，设备停止。

网络 3 为电动机 M1 运行控制。设备起动时，M0.1"通电"，其常开触点一接通，断电延时定时器 T37 即动作，状态变为 1，使输出线圈 Q0.0"通电"，电动机 M1 起动运行；M0.1、T38 触点均断开后，M1 延时 10s 停止。与 M0.1 并联 T38 常开触点的目的是确保电动机 M2 停止后 M1 才能停止。

网络 4 为电动机 M2 运行控制。设备起动时，M0.1 为 1，且电动机 M1 运行，T37 为 1，通电延时定时器 T38 开始计时，延时 5s 变为 1，使输出线圈 Q0.1"通电"，电动机 M2 起动。设备停止时，M0.1 变为 0，T38 立即复位，使电动机 M2 停止。与 M0.1 串联 T37 常开触点的目的是确保电动机 M1 运行后 M2 才能运行。

当任一台电动机过载或按应急停机按钮时，M0.0 线圈"通电"，并复位定时器 T37、T38，两台电动机均停转。

四、知识拓展

（一）定时器的正确使用

图 3-43 所示梯形图程序，使用定时器本身的常闭触点作为激励输入，希望经过延时产生一个 PLC 扫描周期的时钟脉冲输出。定时器状态位置位时，依靠本身的常闭触点（激励输入）的断开使定时器复位，重新开始设定时间，进行循环工作。采用不同时基标准的定时器时会有不同的运行结果，具体分析如下所述。

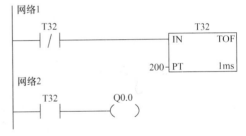

图 3-43　本身触点激励输入的定时器

（1）采用 1ms 时基定时器　T32 为 1ms 时基定时器，每隔 1ms 定时器刷新一次当前值，CPU当前值若恰好在处理常闭触点和常开触点之间被刷新，Q0.0 可以接通一个扫描周期，但这种情况出现的概率很小，一般情况下，不会正好在此时刷新。若在执行其他指令时，定时时间到，1ms 的定时刷新，使定时器输出状态位置位，常闭触点打开，当前值复位，定时器输出状态位立即复位，所以输出线圈 Q0.0 一般不会通电。

（2）采用 10ms 时基定时器　若将图 3-43 中定时器 T32 换成 T33，时基变为 10ms，当前值在每个扫描周期开始刷新，定时器输出状态位置位，常闭触点断开，立即将定时器当前值清零，定时器输出状态位复位为 0，这样输出线圈 Q0.0 永远不可能接通（ON）。

（3）采用 100ms 时基定时器　若将图 3-43 中定时器 T32 换成 T37，时基变为 100ms，当前指令执行时刷新，Q0.0 在 T37 计时时间到时准确地接通一个扫描周期。可以输出一个 OFF 时间为定时时间，ON 时间为一个扫描周期的时钟脉冲。

结论：综上所述，用本身触点激励输入的定时器，时基为 1ms 和 10ms 时不能可靠工作，一般不宜使用本身触点作为激励输入。

若将图 3-43 改成图 3-44，无论何种时基都能正常工作。

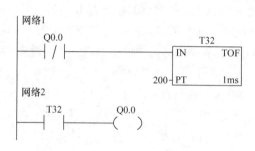

图 3-44 非本身触点激励输入的定时器

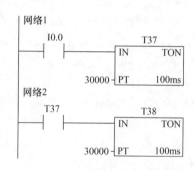

图 3-45 定时范围的扩展程序

（二）定时器定时时间的扩展

S7-200 PLC 定时器的最长定时时间为 3276.7s，如果需要更长的定时时间，可使用多个定时器进行扩展，用两个定时器扩展定时范围的程序如图 3-45 所示。I0.0 为 ON 时，其常开触点接通，T37 开始定时，50min 后 T37 的定时时间到，T37 状态变为 ON，T38 开始定时，50min 后 T38 的定时时间到，状态变为 ON。因此，图 3-45 所示程序可实现 100min 的定时，定时时间超过了单个定时器的最长定时时间。

任务六 三相异步电动机Y-△减压起动控制

一、任务提出

容量较大的电动机起动时会产生比较大的起动电流，对电网造成冲击，因此不能直接起动，常采用减压、软起动器、变频等起动方式，以达到限制起动电流的目的。Y-△减压起动是船舶机舱泵浦常采用的一种减压起动方式。

任务要求：图 3-46 所示为三相异步电动机Y-△减压起动控制电路，采用 S7-200 PLC 实现此电路的控制功能。

二、相关知识点

Y-△减压起动方法只能用于正常运转时定子绕组接成三角形的三相笼型异步电动机。电动机起动时，首先将定子绕组连接成星形，待转速上升到一定程度时，再将定子绕组的接线由星形改接成三角形，电动机便可全电压正常运行。

在图 3-46 所示的三相异步电动机Y-△减压起动控制电路中，合上电源开关 QS，按下起动按钮 SB1，接触器 KM1 得电自锁，时间继电器 KT 和接触器 KM3 得电，电动机绕组由 KM3 接成星形（Y）起动，经过 10s，时间继电器 KT 延时断开常闭触点断开，接触器 KM3 失电，电动机三相绕组的星形联结断开，时间继电器 KT 延时闭合常开触点闭合，接触器 KM2 得电并自锁，将电动机三相绕组接成三角形（△）运行。当 KM2 得电后，KM2 常闭触点断开，使时间继电器 KT 失电，以降低能耗。这样就完成了三相异步电动机的Y-△减压起动过程。接触器 KM2、KM3 要通过常闭触点互锁，防止同时接成星形（Y）和三角形（△）而造成电源短路。

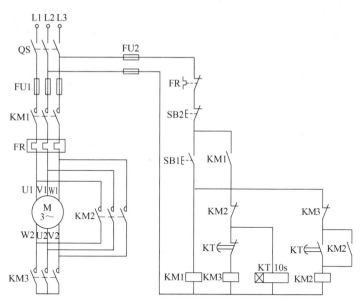

图 3-46　三相异步电动机丫-△减压起动控制电路

三、任务实施

（一）控制功能分析与设计

控制系统输入控制部件包括起动按钮 SB1、停止按钮 SB2 和热继电器 FR 的常开触点。各控制按钮均采用常开触点，由热继电器 FR 的常开触点提供电动机的过载信号。输出元件包括交流接触器 KM1、KM2 和 KM3，接触器 KM1 为主接触器，用于电动机接通三相电源，接触器 KM3 用于将电动机定子绕组接成星形，接触器 KM2 用于将电动机定子绕组接成三角形，各接触器线圈额定工作电压均为交流 220V。

根据控制功能要求，系统控制过程如下：

按下起动按钮 SB1，接触器 KM1、KM3 通电吸合，电动机星形联结起动，并开始延时（设定 10s），延时时间到，接触器 KM3 断电释放，KM2 通电吸合，电动机定子绕组连接成三角形转入全压起动和正常运行。按下停止按钮 SB2，接触器 KM1、KM2 均断电，电动机停止运行。

（二）PLC I/O（输入/输出）地址分配

根据控制任务要求，PLC 系统需要 3 个开关量输入点和 3 个开关量输出点。本任务中 PLC 选用 CPU 224 模块，开关量输入信号采用直流 24V 输入，开关量输出采用继电器输出。各 I/O 点的地址分配见表 3-9。

表 3-9　I/O 地址分配

输入元件	输入端子地址	输出元件	输出端子地址
起动按钮 SB1	I0.0	接触器 KM1	Q0.0
停止按钮 SB2	I0.1	接触器 KM2	Q0.1
FR2	I0.2	接触器 KM3	Q0.2

（三）PLC 的 I/O 线路连接

CPU 模块工作电源采用交流 220V，开关量输入由 CPU 模块上提供的直流 24V 传感器电源供电。因各接触器线圈额定工作电压均为交流 220V，因此 PLC 输出点接交流 220V 电源。接触器 KM2、KM3 要通过外电路进行电气互锁，防止同时吸合而造成电源短路。系统的主电路及 PLC 的外部接线如图 3-47 所示。

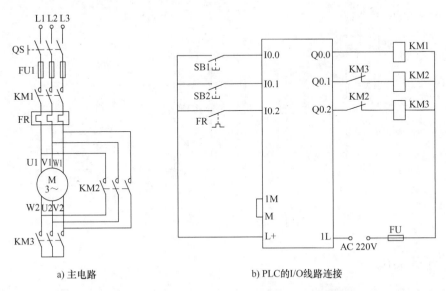

a) 主电路 　　　　　　　　　b) PLC的I/O线路连接

图 3-47　异步电动机丫-△减压起动 PLC 控制电路

（四）程序设计

三相异步电动机丫-△减压起动控制的 PLC 程序如图 3-48 所示。

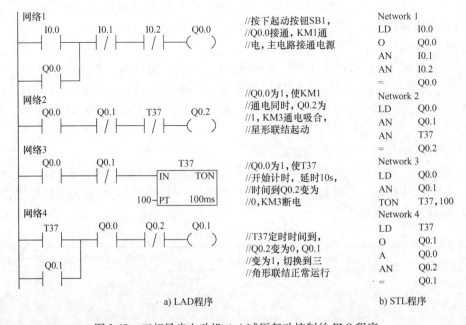

a) LAD程序　　　　　　　　　b) STL程序

图 3-48　三相异步电动机丫-△减压起动控制的 PLC 程序

在网络 2 和 4 中，把 Q0.1 和 Q0.2 的常闭辅助触点串联到对方输出线圈回路中，目的是实现软件互锁，防止 Q0.1 和 Q0.2 同时为 1 而使接触器 KM2、KM3 同时通电吸合，导致电源短路。

四、知识拓展

设计好 PLC 程序后，一般先作模拟调试。S7-200 的仿真软件可以对 S7-200 的部分指令和功能进行仿真，在不具备 PLC 硬件调试条件的情况下，可以作为调试较简单程序的工具，也可以作为学习 S7-200 PLC 编程的一个辅助工具。

（一）仿真软件的仿真功能

仿真软件提供了数字信号输入开关、两个模拟电位器和 LED 输出显示，可以仿真常用的位触点指令、定时器指令、计数器指令、逻辑运算指令和大部分的数学运算指令等，同时还支持对 TD-200 文本显示器的仿真，但部分指令如比较指令、顺序控制指令、循环指令、高速计数器指令和通信指令等尚无法支持。

S7-200 仿真软件的主界面如图 3-49 所示。

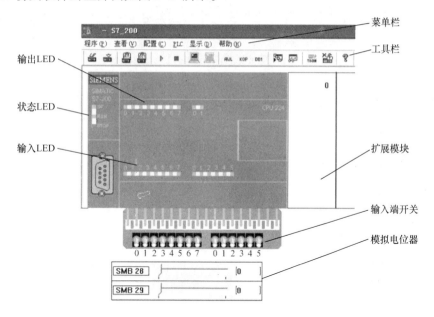

图 3-49 S7-200 仿真软件的主界面

（二）仿真软件的使用

以本任务异步电动机星-三角（Y-△）起动控制程序的仿真调试为例，介绍仿真软件的使用方法。

1. 导出文本文件

仿真软件不能直接使用 S7-200 的用户程序，必须用"导出"功能将用户程序转换成 ASCII 码文本文件，然后下载到仿真器中运行。

程序编写后，在编程软件 STEP 7-Micro/WIN 中文主界面中单击菜单栏中的"文件"→"导出"，在"导出程序块"对话框中填入文件名和保存路径，该文本文件的扩展名为

".awl"。单击"保存"按钮,如图 3-50 所示。

2. 启动仿真软件

仿真软件不需要安装,不能模拟 S7-200 的全部指令和全部功能。启动时执行其中的 S7-200 汉化版 .EXE 文件。启动结束后,根据提示输入密码"6596",并单击"确定"。

3. 硬件设置

执行菜单命令"配置"→"CPU 型号",选择 CPU 的型号,如图 3-51 所示。

双击紧靠已配置的模块右侧的方框,可添加 I/O 扩展模块,如图 3-52 所示。

4. 装载程序

单击菜单栏中"程序"→"装载程

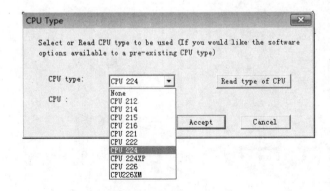

图 3-50　导出文本文件

序",在"装载程序"对话框中一般选择下载全部块,如图 3-53 所示,单击"确定"按钮,进入"打开"对话框。在"打开"对话框中选中导出的"星-三角起动"文件,如图 3-54 所示。单击"打开"按钮开始装载。

"星-三角起动"程序的文本文件被载入仿真器软件中,如图 3-55 所示。

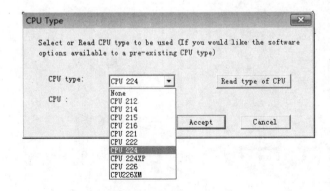

图 3-51　选择 CPU

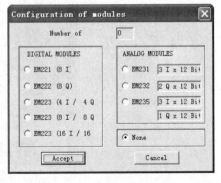

图 3-52　模块组态

图 3-53　装载程序

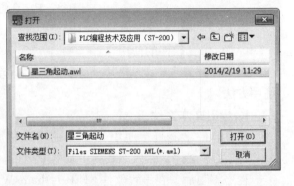

图 3-54　选择待仿真文件

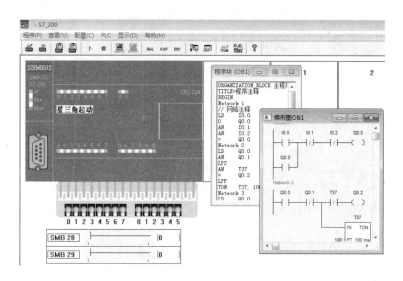

图 3-55　星-三角起动控制程序装入仿真器

5. 仿真运行

单击工具栏上的按钮▷（或单击菜单中"PLC"→"运行"），将仿真器切换到运行状态。单击对应于输入端 I0.0 的开关图标，接通 I0.0，输入 LED 灯 I0.0 点亮，输出 LED 灯 Q0.0、Q0.2 点亮，10s 延时时间到，Q0.2 熄灭，Q0.1 点亮，如图 3-56 所示；断开 I0.0，输入 LED 灯 I0.0 熄灭，输出 LED 灯不变；接通 I0.1 一次，输出灯都熄灭。观察仿真结果是否符合设计要求。

6. 内存变量监控

单击菜单栏中"查看"→"内存监控"，在"内存表"对话框中填入变量地址，单击"开始"或"停止"按钮，用来起动和停止监控。当 I0.0 接通时，Q0.0、Q0.2 的值为"2#1"，10s 延时时间到，Q0.2 的值变为"2#0"，Q0.1 变为"2#1"，如图 3-57 所示。

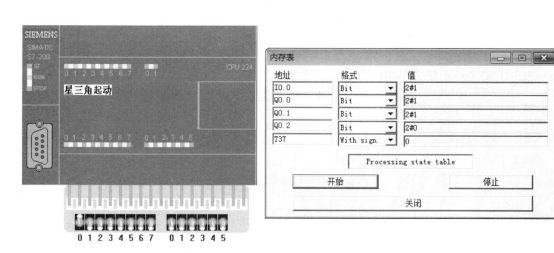

图 3-56　仿真运行　　　　　　　　　　　　　图 3-57　监控内存变量

任务七　船舶辅锅炉水位控制与监视报警

一、任务提出

图 3-58 所示的辅锅炉水位控制示意图中，1 为辅锅炉正常工作水位上限、2 为正常工作水位下限、3 为高位报警水位、4 为低位报警水位、5 为应急停炉水位，这 5 个水位通过安装在辅锅炉上的 5 个液位开关检测。对于水位 1 和 3，当辅锅炉水位高于相应限值时，液位开关触点闭合，对于水位 2、4 和 5，水位低于相应限值时，液位开关触点闭合。

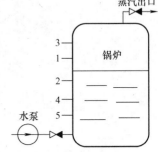

图 3-58　辅锅炉水位
控制示意图

任务要求：用 S7-200 PLC 设计辅锅炉水位控制与报警系统，对辅锅炉水位进行双位控制和水位的监视报警。

系统功能要求如下：

1）辅锅炉水位控制有手动、自动两种控制方式，方式选择开关有自动、停止和手动三个位置。手动补水时把开关转到手动位，则辅锅炉水泵连续给水，直到开关转回停止位。把开关转到自动位可实现辅锅炉水位的双位控制，辅锅炉水位达到正常工作水位下限时，辅锅炉给水泵起动供水，辅锅炉水位达到正常工作水位上限时，辅锅炉给水泵停止。

2）具有辅锅炉水位过高、过低报警功能。

3）具有极限低水位停炉、水位异常停炉报警及异常停炉复位功能，通过继电器输出应急停炉信号。

4）报警系统具有消声、消闪和试灯功能。

二、相关知识点

（一）边沿脉冲指令

正、负跳变指令又叫边沿脉冲指令，分为正跳变指令和负跳变指令。用于检测开关量状态的变化方向。正、负跳变指令为无条件执行指令，该指令无操作数。正、负跳变指令的 LAD 及 STL 指令格式见表 3-10。

表 3-10　边沿脉冲指令

指令名称	LAD（梯形图）	STL（指令表）	逻辑功能
正跳变指令	—| P |—	EU	在逻辑运算结果从 0 到 1 变化的上升沿产生一个周期脉冲
负跳变指令	—| N |—	ED	在逻辑运算结果从 1 到 0 变化的下降沿产生一个周期脉冲

触点符号中间的"P"和"N"分别表示正跳变（Positive Transition）和负跳变（Negative Transition）。

正跳变指令（EU，Edge UP，上升沿）：检测到每一次正跳变（触点的输入信号由 0 变为 1）时，让能流接通一个扫描周期，即触点接通一个扫描周期。执行 EU 指令时，若第 n 次扫描时栈顶值是 0，第 $n+1$ 次扫描时其值是 1，则 EU 指令将栈顶值置 1，允许其后的指令执行，否则栈顶值置 0。

负跳变指令（ED，Edge Down，下降沿）：检测到每一次负跳变（触点的输入信号由 1 变为 0）时，让能流接通一个扫描周期，即触点接通一个扫描周期。执行 ED 指令时，若第 n 次扫描时栈顶值是 1，第 $n+1$ 次扫描时其值是 0，则 ED 指令将栈顶值置 1，允许其后的指令执行，否则栈顶值置 0。

正、负跳变指令的应用示例如图 3-59 所示。

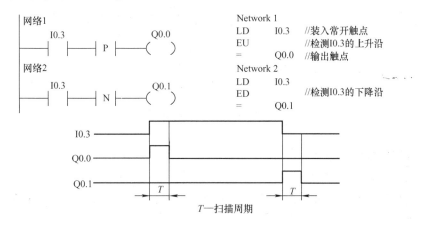

图 3-59　正、负跳变指令的应用示例

（二）脉冲发生器

在工业控制中，往往要用到不同周期和占空比的脉冲信号，如彩灯控制、监视与报警系统中报警灯的闪光控制等。图 3-60 所示是用定时器来产生脉冲信号的例子。

图 3-60 中 I0.0 的常开触点接通后，T37 的 IN 输入端为 1 状态，T37 开始定时。1s 后定时时间到，T37 的常开触点接通，使 Q0.0 变为 ON，同时 T38 开始定时。2s 后 T38 的定时时间到，它的常闭触点断开，使 T37 的 IN 输入端变为 0 状态，T37 的常开触点断开，使 Q0.0 变为 OFF，同时 T38 因为 IN 输入端变为 0 状态，它被复位，复位后其常闭触点接通，T37 又开始定时，以后 Q0.0 的线圈这样周期性地"通电"和"断电"，直到 I0.0 变为 OFF，Q0.0 线圈"通电"和"断电"的时间分别等于 T38 和 T37 的设定值。

此外，特殊存储器位 SM0.4 的常开触点提供周期为 1min、占空比为 0.5 的脉冲信号，SM0.5 的常开触点提供周期为 1s、占空比为 0.5 的脉冲信号。

三、任务实施

（一）控制功能分析与设计

1. 辅锅炉水位控制

水位控制方式用选择开关 S 选择，选择开关有自动、停止和手动三个位置。

（1）手动控制　选择开关转到手动位，辅锅炉水泵运转给锅炉供水，选择开关转回停

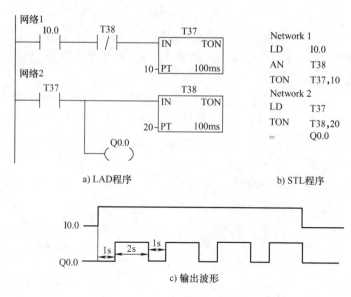

图 3-60　定时器组成的脉冲发生器

止位，辅锅炉水泵停止运转。

（2）自动控制　选择开关转到自动位，可实现辅锅炉水位的双位控制。辅锅炉水位达到正常工作水位下限时，辅锅炉给水泵起动供水，辅锅炉水位达到正常工作水位上限时，辅锅炉给水泵停止。

2. 辅锅炉水位异常报警

辅锅炉水位控制失效等原因导致辅锅炉水位异常，发出声光报警，包括高水位报警、低水位报警。

（1）防误报警　为防止风浪天气船舶摇晃使液位开关动作引起误报警，对液位开关的检测信号设 20s 延时确认。

（2）报警功能　故障发生后，发出声报警和指示灯闪光报警，报警应答应先按消声，再消闪。按消声按钮，声报警停止，按消闪按钮，报警灯变常亮，故障消除后，报警灯熄灭。若为短时报警，按消声、消闪按钮后报警灯从闪光直接熄灭。

（3）试灯　按下试灯按钮，所有的报警灯常亮。

3. 极限低水位停炉保护与报警

辅锅炉水位达到极限低水位，通过继电器输出停炉信号并报警，报警功能与水位异常报警相同。极低水位停炉后，水位恢复到正常水位下限以上，并按复位按钮，才能撤销停炉信号。

（二）PLC I/O（输入/输出）地址分配

PLC 的输入元件包括 1 个三位控制方式选择开关 S、5 个液位开关 S1~S5，报警消声按钮 SB1、消闪按钮 SB2、试灯按钮 SB3 和应急停炉复位按钮 SB4。控制方式选择开关 S 有两副触点，分别在自动、手动位接通，在停止位两副触点均断开。其余液位检测开关及输入指令部件均采用常开触点。PLC 的输出元件包括 3 个继电器和 3 个指示灯，继电器分别是控制辅锅炉水泵的中间继电器 KA1、报警继电器 KA2 和停炉继电器 KA3，指示灯包括高水位报警指示灯 HL1、低水位报警指示灯 HL2 和极限低水位报警指示灯 HL3。

根据控制任务要求可以确定 PLC 需要 11 个开关量输入点和 6 个开关量输出点。各 I/O 点的地址分配见表 3-11、表 3-12。

表 3-11　PLC 输入地址分配

输入元件	输入端子地址	输入元件	输入端子地址
控制方式转换开关 S-自动	I0.0	极限低水位 S5	I0.6
控制方式转换开关 S-手动	I0.1	消声按钮 SB1	I0.7
水位上限 S1	I0.2	消闪按钮 SB2	I1.0
水位下限 S2	I0.3	试灯按钮 SB3	I1.1
水位过高 S3	I0.4	停炉复位按钮 SB4	I1.2
水位过低 S4	I0.5		

表 3-12　PLC 输出地址分配

输出元件	输出端子地址	输出元件	输出端子地址
电动机控制继电器 KA1	Q0.0	高水位报警指示灯	Q0.3
报警继电器 KA2	Q0.1	低水位报警指示灯	Q0.4
停炉继电器 KA3	Q0.2	极限低水位停炉报警指示灯	Q0.5

（三）PLC 的 I/O 线路连接

本任务中 PLC 选用 CPU 224 模块，电源电压为直流 24V。开关量输入信号采用直流 24V 输入，由 CPU 模块上提供的直流 24V 传感器电源供电。PLC 输出电路的各继电器、指示灯额定电压均为直流 24V，因此 PLC 输出点接直流 24V 电源。PLC 的外部 I/O 点接线如图 3-61 所示。

（四）程序设计

辅锅炉水位控制与监视报警系统的梯形图和 STL 程序如图 3-62 ~ 图 3-69 所示。程序中用到的内部编程元件的作用与含义见表 3-13。

图 3-62 中，网络 1 中的 SM0.1 为特殊标志位，仅在执行用户程序的第一扫描周期接通，用于控制程序运行的初始化。

图 3-63 中，网络 2 ~ 6 中的定时器 T37 ~ T41 用于对液位开关输入触点信息的延时确认。船舶在风浪天航行会产生摇摆运动，对液位类参数的检测产生很大影响，极易引起液位开关的误动作。为尽量避免控制系统误动作和误报警，在控制和监视系统中对液位检测输入的开关量信息设有一定的延时确认时间。因船舶摇摆频率较低，因此设定时间较长，本例中设定为 20s。

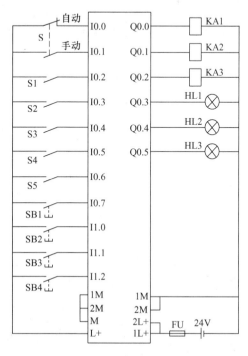

图 3-61　PLC 的外部 I/O 点接线

表 3-13　内部编程元件的作用与含义

PLC 内部编程元件	作用与含义	PLC 内部编程元件	作用与含义
定时器 T37	水位上限 S1 延时确认	定时器 T97	闪光脉冲信号
定时器 T38	水位下限 S2 延时确认	中间继电器 M0.0	水位过高标志
定时器 T39	水位过高 S3 延时确认	中间继电器 M0.1	水位过低标志
定时器 T40	水位过低 S4 延时确认	中间继电器 M0.2	极限低水位标志
定时器 T41	极限水位 S5 延时确认		

网络1

```
Network 1
LD    SM0.1
R     Q0.0,6
R     M0.0,3
R     T37,5
```

图 3-62　辅锅炉水位控制与监视报警系统的梯形图和 STL 程序（1）

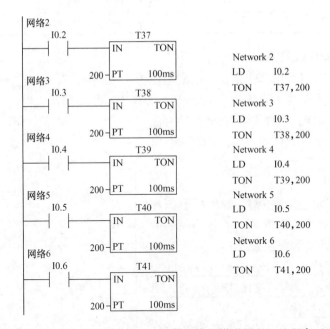

```
Network 2
LD    I0.2
TON   T37,200
Network 3
LD    I0.3
TON   T38,200
Network 4
LD    I0.4
TON   T39,200
Network 5
LD    I0.5
TON   T40,200
Network 6
LD    I0.6
TON   T41,200
```

图 3-63　辅锅炉水位控制与监视报警系统的梯形图和 STL 程序（2）

图 3-64 中，网络 7 用于辅锅炉水位的控制。Q0.0 通过外电路继电器控制辅锅炉给水泵的运行，Q0.0 为 1，水泵运行供水，Q0.0 为 0，水泵停止。控制方式转换开关在手动位，I0.1 为 1，Q0.0 为 1，水泵一直供水。控制方式转换开关在自动位，I0.1 为 0，I0.0 为 1，由定时器 T38、T37 控制泵的起动和停止，T38、T37 对液位开关输入信号的延时确认避免了船舶摇摆引起的泵频繁起停。当控制方式转换开关转到停止位时，I0.0 和 I0.1 均为 0，输出线圈 Q0.0 无法接通，水泵停止供水。

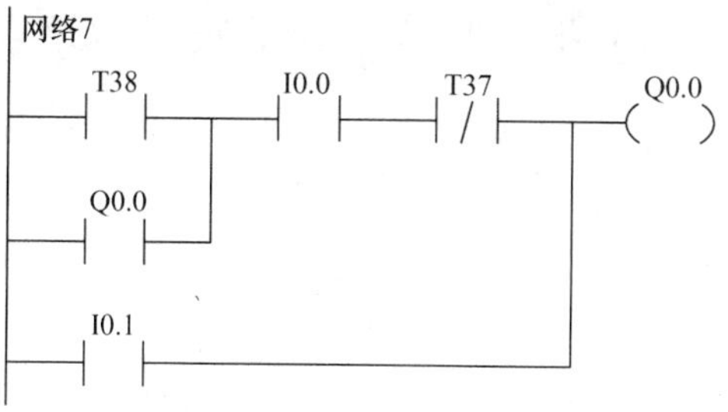

网络7

```
        T38        I0.0       T37        Q0.0
    ├──┤ ├──┬──┤ ├────┤/├──────( )
        Q0.0    │
    ├──┤ ├──┘
        I0.1
    ├──┤ ├──
```

Network 7	
LD	T38
O	Q0.0
A	I0.0
AN	T37
O	I0.1
=	Q0.0

图 3-64　辅锅炉水位控制与监视报警系统的梯形图和 STL 程序（3）

图 3-65 中，网络 8、9 为由定时器 T97、T98 形成的脉冲发生器，由定时器 T97 输出周期为 1s、占空比为 0.5 的脉冲信号，用于报警灯闪光控制。改变定时器的定时时间可取得需要的脉冲宽度和频率。特殊存储位 SM0.5 也可提供周期为 1s、脉宽为 0.5s 的脉冲信号，在程序中可直接采用。

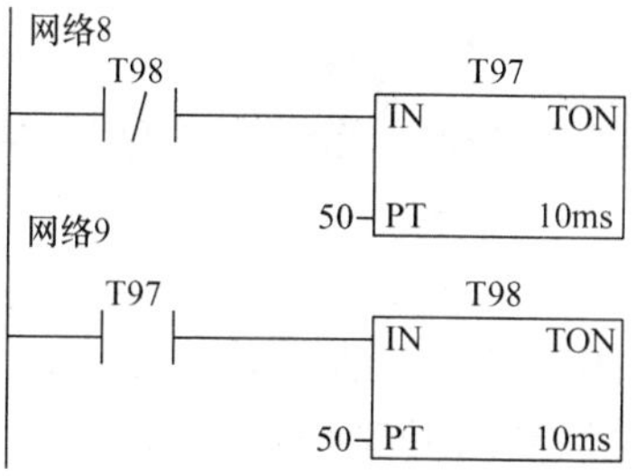

网络8

```
        T98              T97
    ├──┤/├──────┤IN    TON│
                 │          │
              50─┤PT   10ms│
网络9
        T97              T98
    ├──┤ ├──────┤IN    TON│
                 │          │
              50─┤PT   10ms│
```

Network 8	
LDN	T98
TON	T97,50
Network 9	
LD	T97
TON	T98,50

图 3-65　辅锅炉水位控制与监视报警系统的梯形图和 STL 程序（4）

图 3-66 中，网络 10~12 为辅锅炉高水位报警灯控制。网络 10 的置位指令使报警系统对短时故障具有记忆功能。网络 11 复位程序串入 Q0.1 常闭触点是要求先消声，然后消闪。故障报警后消闪，若故障还存在，报警灯变常亮，故障消除后，报警灯熄灭。若为短时报警，按消声、消闪按钮后报警灯从闪光直接熄灭。此功能由网络 12 中 M0.0 常开、常闭触点配合来实现。网络 12 中并联的 I1.1 常开触点用于试灯控制。

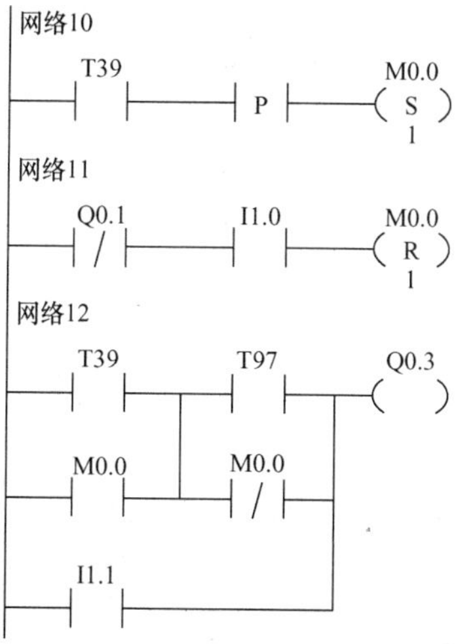

网络10

```
        T39              M0.0
    ├──┤ ├──┤P├──────( S )
                        1
网络11
        Q0.1    I1.0    M0.0
    ├──┤/├──┤ ├──────( R )
                        1
网络12
        T39        T97       Q0.3
    ├──┤ ├──┬──┤ ├──────( )
        M0.0  │  M0.0
    ├──┤ ├──┘──┤/├
        I1.1
    ├──┤ ├──
```

Network 10	
LD	T39
EU	
S	M0.0,1
Network 11	
LDN	Q0.1
A	I1.0
R	M0.0,1
Network 12	
LD	T39
O	M0.0
LD	T97
ON	M0.0
ALD	
O	I1.1
=	Q0.3

图 3-66　辅锅炉水位控制与监视报警系统的梯形图和 STL 程序（5）

图 3-67 中，网络 13 ~ 15 为辅锅炉低水位报警灯控制，控制功能与实现方法与上述辅锅炉高水位报警灯控制相同。

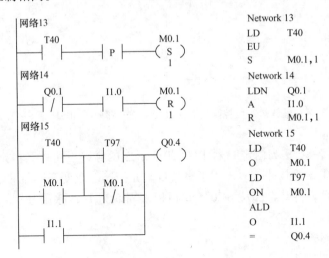

网络13			Network 13
T40 —[P]— (S) M0.1 / 1			LD T40
			EU
			S M0.1, 1
网络14			Network 14
Q0.1 —[/]— I1.0 (R) M0.1 / 1			LDN Q0.1
			A I1.0
			R M0.1, 1
网络15			Network 15
T40 — T97 — ( ) Q0.4			LD T40
M0.1 — M0.1 /			O M0.1
I1.1			LD T97
			ON M0.1
			ALD
			O I1.1
			= Q0.4

图 3-67　辅锅炉水位控制与监视报警系统的梯形图和 STL 程序（6）

图 3-68 中，网络 16 ~ 17 为辅锅炉极限低水位停炉及停炉复位控制，输出线圈 Q0.2 为 1 时通过外电路继电器输出停炉控制信号。在 Q0.2 复位回路中串联了 I0.3 常闭触点，这样，辅锅炉水位达到极限低水位停炉后，只有水位恢复到正常水位以上时，按复位按钮才能撤销停炉信号。网络 18 ~ 20 为辅锅炉极限低水位停炉报警灯控制，控制功能与实现方法与上述辅锅炉水位异常报警灯控制相同。

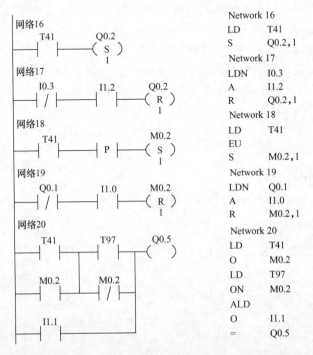

网络16			Network 16
T41 (S) Q0.2 / 1			LD T41
			S Q0.2, 1
网络17			Network 17
I0.3 —[/]— I1.2 (R) Q0.2 / 1			LDN I0.3
			A I1.2
			R Q0.2, 1
网络18			Network 18
T41 —[P]— (S) M0.2 / 1			LD T41
			EU
			S M0.2, 1
网络19			Network 19
Q0.1 —[/]— I1.0 (R) M0.2 / 1			LDN Q0.1
			A I1.0
			R M0.2, 1
网络20			Network 20
T41 — T97 — ( ) Q0.5			LD T41
M0.2 — M0.2 /			O M0.2
I1.1			LD T97
			ON M0.2
			ALD
			O I1.1
			= Q0.5

图 3-68　辅锅炉水位控制与监视报警系统的梯形图和 STL 程序（7）

图 3-69 中，网络 21、22 为报警蜂鸣器控制。报警输出线圈 Q0.1 通过外电路继电器控制蜂鸣器发出声报警。Q0.1 由故障输入信号的上升沿触发，这样即使故障持续存在也可以通过消声按钮触点 I0.7 复位消声。

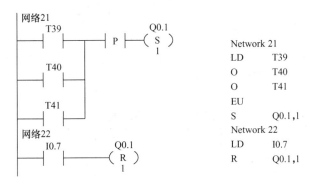

图 3-69　辅锅炉水位控制与监视报警系统的梯形图和 STL 程序（8）

任务八　船舶柴油发电机组起动控制

一、任务提出

某柴油发电机控制系统，在集控室主配电板上有发电机组遥控起动按钮、遥控停止按钮、应急停止按钮，发电机组的机旁控制箱可提供控制位置（机旁/遥控）、高于运行转速、低于停机转速、严重故障继电器触点信号。高于运行转速表示机组已起动成功或正在运行，低于停机转速表示机组已成功停机或处于停机状态，严重故障指需立即停机故障。

任务要求：用 S7-200 PLC 设计船舶柴油发电机组遥控起停控制系统，实现下述功能：

1）能在集控室通过遥控起动按钮起动发电机组，遥控起动具有三次起动功能，通过起动继电器输出起动控制信号。按下起动按钮，若符合遥控起动条件，机组开始起动。起动过程中，若检测到机组转速高于运行转速则判别为起动成功，结束起动过程，若起动时间达到 5s 还没有起动成功，间隔 5s，再次起动，最多可以进行三次自动起动，每次起动时间最长为 5s，两次起动间隔时间为 5s。若三次起动均未起动成功，则判定为起动失败，阻塞起动，通过继电器输出报警信号。

2）能在主配电板通过遥控停止按钮停止发电机组，遥控停止须先切断机组供电，否则不能停止。

3）通过应急停机按钮可手动应急停机，严重故障情况下可自动应急停机，不论机组是否供电，应急停机信号均可使机组停止运转。

4）起动失败、应急停机故障使系统阻塞起动，按复位按钮复位阻塞后才能再次进行起动控制。

二、相关知识点

在柴油发电机组三次起动控制的 PLC 程序中要用到计数器，对机组的起动次数进行计数。

计数器与定时器的结构和使用相似，编程时输入预设值 PV，计数器累计脉冲输入端上升沿个数，当计数器的当前值达到预设值 PV 时，计数器动作，其常开触点闭合，常闭触点断开。

（一）计数器的类型与指令格式

S7-200 PLC 有三种计数器：增计数器 CTU（Count Up）、减计数器 CTD（Count Down）、增减计数器 CTUD（Count UP/Down）。计数器指令格式见表 3-14。

表 3-14　计数器指令格式

计数器类型		增计数器（CTU）	减计数器（CTD）	增减计数器（CTUD）
指令的 表达形式	指令表	CTU C××，PV	CTD C××，PV	CTUD C××，PV
	梯形图	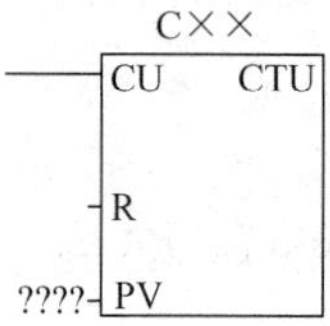 C×× —CU CTU —R ????—PV	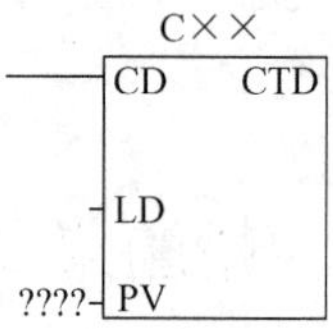 C×× —CD CTD —LD ????—PV	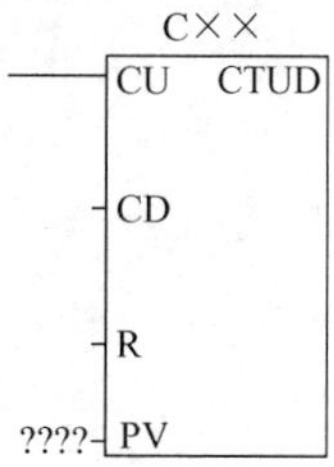 C×× —CU CTUD —CD —R ????—PV
操作数的 范围及类型		C××：(WORD) 常数 C0～C255 CU、CD、LD、R：(BOOL) I, Q, V, M, SM, S, T, C, L, 能流 PV：(INT) IW, QW, VW, MW, SMW, T, C, SW, LW, AC, AIW, * VD, * LD, * AC, 常数			

CTU、CTD、CTUD 表示计数器的种类；C×× 表示计数器的编号，范围为 C0～C255，程序可以通过计数器编号对计数器位或计数器当前值进行访问；CU 为增计数器脉冲输入端，上升沿有效；CD 为减计数器脉冲输入端，上升沿有效；R 为复位输入端；LD 为装载复位输入端，只用于减计数器；PV 为计数器的预设值。

（二）计数器的使用方法

1. 增计数器（CTU）

增计数器对脉冲输入端（CU）的脉冲上升沿计数，正常计数时复位输入端（R）的回路应断开。当增计数脉冲输入端的回路由断开（OFF）变为接通（ON）（即 CU 端有上升沿）时，计数器的当前值加 1，递增计数，当计数器的当前值大于等于设定值（PV）时，计数器位被置 1。计数继续进行，一直到最大值 32767 时停止计数。当复位输入端（R）为 ON 或执行复位指令时，计数器被复位，即计数器位变为 OFF，当前值被清零，增计数器的编程方法及时序图如图 3-70 所示。

在语句表中，栈顶值是复位输入端（R）的值，脉冲输入端（CU）的值放在栈顶下面一层。

2. 减计数器（CTD）

减计数器对脉冲输入端（CD）的脉冲上升沿计数，正常计数时装载输入端（LD）的回路应断开。当减计数脉冲输入端（CD）有上升沿（从 OFF 到 ON）时，从设定值开始，计数器的当前值减 1，减至 0 时，停止计数，计数器位被置 1。装载复位输入端（LD）为 ON 或执行复位指令时，计数器位被复位，即计数器位变为 OFF，当前值复位为预设值，而不是 0，减计数器的编程方法及时序图如图 3-71 所示。

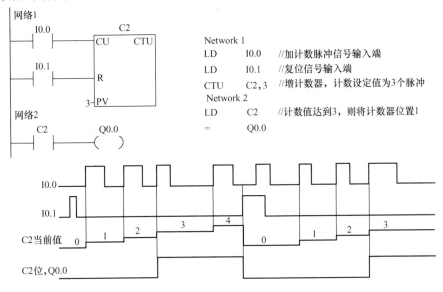

图 3-70　增计数器

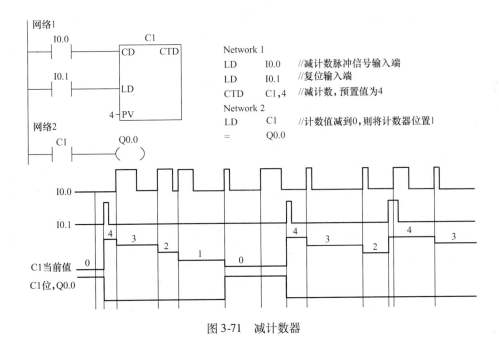

图 3-71　减计数器

在语句表中，栈顶值是装载复位输入端（LD）的值，减计数输入端（CD）的值放在栈顶下面一层。

3. 增减计数器（CTUD）

加计数脉冲输入端（CU）有上升沿时，计数器的当前值加 1；减计数脉冲输入端

（CD）有上升沿时，计数器的当前值减 1。当前值大于等于预设值（PV）时，计数器位被置位。计数继续进行，计数器的当前值从 – 32768 ~ 32767 可循环往复地变化。当复位输入端（R）为 ON，或对计数器执行复位指令时，计数器被复位，增减计数器的编程方法及时序图如图 3-72 所示。当前值为最大值 32767（十六进制数 16#7FFF）时，下一个 CU 输入的上升沿使当前值变为最小值 – 32768（十六进制数 16#8000）。当前值为 – 32768 时，下一个 CD 输入的上升沿使当前值变为最大值 32767。

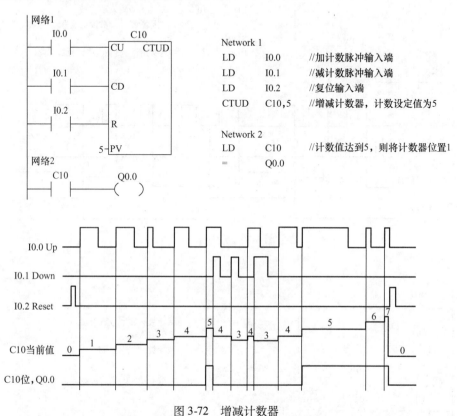

图 3-72　增减计数器

在语句表中，栈顶值是复位输入 R，减计数输入 CD 放在堆栈的第 2 层，加计数输入 CU 放在堆栈的第 3 层。

S7-200 PLC 提供了编号为 C0 ~ C255 共 256 个计数器，每一个计数器都具有三种功能。由于每个计数器只有一个当前值，因此，不同类型的计数器不能共用同一计数器号。在程序中，既可以访问计数器位（表明计数器状态），也可以访问计数器当前值。

三、任务实施

（一）控制功能分析与设计

1. 机组起动条件判断

当遥控起动时，控制系统自动判断是否符合起动条件：机组处在"遥控"位；机组没有运行；机组在控制系统内没有被阻塞起动。三个条件必须同时满足。

机组控制部位和机组运行状态判别由机旁控制箱内继电器提供无源触点信号。机组

"阻塞起动"信号由控制系统内部产生。

2. 机组起动功能

机组遥控起动具有自动三次重复起动功能,机组每次起动允许最长时间为5s,若5s内起动成功则立即停止起动,若起动时间达到5s还没有起动成功,则终止起动,若起动次数没有达到3次,则间隔5s后进行下一次起动,若起动次数达到三次还没有成功,则判定为起动失败,控制外电路继电器输出起动失败信号。当判定机组已起动成功时,无论机组起动时间是否达到5s,均立即停止起动。

3. 机组运行状态判断

由机旁控制箱内继电器提供高于运行转速、低于停机转速的无源触点信号。高于运行转速信号一方面用于机组起动条件的判断,另一方面用于机组起动成功与否的判断。低于停机转速信号用于判定机组处于停止状态,也作为已完成停机的判断信号。

4. 机组"阻塞起动"信号

机组"阻塞起动"信号由控制系统产生,当检测到有严重故障信号、手动应急停机信号、起动失败信号其中之一即产生"阻塞起动"信号,机组失去遥控自动起动功能,必须人工复位消除"阻塞起动"信号后才能恢复遥控起动功能。若为严重故障停机导致"阻塞起动",则必须先消除严重故障信号后才能复位"阻塞起动"信号。

严重故障信号由机旁控制箱内继电器提供无源触点信号。在主配电板设手动应急停机按钮,用于应急情况下应急停机。

5. 停机功能

停机包括正常情况下的遥控停机、故障停机和手动应急停机。通过配电板停机按钮可进行遥控停机,正常停机必须先切断本台发电机组供电,然后按停机按钮停机,为避免误操作,系统程序中要有联锁功能,机组供电情况下无法遥控停机。机旁控制箱提供的停机故障信号和手动应急停机按钮信号,无论机组是否供电,均可直接停机。

发电机组是否供电通过发电机主开关的辅助触点检测。

(二) PLC I/O (输入/输出) 地址分配

PLC的输入元件包括:主配电板上的遥控起动按钮SB1、遥控停止按钮SB2、应急停机按钮SB3、复位按钮SB4和发电机主开关的辅助触点ACB;来自机旁控制箱的继电器触点K10(遥控位)、K11(停机故障)、K12(机组运行)、K13(停机转速)。各输入部件均采用常开触点,即各按钮按下输入相应控制信号;各继电器动作,输出相应的状态信号;发电机主开关合闸其辅助触点ACB闭合,提供发电机组供电信号。

PLC输出电路执行元件包括:起动继电器KA1、停机继电器KA2、起动失败报警继电器KA3。

根据控制任务要求,可以确定PLC需要8个开关量输入点和3个开关量输出点。停机故障和手动应急停机具有相同的控制功能,因此把其常开触点并联,可节省PLC的输入点。各I/O点的地址分配见表3-15、表3-16。

表3-15　PLC输入地址分配

输入元件	输入端子地址	输入元件	输入端子地址
遥控 KA10	I0.0	遥控起动按钮 SB1	I0.1

（续）

输入元件	输入端子地址	输入元件	输入端子地址
遥控停止按钮 SB2	I0.2	机组停机 KA13	I0.5
停机故障 K11、应急停止按钮 SB3	I0.3	主开关合闸 ACB	I0.6
机组运行 KA12	I0.4	复位按钮 SB4	I0.7

表 3-16　PLC 输出地址分配

输出元件	输出端子地址	输出元件	输出端子地址
起动继电器 KA1	Q0.0	起动失败报警继电器 KA3	Q0.2
停机继电器 KA2	Q0.1		

（三）PLC 的 I/O 线路连接

本任务中 PLC 选用 CPU 224 模块，电源电压为直流 24V。开关量输入信号采用直流 24V 输入，由 CPU 模块上提供的直流 24V 传感器电源供电。PLC 输出电路的各继电器额定电压均为直流 24V，因此 PLC 输出点接直流 24V 电源。PLC 的外部 I/O 点接线如图 3-73 所示。

（四）程序设计

根据控制要求，船舶柴油发电机组起动控制梯形图和语句表程序如图 3-74 ~ 图 3-80 所示。

图 3-74 中，网络 1 为初始化程序，PLC 首次扫描把 M0.0 ~ M0.3 复位为"0"。

图 3-75 中，网络 2、3 用于"阻塞起动"标志 M0.1 的产生与复位。M0.3 为起动失败标志，I0.3 为严重故障停机或应急停机信号，通过

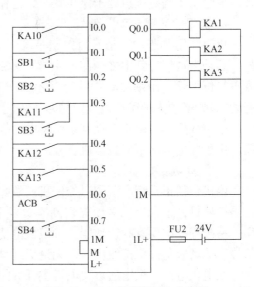

图 3-73　PLC 的外部 I/O 点接线

M0.3 或 I0.3 的上升沿触发产生"阻塞起动"信号并保持。在没有严重故障和应急停机信号、机组处于停机状态时按下复位按钮，"阻塞起动"信号 M0.1 复位。

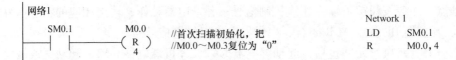

图 3-74　柴油发电机组起动控制梯形图和 STL 程序（1）

图 3-76 中，网络 4、5 用于起动条件的判断与"起动执行"标志的产生与复位。网络 4 中，若机组处在"遥控"位，机组为停机状态，没有"阻塞起动"标志，有遥控起动指令，M0.0 置位回路各触点接通，由其上升沿将 M0.0 置位，产生"起动执行"标志。网络 5 中，或者控制位置转为机旁，或者机组起动成功，或者故障、手动应急停机，或者起动失败，或者有遥控停机指令，复位"起动执行"标志。

网络2

```
M0.3         P    M0.1
├──┤ ├──────┤P├──( S )
│                    1
│  I0.3
├──┤ ├──
```

网络3

```
I0.7     I0.5     I0.3    M0.1
├──┤ ├────┤ ├────┤/├────( R )
                          1
```

Network 2
```
LD     M0.3
O      I0.3
EU
S      M0.1,1
```
Network 3
```
LD     I0.7
A      I0.5
AN     I0.3
R      M0.1,1
```

图 3-75　柴油发电机组起动控制梯形图和 STL 程序 (2)

网络4

```
I0.0    I0.5   M0.1   I0.1          M0.0
├──┤ ├──┤ ├───┤/├───┤ ├──┤P├──( S )
                                     1
```

网络5

```
I0.0                        M0.0
├──┤/├──┬──────────────────( R )
│       │                    1
│ I0.4  │
├──┤ ├──┤
│       │
│ M0.1  │
├──┤ ├──┤
│       │
│ I0.0   I0.2│
└──┤ ├────┤ ├┘
```

Network 4
```
LD     I0.0
A      I0.5
AN     M0.1
A      I0.1
EU
S      M0.0,1
```
Network 5
```
LDN    I0.0
O      I0.4
O      M0.1
LD     I0.0
A      I0.2
OLD
R      M0.0,1
```

图 3-76　柴油发电机组起动控制梯形图和 STL 程序 (3)

图 3-77 中，网络 6～8 用于起动控制。当有"起动执行"标志 M0.0 且 M0.2 触点接通时，输出线圈 Q0.0 接通，外电路起动继电器通电，机组进行起动。当起动失败或起动成功时，"起动执行"标志 M0.0 复位，停止起动。重复起动由定时器 T37、T38 组成的脉冲电路程序组成，当有"起动执行"标志时，脉冲发生器程序开始工作，因 T37 一开始半周期为 0 信号，因此对 T37 进行了取反，这样一有"起动执行"标志，机组就可以起动。在重复起动控制中，每次起动允许的最长时间由 T37 设定，起动间隔时间由 T38 设定。

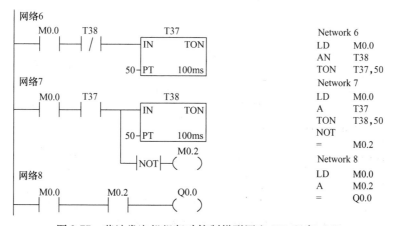

网络6

```
M0.0    T38          T37
├──┤ ├──┤/├───┤IN    TON├
              │          │
          50──┤PT    100ms│
```

网络7

```
M0.0    T37          T38
├──┤ ├──┤ ├───┤IN    TON├
              │          │
          50──┤PT    100ms│
                     M0.2
              ┤NOT├──( )
```

网络8

```
M0.0    M0.2    Q0.0
├──┤ ├──┤ ├────( )
```

Network 6
```
LD     M0.0
AN     T38
TON    T37,50
```
Network 7
```
LD     M0.0
A      T37
TON    T38,50
NOT
=      M0.2
```
Network 8
```
LD     M0.0
A      M0.2
=      Q0.0
```

图 3-77　柴油发电机组起动控制梯形图和 STL 程序 (4)

图 3-78 中，网络 9 用于起动次数的计数。每起动 1 次，计数器 C0 加 1，当起动达到 3 次时，C0 状态变为 1。当没有起动执行标志时，计数器复位。

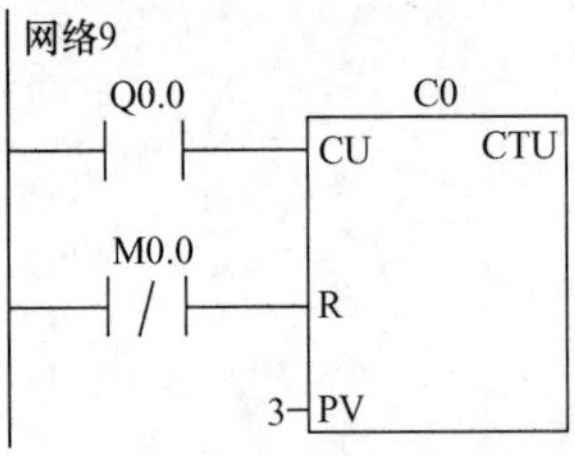


```
Network 9
LD      Q0.0
LDN     M0.0
CTU     C0,3
```

图 3-78　柴油发电机组起动控制梯形图和 STL 程序（5）

图 3-79 中，网络 10、11 用于“起动失败”标志 M0.3 的产生与复位，当计数器 C0 计数值达到 3 时，机组还没有起动成功，把“起动失败”标志 M0.3 置“1”。当机组为停机状态时，按下复位按钮 M0.3 复位。网络 12 用于起动失败信号的输出报警。

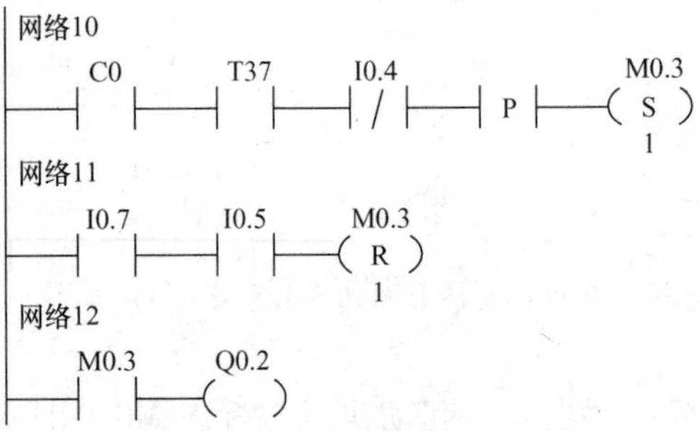


```
Network 10
LD      C0
A       T37
AN      I0.4
EU
S       M0.3,1
Network 11
LD      I0.7
A       I0.5
R       M0.3,1
Network 12
LD      M0.3
=       Q0.2
```

图 3-79　柴油发电机组起动控制梯形图和 STL 程序（6）

图 3-80 中，网络 13、14 用于停机控制。当发电机主开关分闸时，其辅助触点断开，I0. 6 常闭触点闭合，此时有遥控停机指令，输出线圈 Q0. 1 置 1，通过外部继电器接通停机电路。有故障停机或手动应急停机信号，可直接使 Q0. 1 置 1。当机组达到停机转速表示已停机完成，复位 Q0. 1。

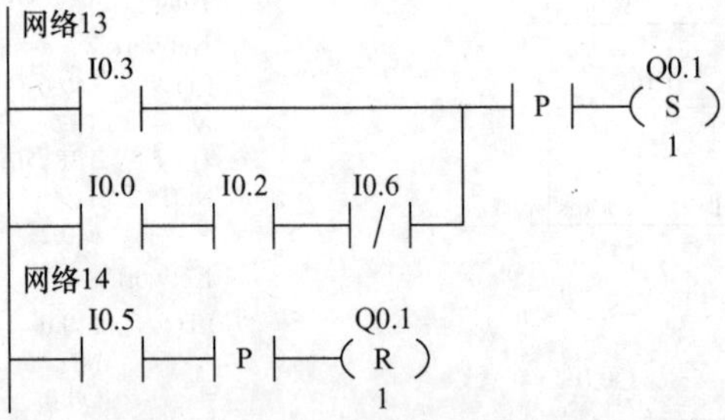


```
Network 13
LD      I0.3
LD      I0.0
A       I0.2
AN      I0.6
OLD
EU
S       Q0.1,1
Network 14
LD      I0.5
EU
R       Q0.1,1
```

图 3-80　柴油发电机组起动控制梯形图和 STL 程序（7）

四、知识拓展

前面讲过用多个定时器扩展定时器定时范围的方法，下面再介绍一种用计数器进行定时器范围扩展的方法。

用计数器扩展定时器范围的程序和时序图如图 3-81 所示。I0.0 为 OFF 时，100ms 定时器 T37 和计数器 C10 处于复位状态，它们不工作。I0.0 为 ON 时，其常开触点接通，T37 开始定时，60s 后 T37 的定时时间到，其当前值等于预设值 600，它的常闭触点断开，使它自己复位，复位后 T37 的当前值变为 0，同时它的常闭触点接通，使它自己的线圈重新"得电"，又开始定时，T37 将这样周而复始地工作，直到 I0.0 变为 OFF。从上面的分析可知，图 3-81 中最上面一行电路是一个脉冲信号发生器，脉冲周期等于 T37 的预设值（60s）。

T37 产生的脉冲送给 C10 计数，计满 60 个数（即 1h）后，C10 的当前值等于预设值 60，它的常开触点闭合。通过定时器与计数器的组合，可使定时器的定时范围大大扩展。

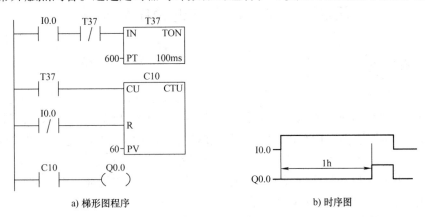

　　　　a) 梯形图程序　　　　　　　　　　b) 时序图

图 3-81　定时器范围的扩展

思考与练习

1. 用接在 I0.0 输入端的光电开关检测传送带上通过的产品，有产品通过时 I0.0 为 ON，如果在 10s 内没有产品通过由 Q0.0 发出报警信号，用 I0.1 输入端外接的开关解除报警信号。画出梯形图，并写出对应的语句表程序。

2. 设计具有自锁和点动功能的控制程序梯形图。要求有起动、停止和点动 3 个按钮，Q0.1 为输出端（停止按钮使用常开触点）。

3. 某台设备的 2 台电动机分别受接触器 KM1、KM2（接 Q0.1、Q0.2）控制。要求如下：2 台电动机均可单独起动和停止；如果发生过载，则 2 台电动机均停止。第一台电动机的起动、停止按钮接 I0.1、I0.2；第二台电动机的起动、停止按钮接 I0.3、I0.4；过载保护接 I0.5，试写出 PLC 梯形图程序（停止按钮使用常闭触点）。

4. 在按钮 I0.0 按下后，Q0.0 变为 1 状态并自保持，如图 3-82 所示。I0.1 输入 3 个脉冲后（用计数器 C1 计数），T37 开始定时，5s 后 Q0.0 变为 0 状态，同时 C1 被复位，在 CPU 刚开始执行用户程序时，C1 也被复位，试设计出梯形图和语句表程序。

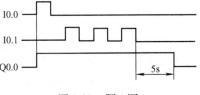

图 3-82　题 4 图

模块四　PLC 程序的顺序控制设计法

对于一些具有典型工艺过程的项目，采用顺序控制设计法来设计 PLC 程序更便捷，本模块通过具体实例介绍 PLC 程序的顺序控制设计法。

学习目标：
➢ 掌握顺序功能图的画法。
➢ 掌握根据顺序功能图进行梯形图程序设计的方法。
➢ 能够为解决顺序控制问题打下良好的程序设计基础。

任务一　学会画系统的顺序功能图

一、任务提出

模块三中各任务是采用继电器电路的设计思路来进行 PLC 程序的设计，并结合实际控制要求和 PLC 的工作原理不断修改和完善，这种方法称为经验设计法。经验设计法没有固定的方法和步骤可以遵循，具有很大的试探性和随意性，通常需要经过反复调试和修改才能得到满意的结果。对于一些比较复杂的项目，特别是具有典型工艺过程的项目，可以采用顺序控制设计法来进行 PLC 程序的设计。顺序控制设计法是一种先进的设计方法，会提高程序设计、调试的效率，程序的阅读也很方便。

使用顺序控制设计法时首先根据系统的工艺过程，画出顺序功能图，然后根据顺序功能图编写梯形图程序。图 4-1 所示为船舶空压机系统原理图。系统工作时，由空气瓶的上限压力开关和下限压力开关控制空压机的起停，自动保持空气瓶压力，空压机由机带泵进行润滑和冷却，为了减小对电网的冲击，空压机采用卸载起动方式。其工作过程如下：

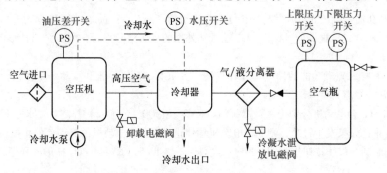

图 4-1　船舶空压机系统原理图

初始时空压机处于停止状态，空气瓶压力处于上限与下限之间，上、下限压力开关均断开。当空气瓶压力低于下限值时，下限压力开关闭合，空压机自动起动，同时机带泵和冷却水泵开始运转。空压机刚起动时，卸载电磁阀、冷凝水泄放电磁阀断电，电磁阀打开，进行卸载起动和泄放管路中残存的冷凝水。15s后,卸载电磁阀和冷凝水泄放电磁阀通电关闭,空压机正常工作,给空气瓶补气。空气瓶压力高于上限值时,上限压力开关闭合,空压机停止。空压机运行时系统通过油压差开关和水压开关检测滑油压力和冷却水压力,滑油压力低于设定值,油压差开关闭合,冷却水压力低于设定值,水压开关闭合。空压机15s的卸载起动延时也同时用于建立滑油压力和冷却水压力,进入正常工作阶段,若滑油或冷却水压力异常则自动停机,须按复位按钮空压机才能重新起动。若空压机一次运行时间超过30min,冷凝水泄放电磁阀每30min断电5s,打开电磁阀泄放管系中冷凝水。

任务要求:初始时空压机处于停止状态,空气瓶压力处于上限与下限之间,上、下限压力开关均断开,I0.0、I0.1为OFF。当空气瓶压力低于下限值时,下限压力开关闭合,I0.0为ON;当空气瓶压力高于上限值时,上限压力开关闭合,I0.1为ON;滑油压力低于设定值时,油压差开关闭合,I0.2为ON;冷却水压力低于设定值时,水压开关闭合,I0.3为ON;按复位按钮时,I0.4为ON;Q0.0为ON时,空压机运行;Q0.1为ON时,卸载电磁阀通电关闭;Q0.2为ON时,冷凝水泄放电磁阀通电关闭。根据空压机工作过程画出顺序功能图。

二、相关知识点

顺序控制是在各个输入信号的作用下,按照生产工艺的过程顺序,各执行机构自动有秩序地进行控制操作。顺序功能图就是使用图形方式将生产过程表现出来。以图4-2中的时序图给出的锅炉的鼓风机和引风机的控制要求为例,其工作过程是:按下起动按钮I0.0后,引风机开始工作,5s后鼓风机开始工作;按下停止按钮I0.1后,鼓风机停止工作,5s后引风机再停止工作。

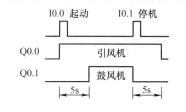

图4-2 鼓/引风机控制要求的时序图

(一)顺序功能图的组成元件

顺序功能图主要用来描述系统的功能,将系统的一个工作周期根据输出量的不同划分为各个顺序相连的阶段,如图4-3所示,这些阶段称为步(Step)。步用矩形框表示,框中可以用数字表示该步的编号,也可以用代表该步的编程元件的地址如M0.0等作为步的编号,这样在根据顺序功能图设计梯形图时较为方便。与系统的初始状态相对应的步称为初始步,初始状态一般是系统等待起动命令的相对静止的状态。初始步用双线框表示,图4-3中M0.0即为初始步,每一个顺序功能图至少应该有一个初始步。在任何一步内,各输出量ON/OFF状态不变,但是相邻两步输出量的状态是不同的。根据输出量的状态,图4-2中的一个工作周期可以划分为包括初始步在内的四步,分别用M0.0~M0.3来代表。当系统处于某一步所在的阶段时,该步称为"活动步",其前一步称为"前级步",其后一步称为"后续步",活动步之外的各步称为"不活动步"。

步处于活动状态时,执行相应的"动作",用

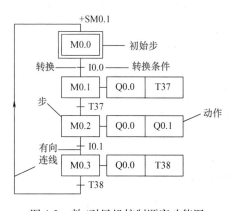

图4-3 鼓/引风机控制顺序功能图

矩形框与步相连。某一步可以有几个动作，也可以没有动作，如果某一步有几个动作，则要将几个动作全部标注在步的后面，可以平行并列排放，也可以上下排放，如图 4-3 所示，但同一步的动作之间无顺序关系。可以使用修饰词对动作进行修饰，常用动作的修饰词见表 4-1。

表 4-1　动作的修饰词

修饰词	名　称	说　明
N	非存储型	当步变为不活动步时动作终止
S	置位(存储)	当步变为不活动步时动作继续，直到动作被复位
R	复位	被修饰词 S、SD、SL 或 DS 起动的动作被终止
L	时间限制	步变为活动步时被起动，直到步变为不活动步或设定时间到
D	时间延迟	步变为活动步时延迟定时器被起动，如果延迟之后仍然是活动步，动作被起动和继续，直到步变为不活动步
P	脉冲	当步变为活动步时，动作被起动并且只执行一次
SD	存储与时间延迟	在时间延迟之后动作被起动，一直到动作被复位
DS	延迟与存储	在延迟之后如果步仍然是活动的，动作被起动直到被复位
SL	存储与时间限制	步变为活动步时动作被起动，一直到设定的时间到或动作被复位

　　顺序功能图中，代表各步的矩形框按照它们成为活动步的先后次序顺序排列，并用有向连线将它们连接起来，步与步之间活动状态的进展按照有向连线规定的路线和方向进行。有向连线在从上到下或从左到右的方向上的箭头可以省略，其他方向则必须注明。

　　步与步之间的有向连线上与之垂直的短横线称为转换，其作用是将相邻的两步分开。旁边与转换对应的称为转换条件，转换条件是系统由当前步进入下一步的条件。转换条件可以是外部的输入信号，如按钮、指令开关、限位开关的接通/断开等，也可以是可编程序控制器内部产生的信号，如定时器、计数器常开触点的接通等。转换条件还可能是若干个信号的与、或、非逻辑组合。可以用文字语言、布尔代数表达式或图形符号标注表示转换条件。

　　（二）顺序功能图的基本结构

　　顺序功能图的基本结构包括：单序列、选择序列和并行序列。

1. 单序列

　　当系统的某一步活动后，仅有一个转换，转换后也仅有一个步，这种序列称为单序列，如图 4-4a 所示。

2. 选择序列

　　当系统的某一步活动后，满足不同的转换条件能够激活不同的步，这种序列称为选择序列，如图 4-4b 所示。选择序列的开始称为分支，其转换符号只能标在水平连线下方。图 4-4b 的选择序列中如果步 4 是活动步，满足转换条件 c 时，步 5 变为活动步；满足转换条件 f 时，步 7 变为活动步。选择序列的结束称为合并，其转换符号只能标在水平连线上方。如果

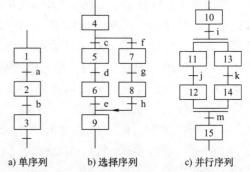

a) 单序列　　b) 选择序列　　c) 并行序列

图 4-4　顺序功能图的基本结构

步 6 是活动步且满足转换条件 e，则步 9 变为活动步；如果步 8 是活动步且满足转换条件 h，则步 9 也变为活动步。

3. 并行序列

当系统的某一步活动后，满足转换条件后能够同时激活几步，这种序列称为并行序列，如图 4-4c 所示。并行序列的开始称为分支，为强调转换的同步实现，水平连线用双线表示，水平双线上只允许有一个转换符号。图 4-4c 的并行序列中当步 10 是活动步，满足转换条件 i 时，转换的实现将导致步 11 和步 13 同时变为活动步。并行序列的结束称为合并，在表示同步的水平双线之下只允许有一个转换符号。当步 12 和步 14 同时都为活动步且满足转换条件 m 时，步 15 才能变为活动步。

（三）顺序功能图中转换实现的基本规则

1. 转换实现的基本规则

（1）转换实现的条件　顺序功能图中，转换的实现完成了步的活动状态的进展。转换实现必须同时满足以下两个条件：

1）该转换所有的前级步都是活动步。

2）相应的转换条件得到满足。

如果转换的前级步或后续步不止一个，转换的实现称为同步实现。为了强调同步实现，有向连线的水平部分用双线表示。

（2）转换实现完成的操作　转换实现时应完成以下两个操作：

1）使所有由有向连线与相应转换符号相连的后续步都变为活动步。

2）使所有由有向连线与相应转换符号相连的前级步都变为不活动步。

以上规则适用于任意结构中的转换，其区别是：对于单序列，一个转换仅有一个前级步和一个后续步；对于并行序列，其分支处转换有几个后续步，在转换实现时应同时将它们对应的编程元件置位，其合并处转换有几个前级步，在转换实现时应将它们对应的编程元件全部复位；对于选择序列，其分支与合并处，一个转换实际上只有一个前级步和一个后续步，但是一个步可能有多个前级步或多个后续步。

2. 绘制顺序功能图时的注意事项

1）两个步绝对不能直接相连，必须用一个转换将它们分隔开。

2）两个转换也不能直接相连，必须用一个步将它们分隔开。

3）初始步一般对应于系统等待起动的初始状态，不要遗漏。

4）顺序功能图是由步和有向连线组成的闭环，即在完成一次工艺过程的全部操作之后，应从最后一步返回初始步，系统停留在初始状态，在连续循环工作方式时，应从最后一步返回下一工作周期开始运行的第一步。

5）在顺序功能图中，只有当某一步的前级步是活动步时，该步才有可能变成活动步。如果用没有断电保持功能的编程元件代表各步，进入 RUN 工作方式时，它们均处于 OFF 状态，必须用初始化脉冲 SM0.1 的常开触点作为转换条件，将初始步预置为活动步，否则因顺序功能图中没有活动步，系统将无法工作。

三、任务实施

根据空压机的控制要求和前述顺序功能图绘制的相关知识，绘制的船舶空压机控制顺序功能图如图 4-5 所示，功能图中既包含了单序列，也包含了选择序列。图中，M1.0 为空压机系统故障标志，在程序中采用经验编程法取得，如图 4-6 所示。空压机正常工作时（Q0.1 为 1，卸载电磁阀通电关闭），若滑油低压（I0.2 为 1）或者冷却水压力低（I0.3 为 1），M1.0 置位为 1，产生系统故障标志，按下复位按钮（I0.4 为 1），复位故障标志。

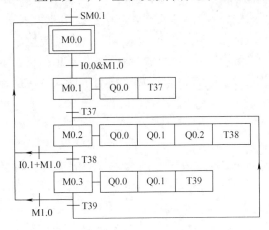

图 4-5　船舶空压机控制顺序功能图

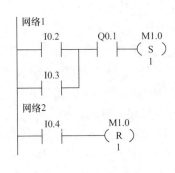

图 4-6　产生系统故障标志的 PLC 程序

　　步 M0.0 是初始步，系统刚投入工作 PLC 的首次扫描 SM0.1 为 1，M0.0 变为 1，初始步变为活动步。由初始步向 M0.1 步转换的条件是空气瓶压力降到下限值，I0.0 为 1，且系统无故障，M1.0 为 0；若转换条件满足，M0.1 变为活动步，M0.0 变为不活动步；在 M0.1 步，Q0.0 变为 1，空压机起动运转，同时定时器 T37 起动开始 15s 计时，延时时间之内 Q0.1、Q0.2 均为 0，卸载电磁阀和冷凝水泄放电磁阀均断电打开，卸载起动。15s 计时时间到，T37 为 1，M0.2 变为活动步，M0.1 变为不活动步；在 M0.2 步，Q0.0、Q0.1、Q0.2 均为 1，卸载电磁阀和冷凝水泄放电磁阀均通电关闭，空压机转入正常工作阶段，T38 起动进行 30min 计时，用于定时泄放冷凝水。在 M0.2 步之后有一个选择序列的分支，若 I0.1 + M1.0（空气瓶压力升到上限值，I0.1 为 1，或系统故障 M1.0 为 1）条件满足，则回到初始步，M0.2 变为不活动步；若延时 30min 时间到，T38 为 1，则 M0.3 变为活动步，M0.2 变为不活动步。M0.3 变为活动步时，Q0.2 变为 0，冷凝水泄放电磁阀断电打开进行放残，T39 起动进行放残定时。在 M0.3 步之后又有一个选择序列的分支，若系统故障 M1.0 为 1，则回到初始步，M0.3 变为不活动步；若延时 5s 时间到，T39 为 1，则返回到 M0.2 步，Q0.2 变为 1，冷凝水泄放电磁阀通电关闭，空压机继续向空气瓶补气。M0.2 步之前是一个选择序列的合并。在初始步，空压机停转，所有的电磁阀断电打开，为下一次起动做准备。只要系统不出现故障，系统就可周而复始地工作。

　　在图 4-5 中，连续的三步输出位 Q0.0 都为 1 状态，为了简化顺序功能图和梯形图，可以在 M0.1 步将 Q0.0 置位，返回初始步后将 Q0.0 复位，Q0.1 亦是如此，如图 4-7 所示。

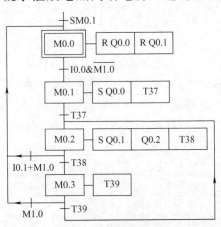

图 4-7　船舶空压机控制顺序功能图

任务二　学会使用起保停电路设计顺序控制梯形图程序

一、任务提出

有的可编程序控制器提供了顺序功能图编程语言，用户在编程软件中生成顺序功能图后便完成了编程工作，如西门子 S7-300/400 PLC 中的 S7 Graph 编程语言。S7-200 PLC 提供的编程软件不能使用顺序功能图直接进行编程，画出顺序功能图只是顺序控制设计法的第一步，还需要转换成梯形图程序。

任务要求：用起保停电路编写图 4-5 所示的船舶空压机控制的顺序功能图对应的梯形图程序。

二、相关知识点

下面依次举例介绍单序列、选择序列和并列序列顺序功能图使用起保停电路设计梯形图程序的方法。

（一）单序列

对于图 4-8 所示的单序列顺序功能图，采用起保停方法实现的梯形图程序如图 4-9 所示。

由图 4-8 可知，M0.0 变为活动步的条件是 PLC 上电运行的首次扫描（SM0.1 为 1）或者 M0.3 为活动步且转换条件 I0.3 满足，故 M0.0 的起动条件为两个，即 SM0.1 为 1 或 M0.3&I0.3 为 1。这两个信号是瞬时起作用，因此需要 M0.0 来自锁。那么 M0.0 什么时候变为不活动步呢？根据图 4-8 顺序功能图和顺序功能图实现规则可以知道：当 M0.0 为活动步而转换条件 I0.0 满足时，M0.1 变为活动步，而 M0.0 变为不活动步，故 M0.0 的停止条件为 M0.1 = 1。所以采用起保停典型电路即可实现顺序功能图中 M0.0 的控制，梯形图程序如图 4-9 中网络 1 所示。同理可以写出控制 M0.1 ~ M0.3 的梯形图程序如图 4-9 的网络 2、3、4 所示。

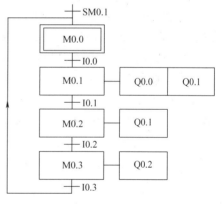

图 4-8　单序列结构的顺序功能图

对于步的动作中的输出量可以按照以下原则处理：某一输出量仅在某一步中为 ON 时，可以用对应步的存储器位的常开触点直接驱动该输出的线圈或在起保停电路中将该线圈与对应步的存储器位的线圈并联；某一输出量在几步中都为 ON 时，则将代表各有关步的存储器位的常开触点并联后一起驱动该输出的线圈；如果某些输出在连续的几步中均为 ON，可以用置位与复位指令进行控制。按照此原则编制的动作输出的梯形图程序如图 4-9 的网络 5、6、7 所示。根据图 4-8 所示顺序功能图，M0.1 步输出 Q0.0 和 Q0.1，M0.2 步输出 Q0.1，M0.3 步输出 Q0.2。M0.1 步和 M0.2 步都输出 Q0.1，故采用 M0.1 和 M0.2 常开触点并联后再与 Q0.1 线圈串联。

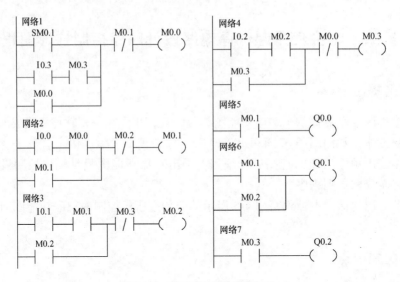

图 4-9　单序列的梯形图实现

通过图 4-9 所示梯形图可以看出：整个程序分为两大部分，即转换条件控制步序标志部分和步序标志实现输出部分，这样程序结构非常清晰，为以后的调试和维护提供了极大的方便。

（二）选择序列

对于图 4-10 所示的选择序列顺序功能图，采用起保停方法实现的梯形图程序如图 4-11 所示。由于步序标志控制输出动作的程序是类似的，在此省略步序后面的动作，而只是说明如何实现步序标志的状态控制。

由图 4-10 可知，M0.1 步变为活动步的条件是 M0.0&I0.0，而 M0.4 步变为活动步的条件是 M0.0&I0.4，故起保停电路如图 4-11 的网络 2 和网

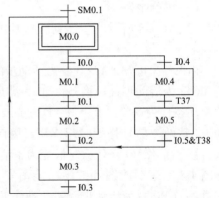

图 4-10　选择序列结构的顺序功能图

络 3 所示。这就是选择序列分支的处理，对于每一分支，可以按照单序列的方法进行编程。

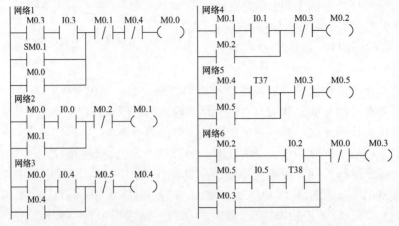

图 4-11　选择序列的梯形图实现

由图 4-10 可知，M0.3 步变为活动步的条件是 M0.2&I0.2 或者 M0.5&I0.5&T38，故控制 M0.3 的起保停电路如图 4-11 的网络 6 所示，这就是选择序列合并的处理。

（三）并列序列

对于图 4-12 所示的并列序列顺序功能图，采用起保停方法实现的梯形图程序如图 4-13 所示。

由图 4-12 可知，M0.1 步变为活动步的条件是 M0.0&I0.0，而 M0.4 步变为活动步的条件也是 M0.0&I0.0，即 M0.1 步和 M0.4 步在 M0.0 步为活动步且满足转换条件 I0.0 时同时变为活动步，故起保停电路梯形图如图 4-13 中网络 2 和网络 3 所示。这就是并列序列分支的处理，对于每一分支，可以按照单序列的方法进行编程。

由图 4-12 可知，M0.3 步变为活动步的条件是 M0.2 步和 M0.5 步同时为活动步，且满足转换条件 I0.2，故控制 M0.3 的起保停电路梯形图如图 4-13 中网络 6 所示，这就是并列序列合并的处理。

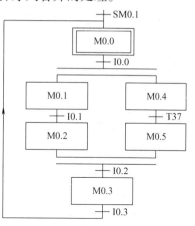

图 4-12　并列序列结构的顺序功能图

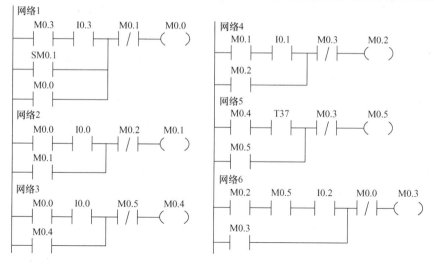

图 4-13　并列序列的梯形图实现

三、任务实施

在图 4-5 所示的空压机控制顺序功能图中，M0.2 步和 M0.3 步之后有选择序列的分支，M0.0 步和 M0.2 步之前有选择序列的合并。根据顺序功能图和前述用起保停电路设计顺序功能图的方法设计的梯形图程序如图 4-14 所示。

初始步之前是一个选择序列的合并。初始步变为活动步的转换条件有三个：①PLC 首次扫描（SM0.1 为 1）；②在 M0.2 步，空气瓶压力达到上限值（I0.1 为 1）或系统故障（M1.0 为 1）；③在 M0.3 步，系统故障（M1.0 为 1）。这三个条件为或关系，满足任意一个即可完成转换。控制初始步 M0.0 的梯形图程序如图 4-14 中网络 1 所示，网络 1 程序中再并联 M0.0 的常开触点作为保持条件，串联 M0.1 的常闭触点作为停止条件。所有的步都用这种方法进行编程。

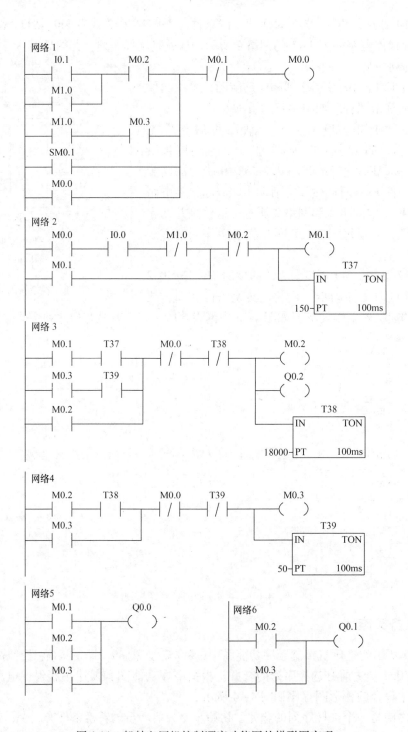

图 4-14　船舶空压机控制顺序功能图的梯形图实现

M0.1 步要变为活动步，条件是它的前级步 M0.0 为活动步，且满足转换条件 I0.0& $\overline{M1.0}$ =1。在 M0.1 步起动定时器 T37 进行 15s 延时。梯形图程序如图 4-14 中网络 2 所示。

M0.2 步之前是一个选择序列的合并。M0.2 步变为活动步有两个转换条件：①M0.1 步为活动步，T37 延时时间到，状态变为 1；②M0.3 步为活动步，T39 延时时间到，状态变为 1。这两个条件为或关系，满足任意一个即可完成转换，在 M0.2 步起动定时器 T38 进行 30min 延时。梯形图程序如图 4-14 中网络 3 所示。

在 M0.2 步和 M0.3 步之后各有一个选择序列的分支，各个分支按照单序列编程即可。M0.3 步变为活动步的转换条件是：M0.2 步为活动步，T38 延时时间到，状态变为 1。梯形图程序如图 4-14 中网络 4 所示。

在 M0.2 步和 M0.3 步的起保停梯形图程序中，用 T38 的常闭触点代替 M0.3 的常闭触点作为 M0.2 步停止条件，用 T39 的常闭触点代替 M0.2 的常闭触点作为 M0.3 步停止条件，否则程序无法正确执行，原因将在后述内容中介绍。

网络 5、6 为步的动作中的输出量的处理，因 Q0.2 仅在 M0.2 步中为 ON，将它的线圈与 M0.2 的线圈并联；Q0.0 在 M0.1、M0.2、M0.3 步中都为 ON，Q0.1 在 M0.2、M0.3 步中都为 ON，则将代表各有关步的存储器位的常开触点并联后一起驱动该输出的线圈。

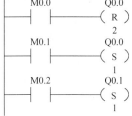

图 4-15　动作输出的梯形图

Q0.0 在连续的 3 步中均为 ON，Q0.1 在连续的 2 步中均为 ON，为简化顺序功能图和梯形图程序，可以用置位与复位指令进行控制。采用置位与复位指令进行步的动作输出，则采用图 4-7 所示的顺序功能图，对应的步动作输出梯形图程序如图 4-15 所示。

四、知识拓展

（一）仅有两步的闭环处理

如果在顺序功能图中仅有两步组成的小闭环（见图 4-16），用起保停电路设计的梯形图不能正常工作。例如 M0.2 和 I0.2 均为 1 时，M0.3 的起动电路接通，但是这时与 M0.3 的线圈串联的 M0.2 的常闭触点却是断开的，所以 M0.3 的线圈不能"通电"。出现上述问题的根本原因在于步 M0.2 既是步 M0.3 的前级步，又是它的后续步。在这个例子中，将 M0.2 的常闭触点改为 I0.3 的常闭触点就可以解决这一问题。

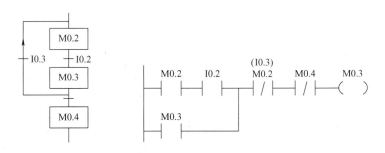

图 4-16　仅有两步的小闭环的处理

在图 4-5 所示的顺序功能图中，M0.2 步和 M0.3 步之间也存在此问题，因此在设计图 4-14 所示的梯形图程序时，在 M0.2 步用 T38 的常闭触点代替 M0.3 的常闭触点，在 M0.3 步用 T39 的常闭触点代替 M0.2 的常闭触点。

（二）步动作错误的输出处理

在图 4-9 所示的梯形图中，若采用图 4-17 所示程序控制活动步的动作输出会导致输出错误。根本原因是在程序中线圈 Q0.1 使用了两次，出现了双线圈输出，引起逻辑混乱。例如：若 M0.1 为活动步，线圈 Q0.1 状态应该为 ON。由于 PLC 是按扫描方式执行程序的，执行 M0.1 对应网络时，Q0.1 状态为 ON，而执行 M0.2 对应网络时，由于 M0.2 为不活动步，Q0.1 状态变为 OFF。本次扫描执行程序的结果是 Q0.1 的状态为 OFF，导致错误的输出。

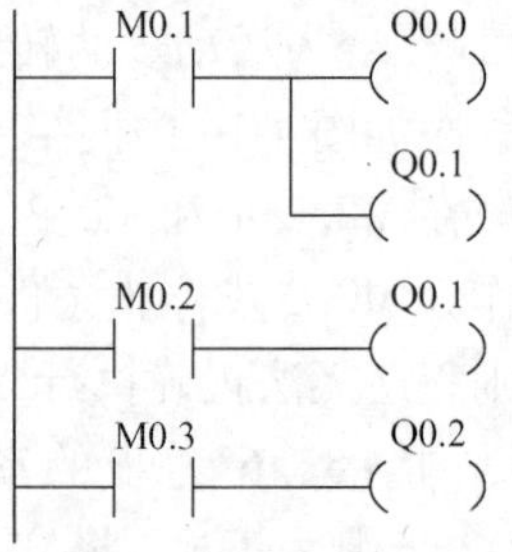

（三）用起保停电路实现的 PLC 程序存在的问题

分析图 4-9 所示的梯形图程序可以发现，在 M0.1 步变为活动步的第一个扫描周期，M0.0 和 M0.1 同时为 1，下一个扫描周期 M0.0 才变为 0。实际上所有用起保停电路实现顺序控制的 PLC 程序都存在此问题，在某一步变成活动步的第一个扫描周期，活动步与前级步的存储位会同时为 1，这是由 PLC 的循环扫描工作方式决定的，在不允许两步的执行机构同时动作的工艺过程中，编程时尤其要注意这一点。

图 4-17　错误的梯形图程序

任务三　学会使用置位/复位指令设计顺序控制梯形图程序

一、任务提出

前面学过的置位/复位指令具有记忆功能，每步正常的维持时间不受转换条件信号持续时间长短的影响，不需要自锁；另外，采用置位/复位指令在步序的传递过程中能避免两个及以上的标志同时有效，故也不用考虑步序间的互锁。

任务要求：用置位/复位指令编写图 4-7 所示空压机控制顺序功能图对应的梯形图程序。

二、相关知识点

下面依次举例介绍单序列、选择序列和并列序列顺序功能图使用置位/复位指令设计梯形图程序的方法。

（一）单序列

对于图 4-8 所示的单序列顺序功能图，采用置位/复位法实现的梯形图程序如图 4-18 所示。图中网络 1 的作用是初始化所有将要用到的步序标志，一个实际工程中的程序初始化是非常重要的。

由图 4-8 可知，PLC 首次扫描或者 M0.3 步为活动步且满足转换条件 I0.3 时都将使 M0.0 步变为活动步，且将 M0.3 步变为不活动步，采用置位/复位法编写的梯形图程序如图 4-18 网络 2 所示。同样，M0.0 步为活动步且转换条件 I0.0 满足时，M0.1 步变为活动步而 M0.0 步变为不活动步，如网络 3 所示。用同样方法可以写出其余步序的转换程序。

（二）选择序列

对于图 4-10 所示的选择序列，采用置位/复位法实现的梯形图程序如图 4-19 所示。其中网络 3 和网络 4 为选择序列的分支程序，网络 7 为选择序列的合并程序。

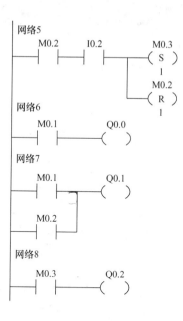

图 4-18 单序列顺序功能图的置位/复位法实现

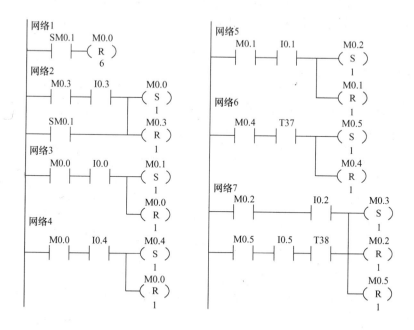

图 4-19 选择序列的置位/复位法实现

（三）并列序列

对于图 4-12 所示的并列序列，采用置位/复位法实现的梯形图程序如图 4-20 所示。其中网络 3 为并列序列的分支程序，网络 6 为并列序列的合并程序。

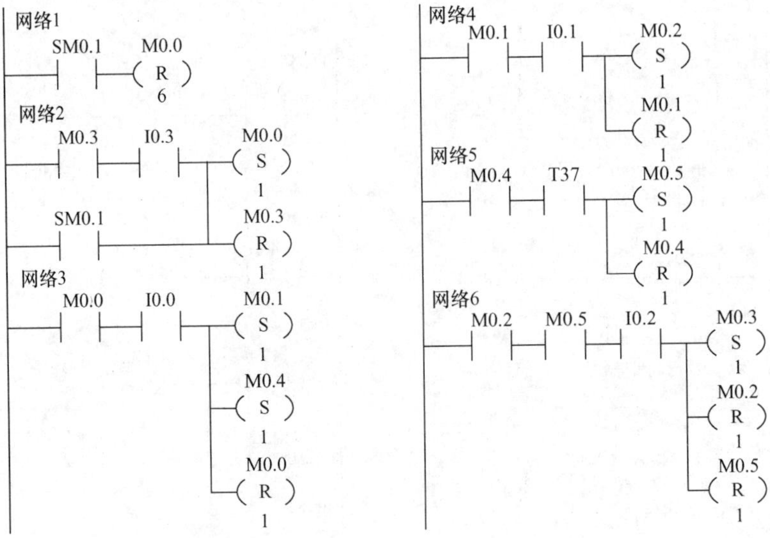

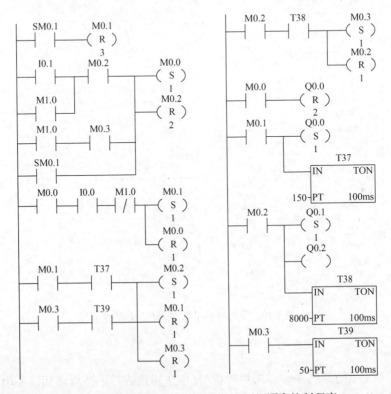

图 4-20   并列序列的置位/复位法实现

三、任务实施

在图 4-7 所示的空压机控制顺序功能图中，M0.2 步和 M0.3 步之后有选择序列的分支，M0.0 步和 M0.2 步之前有选择序列的合并。根据顺序功能图和前述用置位/复位指令设计顺序功能图的方法设计的梯形图程序如图 4-21 所示。

图 4-21   采用置位/复位法实现的空压机顺序控制程序

任务四　学会使用 SCR 指令设计顺序控制梯形图程序

一、任务提出

顺序功能图中除了使用位存储器 M 代表各步外，还可以使用顺序控制继电器 S 来代表各步，S7-200 CPU 中的顺序控制继电器（S）是专门用于编制与时序相关的控制程序，能够按照自然的工艺过程编制状态控制程序。用 S 代表各步的顺序功能图设计梯形图程序时，需要使用 SCR 指令。

任务要求：用 SCR 指令编写任务一中船舶空压机控制顺序功能图的梯形图程序。

二、相关知识点

（一）S7-200 中的 SCR 指令

使用顺序控制（SCR）指令编制 PLC 程序时，相应的顺序功能图中的步用顺序控制继电器 S 表示。S7-200 中的顺序控制指令包括 SCR、SCRT、SCRE 等，见表 4-2。

表 4-2　顺序控制指令

类　　型	梯　形　图	语　句　表	功　　能
SCR 装载指令	bit SCR	LSCR Bit	表示 SCR 段的开始
SCR 传送指令	bit —(SCRT)	SCRT Bit	表示 SCR 段间的转换
SCR 结束指令	—(SCRE)	SCRE	表示 SCR 段的结束

说明：同一个 S 位不能用于不同的程序中，例如：如果在主程序中使用了 S0.1，在子程序中就不能再使用它；在 SCR 段之间不能使用 JMP 和 LBL 指令，即不允许在 SCR 段之间跳入、跳出，但可以在 SCR 段附近使用 JMP 和 LBL 指令或者在段内跳转；在 SCR 段中不能使用 END 指令。

（二）用 SCR 指令设计梯形图程序的方法

使用 SCR 指令编程时，用 SCR（STL 格式为 LSCR）和 SCRE 指令表示 SCR 段的开始和结束。在 SCR 段中使用 SM0.0 的常开触点驱动在该步中的输出线圈，使用转换条件对应的触点或电路来驱动转换到后续步的 SCRT 指令。虽然 SM0.0 一直为 1，但只有活动步 SCR 段内的 SM0.0 常开触点闭合，段内的线圈受到对应的顺序控制继电器的控制。不活动步的 SCR 区内的 SM0.0 的常开触点处于断开状态。下面依次举例说明单序列、选择序列和并列序列顺序功能图使用 SCR 指令设计梯形图程序的方法。

1. 单序列顺序功能图

图 4-22 所示的单序列顺序功能图共有四步，分别用顺序控制继电器 S0.0～S0.3 作为步

序标志，I0.0～I0.3 分别是各步之间的转换条件。

首次扫描时，SM0.1 的常开触点接通一个扫描周期，使顺序控制继电器 S0.0 置位，初始步变为活动步，只执行 S0.0 对应的 SCR 段。如果 I0.0 为 1，则指令"SCRT S0.1"对应的线圈得电，使 S0.1 变为 1，操作系统将使 S0.0 变为 0，系统从初始步转换到步 S0.1，只执行 S0.1 对应的 SCR 段。在该段中，SM0.0 对应的常开触点闭合，Q0.0、Q0.1 的线圈得电。在操作系统没有执行 S0.1 对应的 SCR 段时，Q0.0、Q0.1 的线圈不会得电。同理，步 S0.1 为活动步，I0.1 为 1，实现步 S0.1 到步 S0.2 的转换；步 S0.2 为活动步，I0.2 为 1，实现步 S0.2 到步 S0.3 的转换；步 S0.3 为活动步，I0.3 为 1，系统由步 S0.3 返回到初始步。

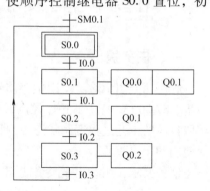

图 4-22　单序列顺序功能图

图 4-22 单序列顺序功能图采用 SCR 指令实现的梯形图程序如图 4-23 所示。

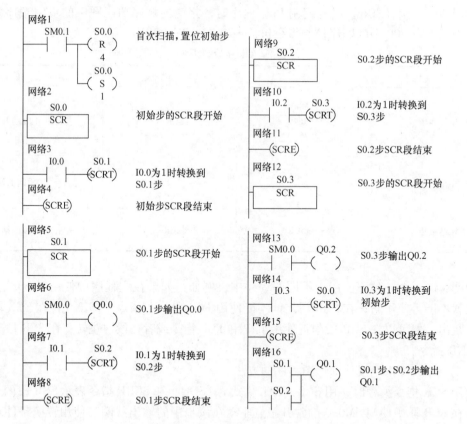

图 4-23　单序列的 SCR 指令实现

2. 选择序列顺序功能图

图 4-24 所示为采用顺序控制继电器作为步序标志的选择序列顺序功能图，图 4-25 为采用 SCR 指令实现的梯形图程序。

功能图中，在步 S0.0 之后有一个选择序列的分支，当它是活动步，并且转换条件 I0.0

得到满足后，后续步 S0.1 将变为活动步，S0.0 变为不活动步。如果步 S0.0 是活动步，并
且转换条件 I0.4 得到满足，后续步 S0.4 将变为活动
步，S0.0 变为不活动步。程序中，当 S0.0 为 1 时，
它对应的 SCR 段被执行，此时若转换条件 I0.0 为 1，
该程序段中的 "SCRT S0.1" 被执行，将转换到步
S0.1。若 I0.4 常开触点闭合，将执行命令 "SCRT
S0.4"，转换到步 S0.4。

功能图中，步 S0.3 之前有一个选择序列的合并，
当步 S0.2 为活动步（S0.2 为 1），并且转换条件 I0.2
得到满足，或步 S0.5 为活动步（S0.5 为 1），并且转
换条件 I0.5&T38 得到满足后，步 S0.3 都应变为活动
步。在程序中步 S0.2 和步 S0.5 对应的 SCR 段内，分

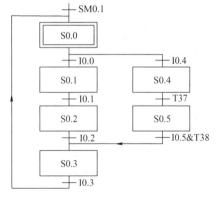

图 4-24　选择序列顺序功能图

别用 I0.0 和 I0.5&T38 的常开触点驱动指令 "SCRT S0.3"，就能实现选择序列的合并。

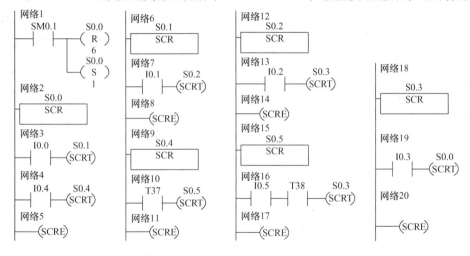

图 4-25　选择序列的 SCR 指令实现

3. 并列序列顺序功能图

图 4-26 所示为采用顺序控制继电器作为步序标志的并列序列顺序功能图。

功能图中，在步 S0.0 之后有一个并列序列的分支，
当它是活动步，并且转换条件 I0.0 得到满足后，后续步
S0.1、S0.4 同时变为活动步。步 S0.3 之前有一个并列序
列的合并，当步 S0.2、S0.5 同时为活动步，并且转换条
件 I0.2 得到满足后，步 S0.3 变为活动步。图 4-27 为采用
SCR 指令实现的梯形图程序。

三、任务实施

根据本模块任务一船舶空压机控制功能，用顺序继电
器作为步序标志的顺序功能图如图 4-28 所示。采用 SCR
指令的梯形图程序如图 4-29 所示。

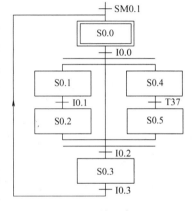

图 4-26　并列序列

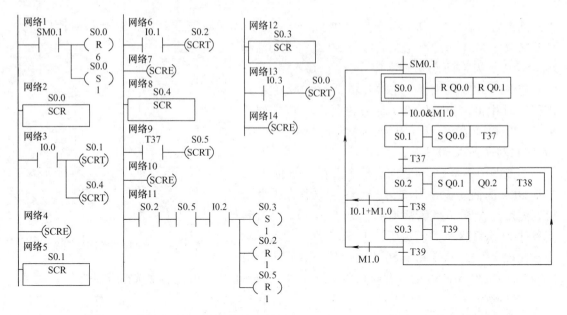

图 4-27　并列序列的 SCR 指令实现　　　　图 4-28　船舶空压机顺序功能图

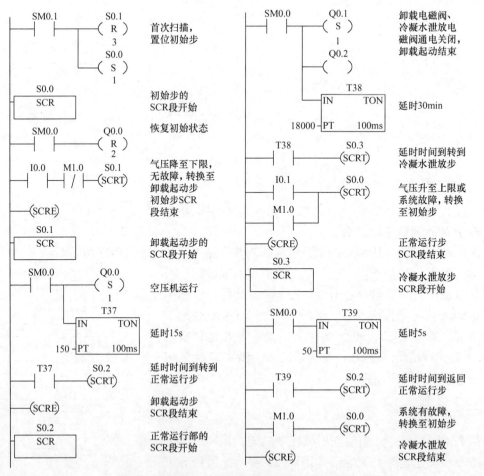

图 4-29　船舶空压机采用 SCR 指令的控制程序

任务五　船舶分油机顺序控制的程序设计

一、任务提出

MITSUBISH SJ700船用分油机的外部管路系统如图4-30所示。SV1为高压工作水电磁阀，用于提供排渣工作水；SV2为低压工作水电磁阀，用于提供密封工作水；SV3为水封水和置换水电磁阀；SV4为进油控制电磁阀，V5为进油气控阀。

任务要求：用S7-200 PLC设计一个控制系统，能完成分油机的分油、排渣自动控制。

1）当分油机运转达到额定转速后，按起动按钮，分油机能按时序自动密封分离筒，建立水封并进入正常分油过程。

2）正常分油过程中，每隔50min自动执行一次排渣操作，然后重新进入正常分油过程。

3）正常分油过程中，若按下排渣试验按钮，则执行一次排渣操作，然后重新进入正常分油过程。

4）正常分油过程中，若按停止按钮，则自动执行一次排渣操作，然后停止分油、排渣自动控制过程。

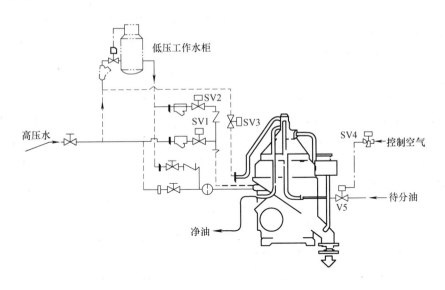

图4-30　自动排渣分油机的管路系统

二、相关知识点

（一）分油机工作原理简介

船舶分油机是净化燃油和滑油的重要设备，船用分油机普遍采用自动排渣分油机。分油机工作时，分离筒高速旋转。分油前，需先向分离筒内加入水封水，在离心力作用下，水封水位于分离筒的外周，保证水封，待净化的油进入分油机，密度大的水和油渣从油中分离出来并被甩到外周，净油由分离筒中部的向心泵排出，同时待净化的油不断进入分离筒，除保证水封外，分离出来的多余的水由出水口排出。分离筒四周有排渣口，通过分离筒底部的活动底盘控制打开和关闭，正常分油时，活动底盘上移，关闭排渣口，排渣时，活动底盘下移，打开排渣口。活动底盘由进入其上、下方空间的工作水产生的离心力来控制移动。排渣时，为了尽量减少油的损失，分离筒要先进置换水赶油，再排渣。

图 4-30 中，电磁阀 SV1 通电打开时，分油机配水盘接通高压开启水，工作水进入活动底盘上方空间，使活动底盘下移，打开排渣口。电磁阀 SV2 通电打开时，配水盘接通低压密封水，工作水进入活动底盘下方空间，使活动底盘上移，关闭排渣口，并保持分离筒密封；电磁阀 SV3 通电打开时，为分离筒提供水封水和置换水；电磁阀 SV4 通电打开时，控制空气经 SV4 打开进油阀 V5，待分油进入分离筒。

（二）分油机工作过程

分油机分油前要先起动分油机使其转速达到额定转速。初始状态各电磁阀均不通电，按下分油起动按钮，经 10s 时间间隔，SV2 电磁阀通电，进密封水用于关闭排渣口，此阶段称为"密封"，建立密封时间为 30s，建立密封后由于静压平衡不再进水，在之后的水封和正常分油阶段，SV2 电磁阀持续通电，用于补偿密封水的损失，此路水此时称为补偿水；30s后，SV3 电磁阀通电，水封水进分离筒，此阶段称为"水封"，建立水封所需时间为 20s；建立水封后 SV3 电磁阀断电，停止进水封水，SV4 电磁阀通电，打开进油阀 V5，待分油进入分离筒，进入正常分油阶段；分油机分油时每 50min 排渣 1 次，达到排渣间隔时间，SV4电磁阀断电，分离筒停止进油，SV3 电磁阀通电，置换水进分离筒，此阶段称为"赶油"，赶油时间为 20s；然后 SV3 电磁阀断电，停止进置换水，SV2 电磁阀断电，停止进补偿水，SV1 电磁阀通电，开启水进入分油机，打开排渣口排渣，此阶段称为"开启"，SV1 电磁阀通电时间为 10s；排渣之后 SV1 电磁阀断电，停止进开启水，此时密封水和开启水都不进分油机，把活动底盘上方水通过小孔甩出，以便重新密封分离筒，此阶段称为"空位"，时间为 10s；然后又进入"密封"和分油阶段，周而复始。在分油阶段，若按下排渣试验按钮，自动执行一次赶油、开启、空位、密封程序，然后再进入分油阶段；若按下停止按钮，自动执行一次赶油、开启程序，然后回到初始状态，终止分油和排渣控制过程。系统中各电磁阀通电时序图如图 4-31 所示。

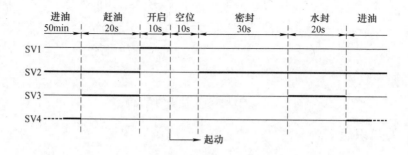

图 4-31　电磁阀通电时序图

三、任务实施

（一）PLC I/O（输入/输出）地址分配

根据控制任务要求可以确定 PLC 需要 3 个输入点和 4 个输出点，其地址分配见表 4-3。

表 4-3 I/O 地址分配

输入元件	输入端子地址	输出元件	输出端子地址
起动按钮 SB1	I0.0	电磁阀 SV1	Q0.0
停止按钮 SB2	I0.1	电磁阀 SV2	Q0.1
排渣试验按钮 SB3	I0.2	电磁阀 SV3	Q0.2
		电磁阀 SV4	Q0.3

（二）硬件连接图

本任务中 PLC 选用 CPU 224 模块，电源电压为交流 220V。开关量输入信号采用直流 24V 输入，由 CPU 模块上提供的直流 24V 传感器电源供电。PLC 输出电路的各电磁阀额定电压均为交流 220V，因此 PLC 输出点接交流 220V 电源。PLC 的外部 I/O 点接线如图 4-32 所示。

（三）PLC 程序设计

分油机的分油、排渣过程是按照规定的时序运行，比较适合采用顺序控制设计法来进行 PLC 程序的设计。因此，先画出分油机控制的顺序功能图，然后根据顺序功能图编写梯形图程序。

1. 顺序功能图

根据任务要求和分油机的工作过程，画出分油机控制的顺序功能图如图 4-33 所示。图中，M1.0 为运行标志，系统投入工作，并按下起动按钮，M1.0 变为 1，分油机控制过程执行，按下停止按钮 M1.0 变为 0，分油机执行一次排渣操作后回到初始状态，控制过程停止执行。从步 M0.4 到步 M0.5 有三个转换条件：排渣间隔时间到，T40 状态为 1；按下停止按钮 M1.0 状态变为 0；按下排渣试验按钮 I0.2 状态为 1。这三个条件为或关系，任何一个条件满足都会进行步的转换。

2. 梯形图程序

根据图 4-33 的顺序功能图用置位/复位指令编写的分油机控制梯形图程序如图 4-34 所示。在程序开始的两个网络用于运行标志 M1.0 的控制和首次扫描的初始化。

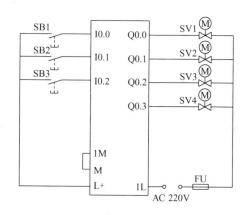

图 4-32 PLC 的外部 I/O 点接线

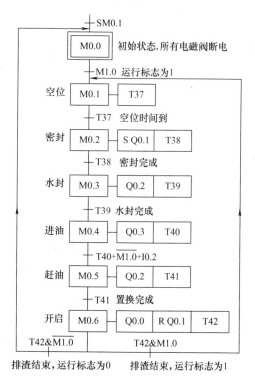

图 4-33 分油机控制的顺序功能图

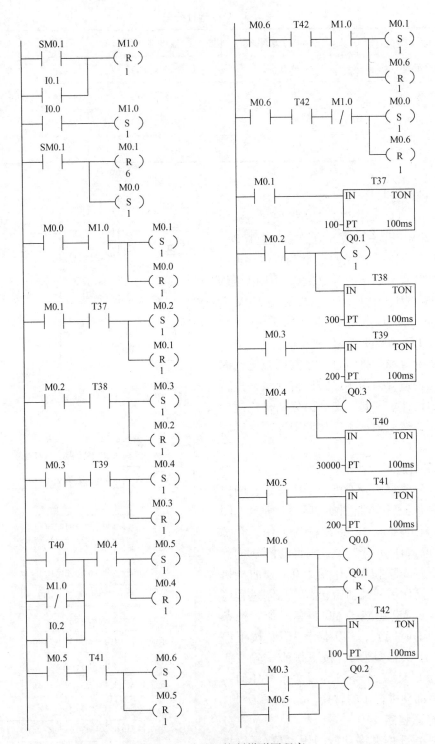

图 4-34 分油机控制梯形图程序

思考与练习

1. 画出图 4-35 所示时序图对应的顺序功能图。

2. 图 4-36 中，位于中间、右端、左端的限位开关依次接到 PLC 的输入点 I0.0、I0.1、I0.2，小车撞到限位开关时相应开关闭合。在初始状态，小车停在中间，中间限位开关闭合，按下起动按钮（I0.3 为 ON），小车按图示顺序运动，最后返回并停在初始位置。请根据上述控制过程画出控制系统的顺序功能图。

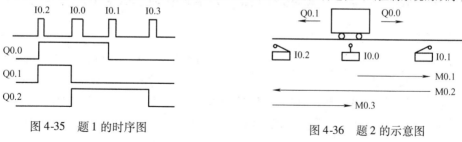

图 4-35　题 1 的时序图　　　　　　　　图 4-36　题 2 的示意图

3. 设计图 4-37 所示顺序功能图的梯形图程序。

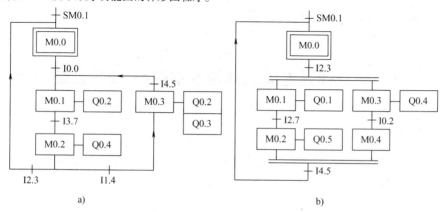

图 4-37　题 3 的顺序功能图

4. 船舶副机停机状态下每隔 30min，预润滑油泵运转 2min，机组运行时，预润滑油泵停止运转。当机组运行时，M1.0 为 1，停止时，M1.0 为 0，预润滑油泵由 PLC 的 Q0.0 输出端口控制。试画出预润滑油泵控制的顺序功能图，并编写 PLC 程序。

5. 用 SCR 指令设计任务五中分油机控制的 PLC 程序。

模块五　PLC 在继电器控制系统改造中的应用

在实际工程中，经常遇到对继电器控制系统进行 PLC 改造的项目。PLC 的梯形图语言程序与继电器电路的电气原理图极为相似，如果用 PLC 改造继电器控制系统，根据继电器电路图来设计梯形图程序是一条捷径。本模块通过两个继电器控制系统改造的实例，使读者学会用 S7-200 PLC 对继电器控制电路进行改造的方法。

学习目标：

➢ 掌握用 PLC 对继电器控制电路进行改造的步骤。

➢ 学会根据继电器控制电路设计梯形图程序的方法。

➢ 能够对较复杂的继电器控制电路进行 PLC 改造。

任务一　船舶电动边钩控制系统的 PLC 改造

一、任务提出

某浮吊船除主吊钩外，还设有电动边钩系统，用于轻载吊装作业。边钩通过主令控制器操作，上升、降落各设有低、中、高速三档，电动机采用变极调速，控制系统为继电器控制电路。边钩系统主电路（见图 5-1）及控制与保护功能都类似于船舶交流电动起货机。图 5-2 所示为西门子交流电动起货机主电路，图 5-3 所示为其控制电路（电路中的电气、文字符号采用原版图中的符号）。边钩系统与西门子交流电动起货机相比，主电路主要有以下区别：

1）由于装卸货时吊升电动机长期频繁起停，西门子交流起货机设有冷却风机 M2，用于电动机冷却，而边钩系统没有冷却风机。

2）西门子交流起货机系统通过检测电动机低速和中/高速绕组的温度，进行电动机绕组过热保护，低速绕组过热时，继电器 d1 动作，中/高速绕组过热时，继电器 d2 动作；边钩系统是在低、中、高速绕组主电路分别串联了热继电器，通过热继电器进行电动机过载保护。

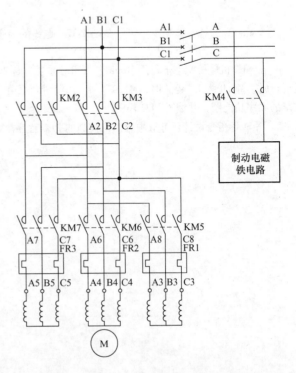

图 5-1　边钩系统主电路

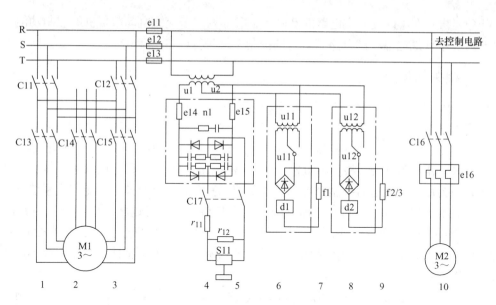

图 5-2 "西门子"交流电动起货机主电路

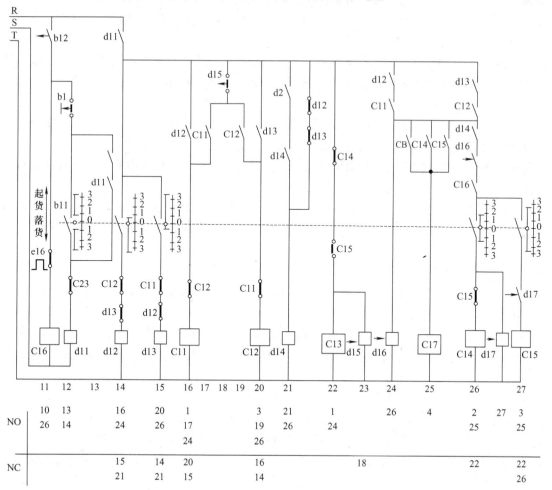

图 5-3 "西门子"交流电动起货机控制电路

任务要求：在不改变原主电路的基础上，参照西门子交流电动起货机的控制功能，采用 S7-200 PLC 取代继电器控制电路，对边钩控制系统进行改造。

二、相关知识点

（一）根据继电器控制电路设计梯形图的方法

1. 基本方法

PLC 的梯形图就从继电器控制电路演变而来，与继电器控制电路图极为相似，如果用 PLC 改造继电器控制系统，根据继电器控制电路图来编制梯形图程序可以达到事半功倍的效果。这是因为原有的继电器控制系统经过长期使用和考验，已经被证明能完成系统要求的控制功能，而继电器控制电路图又与梯形图有很多相似之处，可以将继电器控制电路图"翻译"成梯形图，即用 PLC 的外部硬件接线图和梯形图软件来实现继电器控制系统的功能。这种设计方法一般不需要改动控制面板，保持了系统原有的外部特性，操作人员不用改变长期形成的操作习惯。

在分析 PLC 控制系统的功能时，可以将它想象成一个继电器控制系统中的控制箱，其外部接线图描述了这个控制箱的外部接线，梯形图是这个控制箱的内部"电路图"，梯形图中的输入位（I）和输出位（Q）是这个控制箱与外部世界联系的"中间继电器"，这样就可以用分析继电器电路图的方法来分析 PLC 控制系统。在分析时可以将梯形图中输入位的触点想象成对应的外部输入器件的触点，将输出位的线圈想象成对应的外部负载的线圈。外部负载的线圈除了受梯形图的控制外，还可能受外部触点的控制。

将继电器控制电路图转换为功能相同的 PLC 的外部接线图和梯形图的步骤如下：

1）了解和熟悉被控设备的工艺过程和机械的动作情况，根据继电器控制电路图分析和掌握控制系统的工作原理，这样才能做到在设计和调试控制系统时心中有数。

2）确定 PLC 的输入信号和输出负载，以及与它们对应的梯形图中的输入位和输出位的地址，画出 PLC 的外部接线图。

3）确定与继电器电路图的中间继电器、时间继电器对应的梯形图中的存储器位（M）和定时器（T）的地址。这两步建立了继电器控制电路图中的元件和梯形图中的位地址之间的对应关系。

4）根据上述对应关系画出梯形图。

继电器控制电路图中的交流接触器和电磁阀等执行机构如果用 PLC 的输出位来控制，它们的线圈接在 PLC 的输出端。按钮、控制开关、限位开关、光电开关等用来给 PLC 提供控制命令和反馈信号，它们的触点接在 PLC 的输入端，一般使用常开触点。继电器控制电路图中的中间继电器和时间继电器的功能用 PLC 内部的存储器位和定时器来完成，它们与 PLC 的输入位、输出位无关。

2. 根据继电器控制电路图设计梯形图的注意事项

在设计时应注意梯形图与继电器控制电路图的区别。梯形图是一种软件，是 PLC 图形化的程序。在继电器控制电路图中，各继电器可以同时动作，而 PLC 的 CPU 是串行工作的，即 CPU 同时只能处理 1 条指令。根据继电器控制电路图，设计 PLC 的外部接线图和梯形图时应注意以下问题：

（1）应遵守梯形图语言中的语法规定　在继电器控制电路图中，触点可以放在线圈的左边，也可以放在线圈的右边，但是在梯形图中，线圈必须放在电路的最右边。

对于两条包含触点和线圈的串联电路再并联的电路，如果用语句表编程，需使用逻辑入栈（LPS）、逻辑读栈（LRD）和逻辑出栈（LPP）指令。可以将各线圈的控制电路分开来设计。若直接用梯形图语言编程，可以不考虑这个问题。

（2）设置中间单元　在梯形图中，若多个线圈都受某一触点串并联电路的控制，为了简化电路，在梯形图中可以设置用该电路控制的存储器位，它类似于继电器控制电路中的中间继电器。

（3）尽量减少 PLC 的输入信号和输出信号　PLC 的价格与 I/O 点数有关，每一输入信号和每一输出信号分别要占用一个输入点和一个输出点，因此减少输入信号和输出信号的点数是降低硬件费用的主要措施。

与继电器控制电路不同，一般只需要同一输入器件的一个常开触点给 PLC 提供输入信号，在梯形图中，可以多次使用同一输入位的常开触点和常闭触点。

在继电器控制电路图中，如果几个输入器件触点的串并联电路总是作为一个整体出现，可以将它们作为 PLC 的一个输入信号，只占 PLC 的一个输入点。

某些器件的触点如果在继电器控制电路图中只出现一次，并且与 PLC 输出端的负载串联（例如：不能自动复位的热继电器的常闭触点），不必将它们作为 PLC 的输入信号，可以将它们放在 PLC 外部的输出回路，仍与相应的外部负载串联。

继电器控制系统中某些相对独立且比较简单的部分，可以用继电器控制，这样同时减少了所需的 PLC 的输入点和输出点。

（4）设立外部联锁电路　在控制系统中，有的接触器或继电器同时通电会导致严重后果，例如：控制正反转或Y-△起动的两个接触器，一旦同时通电，会造成三相电源短路，应在 PLC 外部设置硬件联锁电路。除了在梯形图中设置与它们对应的输出位的线圈串联的常闭触点组成的联锁电路外，还应在 PLC 外部设置硬件联锁电路。

（5）梯形图的优化设计　为了减少语句表指令的指令条数，在串联电路中单个触点应放在右边，在并联电路中单个触点应放在下面。

（6）外部负载的额定电压　PLC 的继电器输出模块和双向晶闸管输出模块只能驱动额定电压交流 220V 的负载，如果系统原来的交流接触器的线圈电压为 380V，应换用线圈额定电压为 220V 的接触器，或设置外部中间继电器。

（二）符号地址在 PLC 编程中的使用

1. 符号表

绝对地址用存储区加上位或字节地址来标识地址。在 STEP 7-Micro/WIN 编程软件中，允许使用系统定义的符号表为变量定义和编辑符号名，在程序中用符号地址访问变量。符号地址用一串字母组合来标识地址，用符号地址代替绝对地址，大大增强了程序的可读性。如果选择了符号名寻址，需要对绝对地址建立一个符号名表。符号名表不仅包括物理输入/输出信号，还包括程序中用到的其他元件。编程时既可以使用绝对地址也可以使用符号地址来输入指令操作数。

为变量定义符号步骤如下：

1）在操作栏中单击符号表图标打开符号表。

2）在"符号"列中输入一个符号名（例如：Start _ button）。符号名的最大长度为 23

个字符。

3）在“地址”列中输入地址（例如：I0.0）。

4）若为 IEC 全局变量表，在数据类型列中输入数值或从列表框中选择一个数值。

5）在“注释”列中添加说明。此列为选填项。

建立的符号表示例如图 5-4 所示。

			符号	地址	注释
1			Start_button	I0.0	起动按钮
2			Stop_button	I0.1	停止按钮
3			KM	Q0.0	水泵接触器
4			timer_建压	T37	泵运行后，给予一定时间建立水压，延时检测水压
5			水压	AIW0	水压检测输入
6			水压下限	VW0	设定的水压下限值
7			水压异常	M0.0	水压异常标志

图 5-4　符号表

2. 符号寻址和绝对寻址显示之间的切换

在符号表中建立符号和绝对地址或常数值的关联后，可在操作数信息的符号寻址和绝对寻址显示之间切换。选择菜单命令查看（View）> 符号寻址（Symbolic Addressing），勾选“符号寻址”，则程序中显示符号地址，否则显示绝对地址。采用符号地址的 PLC 程序如图 5-5 所示。

```
网络1
LD      Start_button
O       KM
AN      Stop_button
=       KM

网络2
LD      KM
TON     timer_建压,150

网络3
LD      timer_建压
AW<     水压,水压下限
=       水压异常
```

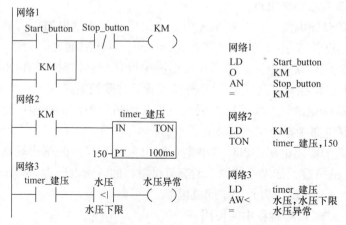

图 5-5　采用符号地址的 PLC 程序

也可以同时查看符号和绝对地址。使用菜单命令工具（Tools）> 选项（Options），并选择“程序编辑器”标签，选择“显示符号和地址”。则在采用符号寻址显示时，就会同时显示符号地址和绝对地址。同时查看符号和绝对地址的 PLC 程序如图 5-6 所示。

三、任务实施

（一）电动起货机继电器控制电路分析

对一个控制系统进行全新设计，必须对被控设备的工艺过程和机械的动作情况进行深入研究，而用 PLC 改造继电器控制系统，要求相对较低，甚至不了解系统的工作过程，只要研究明白系统的输入部件和输出部件，就可以完全按照继电器控制电路图"翻译"成梯形图程序。但若不清楚所要改造的系统的工作原理与工作过程，会给联机运行调试带来困难和风险。因此，在对继电器控制系统进行改造前，还是要尽量研究明白控制对象的工作流程和继电器控制电路的控制过程。

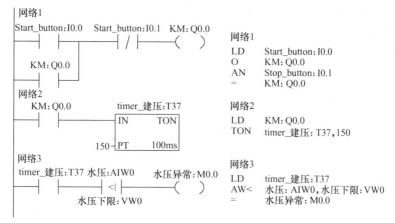

图 5-6　查看符号和绝对地址的 PLC 程序

西门子交流电动起货机的控制电路功能完善，工作可靠，对边钩系统进行改造，可以完全按照其继电器控制电路来设计系统和编写梯形图程序。西门子交流电动起货机除了通过主令控制器进行吊升、降落的三速控制之外，还有以下控制功能：

1）控制电路具有逐级自动延时起动功能：当手柄从零位快速扳到提升或下降的高速档时，能逐级延时起动。起动时间小于 2s。

2）控制电路具有三级制动功能：当手柄从高速档快速扳到停车时，有如下三级制动过程：转速高时单独电气制动，速度降低到一定值后电气与机械联合制动，速度接近于零时单独机械制动直到停车。制动时间小于 1s。

3）控制电路具有逆转矩控制功能：当主令控制器手柄从提升的高速档快速扳到下降的高速档（或反向操作）时，首先从高速档自动制动停车，然后再实现从零位到反向高速档的自动起动过程。

4）控制电路具有防止货物自由跌落的保护措施：下降货物时，有电气制动以保证货物等速下降；在起动时低速绕组通电后才能松开电磁制动器；在换档过程中，当主令控制器手柄在两档中间位置时，起货电动机总有一个绕组通电，如在提升货物时，中速绕组通电低速绕组才能断电，高速绕组通电后，中速绕组才能断电。

5）有保证不发生中速和高速堵转现象的措施：当电磁制动器抱闸时，中速和高速绕组立即断电。

6）采用通风机冷却的起货机，在打开风门，风机运行后才能起动起货机；当风机故障停止运行时，起货电动机只有低速绕组可以通电运行，以便放下吊在空中的货物。在此边钩系统中无冷却风机。

7）控制电路有失电压保护、断相保护、热保护和短路保护等保护措施。此外，还设置了应急切断开关，以便在紧急情况下能应急停车。

（二）特殊功能设计

1. 断相与欠电压保护

在西门子起货机的继电器控制电路中，用 d11 进行 R 相、S 相间电压监测，而 R 相、T 相间没有专门的电压监测继电器。R 相、T 相用于给控制电路供电，当出现断相或欠电压时，控制电路中的继电器、接触器会释放，起到欠电压保护作用。新设计的边钩控制系统电源电路如图 5-7 所示。此电路中，用两个继电器（KA1、KA2）进行三相电源断相与欠电压检测。KA1 用于 A 相、C 相线电压监测，KA2 用于 B 相、C 相线电压监测。与西门子起货机系统相比，增加了继电器 KA2，用于 PLC 电源电路监测。这是因为 S7-200 PLC CPU 224 模块的电源电压范围较广，可以交流 110V 供电，也可以交流 220V 供电，本系统中为交流 220V 供电，即使出现控制电源欠电压，CPU 电源还是正常的。此时，虽然 PLC 输出电路的接触器释放，但 PLC 还在正常工

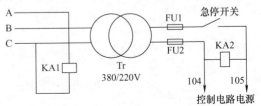

图 5-7　控制系统电源电路

作，电压恢复后有可能会出现接触器重新吸合的情况，因此增加了继电器 KA2 用于 B 相、C 相线电压监测，任意一个继电器断开，系统都停止工作。

2. 电动机过载保护

电动机的低、中、高速绕组各串有一个热继电器（FR1、FR2、FR3）对电动机进行过载保护。当电动机中、高速绕组过载时，允许边钩系统低速运行把货物放落；若低速绕组过载，则边钩系统停止工作。

3. 接触器的联锁

在边钩控制系统中，有一些接触器需进行互锁或联锁保护，例如：控制吊升和降落的接触器 KM2、KM3 不允许同时吸合，吊钩系统从低速档到中速档，先中速档接触器吸合，低速档接触器才能断电，从中速档到高速档亦是如此。由于接触器等物理器件动作需要一定的时间，仅仅通过检测 PLC 程序中输出线圈的状态进行软件联锁往往达不到预期的效果，因此在 PLC 程序中采集接触器的物理触点状态，而不是内部线圈触点，来进行联锁，确保可靠联锁。例如：吊钩系统从低速档到中速档，先 KM6 通电 KM5 才能断电，在程序中是检测到 KM6 的外部物理触点真正闭合后，才会使 KM5 线圈断电。此外，控制吊升和降落的接触器 KM2、KM3 还要通过外电路进行电气互锁。

4. 限位保护

通过限位开关进行限位保护。限位开关包括钢索缠满限位开关 SQ2 和钢索放完限位开关 SQ1。为节省 PLC 输入点，限位开关不接入 PLC，而是采用常闭触点与相应接触器线圈串联实现限位保护。

（三）PLC I/O 分配

1. 输入/输出元件

（1）输入元件　控制系统输入元件除了主令控制器外，还有用于系统保护的热继电器、欠电压继电器、限位开关等电气元件。

主令控制器 SA：共有 5 副触点（1-2、3-4、5-6、7-8、9-10），触点闭合表如图 5-8 中所示。

热继电器：低、中、高速绕组的热继电器均采用常闭触点，过载时触点断开。把低速绕组热继电器 FR1 常闭触点单独输入 PLC，中、高速绕组热继电器 FR2、FR3 的常闭触点、FR1 常闭触点串联后共用一个 PLC 输入点，采用常闭触点串联可以节省 PLC 的输入点。

欠电压检测继电器：采用常开触点，电压正常时电压继电器吸合。把 KA1、KA2 的常开触点串联输入 PLC，只有三相电压均正常时系统才能正常工作。

接触器常开辅助触点：包括 KM2、KM3、KM5、KM6、KM7，用于接触器状态检测，实现 PLC 程序中接触器间的联锁。

（2）输出元件　包括 6 个接触器，分别是提升接触器 KM3、降落接触器 KM2、低速接触器 KM5、中速接触器 KM6、高速接触器 KM7 和电磁制动接触器 KM4。接触器的线圈工作电压均为交流 220V。边钩系统采用断电制动方式，接触器 KM4 吸合使电磁制动线圈通电松闸，KM4 断电释放使电磁线圈断电，电磁制动靠弹簧力复位刹紧，防止货物下落伤人。

2. PLC 输入/输出端子地址分配及符号地址

根据系统功能要求，共需要 13 个开关量输入点，6 个开关量输出点，PLC 选用 CPU 224 模块，采用直流 24V 输入，继电器输出。为了程序编写、调试方便，在程序中输入、输出地址采用了符号地址，符号地址基本采用了西门子电动起货机控制电路和新设计的电路中的元件符号命名，增加了程序的可读性。PLC 的 I/O 地址分配及符号地址见表 5-1、表 5-2。

表 5-1　PLC 的输入地址分配及符号表

符号	地址	注　释	符号	地址	注　释
b11_0	I0.0	主令控制器触点 1-2	KA	I1.0	KA1、KA2 串联，断相或欠电压断开
b11_升	I0.1	主令控制器触点 3-4	KM2_I	I1.1	降落接触器 KM2 常开触点
b11_降	I0.2	主令控制器触点 5-6	KM3_I	I1.2	提升接触器 KM3 常开触点
b11_中	I0.3	主令控制器触点 7-8	KM5_I	I1.3	低速接触器 KM5 常开触点
b11_高	I0.4	主令控制器触点 9-10	KM6_I	I1.4	中速接触器 KM6 常开触点
FR1	I0.6	电动机低速绕组过载 FR1 断开	KM7_I	I1.5	高速接触器 KM7 常开触点
FR	I0.7	电动机任意档过载断开，FR1、FR2、FR3 串联			

表 5-2　PLC 的输出地址分配及符号表

符号	地址	注　释	符号	地址	注　释
C17_KM4	Q0.0	制动接触器 KM4 线圈，通电松制动	C13_KM5	Q0.4	低速接触器 KM5 线圈
C12_KM2	Q0.2	下降接触器 KM2 线圈	C14_KM6	Q0.5	中速接触器 KM6 线圈
C11_KM3	Q0.3	上升接触器 KM3 线圈	C15_KM7	Q0.6	高速接触器 KM7 线圈

（四）PLC 的外部电路连接

因外电路各接触器线圈额定工作电压均为交流 220V，选用的 CPU 224 模块工作电源为交流 220V，同时为继电器输出电路提供交流 220V 的工作电源，开关量输入电路采用直流 24V 电源，由 CPU 模块上提供的直流 24V 传感器电源供电。边钩控制系统 PLC 的 I/O 电路连接如图 5-8 所示。

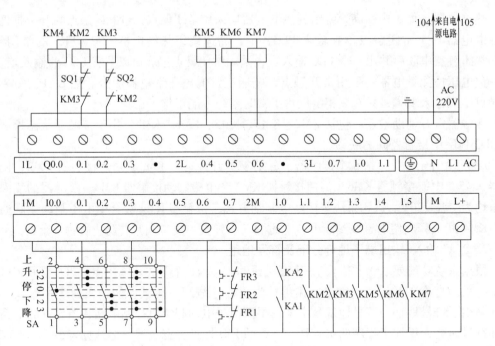

图 5-8   PLC 的 I/O 电路连接

（五）PLC 程序设计

1. 内部编程元件地址分配及符号地址

在 PLC 程序中，用内部位存储器取代继电器电路中的中间继电器，用定时器实现继电器控制电路中时间继电器的功能。在边钩控制系统的 PLC 程序中，给内部编程元件也定义了符号地址。PLC 的内部编程元件地址分配及符号地址见表 5-3。

表 5-3   PLC 的内部编程元件地址分配及符号地址

符号	地址	注　释	符号	地址	注　释
d11	M0.0	中间继电器 d11	d16	T34	时间继电器 d16
d13	M0.1	中间继电器 d13	d17	T35	时间继电器 d17
d14	M0.2	中间继电器 d14	d12	M0.6	中间继电器 d12
d15	T33	时间继电器 d15			

2. 边钩控制系统的梯形图程序

边钩控制系统的 PLC 程序根据西门子交流电动起货机的继电器控制电路进行编写，并根据梯形图的设计规则进行了适当修改和优化，编写的梯形图程序如图 5-9 ~ 图 5-19 所示。在对梯形图程序的描述中，为了叙述方便和便于理解，用符号地址代表各存储位，并结合继电器控制电路的叙述语言进行描述。由于控制程序功能比较复杂，篇幅所限，不能详细描述，详细控制功能建议参考西门子交流起货机控制电路及相关书籍进行分析。

图 5-9 所示的网络 1 对应于继电器控制电路回路 12、13，用来实现零电压和电动机过载保护。

在正常情况下，主令控制器手柄拉到零位，b11 _ 0 触点闭合，若电源电压正常，电动机低速绕组无过载，失电压继电器 d11 通电吸合，其常开触点闭合自锁，组成零电压保护电路，并向后续网络"控制电路"供电。当出现失电压后又恢复供电时，必须先将主令控制器手柄扳回到零位，d11 才有可能再次"获电"并自锁，后续网络"控制电路"才会接通。这样可防止手柄不在零位时失电后又恢复供电的情况下自动起动造成意外事故。当电动

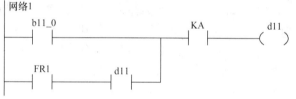

图 5-9　边钩 PLC 控制系统的梯形图程序（1）

机低速绕组长期过载时，FR1 常开触点会断开，也会使零电压继电器 d11 断电，使整个控制电路失电，不能起、落货物。

图 5-10 所示的网络 2 对应于继电器控制电路回路 14、15，用于起货、落货中间继电器控制。当主令控制器扳到起货（上升）档时，上升中间继电器 d12 通电；当主令控制器 b11 扳到落货（下降）档时，下降中间继电器 d13 通电。d12、d13 通过软件触点和检测的外电路 KM2、KM3 的触点信号进行软件互锁，防止正、反转接触器同时工作。

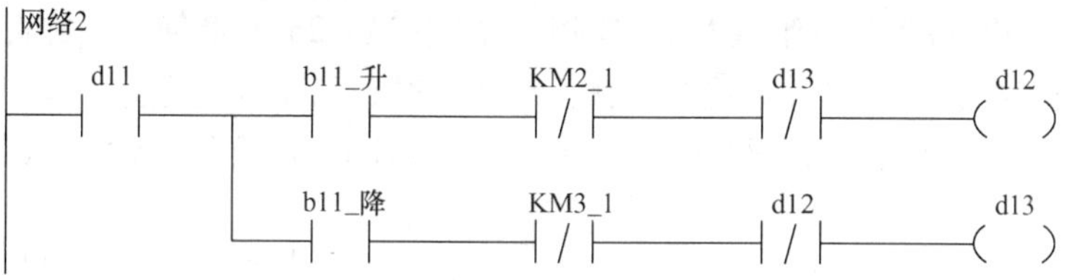

网络2

图 5-10　边钩 PLC 控制系统的梯形图程序（2）

图 5-11、图 5-12 所示的网络 3、4 对应于继电器控制电路回路 16～20，一方面对起货接触器 KM3、落货接触器 KM2 进行控制；另一方面，当主令控制器手柄从起货第三档快速扳到落货第三档（或相反）时，与定时器 d15 相配合，实现先三级制动停车，后按时间原则逐级反向起动控制。

对于网络 3、4 的梯形图程序，不能完全按照继电器控制电路设计梯形图，否则会出现能流反向流动的通路，为错误指令，在编程软件中会出现编译错误。

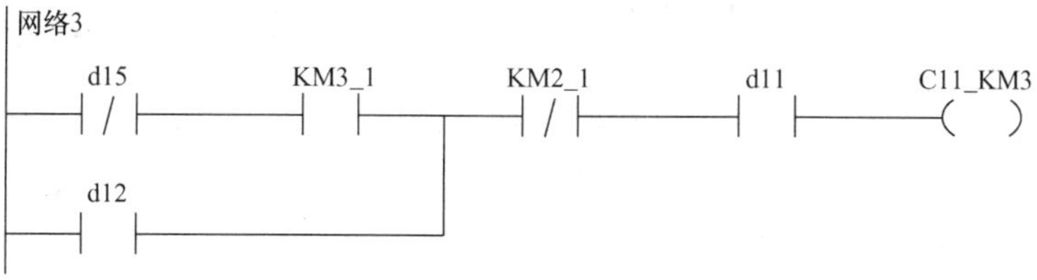

网络3

图 5-11　边钩 PLC 控制系统的梯形图程序（3）

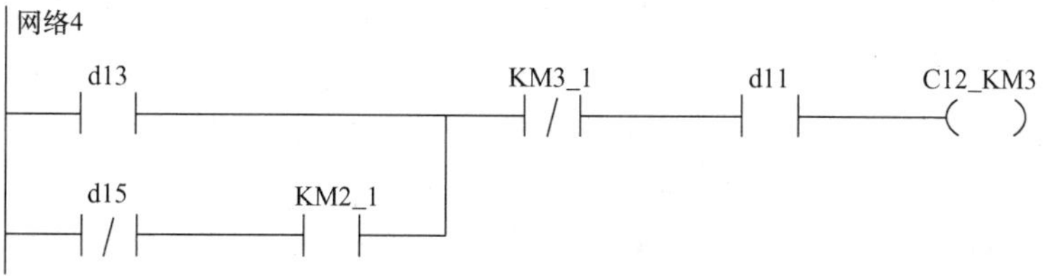

网络4

图 5-12　边钩控制系统的 PLC 程序（4）

图 5-13 所示的网络 5 对应于继电器控制电路回路 21，用于电动机中、高速绕组过载保护。当中、高速绕组长期过载时，热继电器常闭触点断开，程序中 FR 常开触点断开，d14 失电，中、高速接触器断电，起货机不能在中、高速运行而只能低速运行。

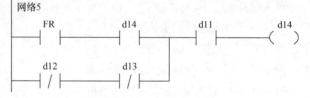

图 5-13　边钩 PLC 控制系统的梯形图程序（5）

图 5-14 所示的网络 6 对应于继电器控制电路回路 22，用于电动机低速接触器 KM5 控制。这里通过检测中速接触器 KM6 的状态与 C13 _ KM5 线圈组成了程序联锁，确保电动机低速绕组先通电，中速绕组再断电，避免不同档位切换时出现瞬间坠货。

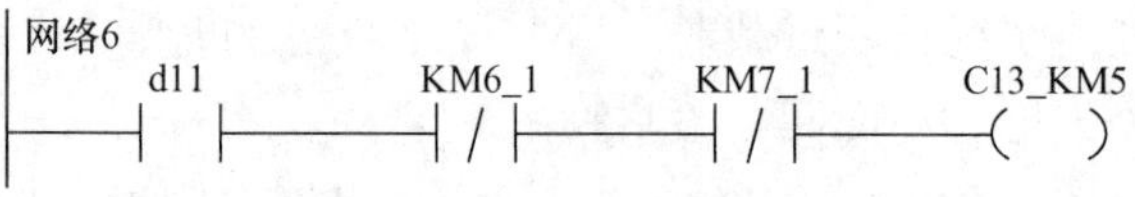

图 5-15 所示的网络 7 对应于继电器控制电路回路 23，当主令控制器手柄从起货第二、三档突然扳回零位或从起货第三档快速扳到落货第三档（或相反）时，实现再生制动，d15 控制再生制动时间。

图 5-14　边钩 PLC 控制系统的梯形图程序（6）

图 5-16 所示的网络 8 对应于继电器控制电路回路 24 ~ 26 上半部分。在此部分继电器控制电路中，涉及多组触点的串并联混合连接，比较复杂，为了简化电路，便于程序分析，在梯形图中设置用该电路控制的存储器位 M1.0，类似于继电器控制电路中的中间继电器。

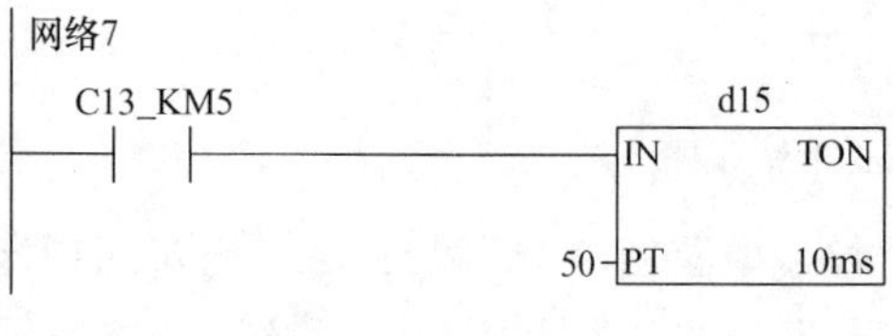

图 5-15　边钩 PLC 控制系统的梯形图程序（7）

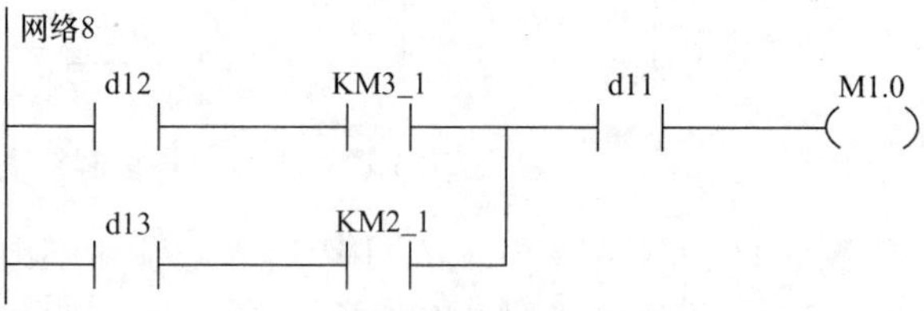

图 5-16　边钩 PLC 控制系统的梯形图程序（8）

图 5-17 所示的网络 9 对应于继电器控制电路回路 24。主令控制器手柄从零位快速扳到起货第二或三档，起货电动机首先在低速起动，经定时器 d16 的 0.25s 延时后，使中速接触器 KM6 线圈通电吸合，转换到中速绕组运行。

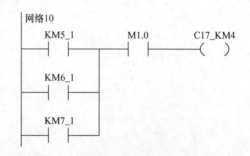

图 5-17　边钩 PLC 控制系统的梯形图程序（9）

图 5-18 所示的网络 10 对应于继电器控制电路回路 25，用于电磁制动控制。当主令控制器扳到起货（上升）档或落货（下降）档时，电磁制动接触器 KM4 通电吸合，电磁制动器获电动作，松开制动闸，使起货电动机运行。这里 PLC 检测上升接触器 KM3、下降接触器 KM2 状态，控制 M1.0，通过程序与电磁制动接触器 KM4 组成了程序联锁，确保电动机低速绕组先通电，电磁制动线圈才能通电松闸，避免了重物自行落下的可能。

图 5-19 所示的网络 11 对应于继电器控制电

图 5-18　边钩 PLC 控制系统的梯形图程序（10）

路回路 26、27，用于电动机中速接触器 KM6、高速接触器 KM7 控制。主令控制器手柄从零位快速扳到起货第三档，起货电动机首先在低速起动，经定时器 d16 约 0.25s 延时后，使中速接触器 KM6 线圈通电吸合，转换到中速绕组运行，再经定时器 d17 的 0.5s 延时后，使高速接触器 KM7 线圈通电吸合，转换到高速绕组运行。可见，主令控制器手柄突然从零位扳到第三档时，起动过程与手柄的操作速度无关，而是通过定时器 d16 和 d17 的延时控制，按时间原则自动起动并逐步加速到高速运行。不会出现高速、中速绕组堵转，以及直接高速起动的情况。

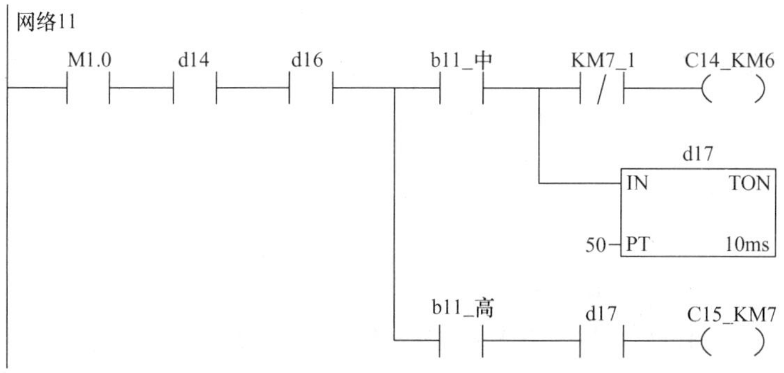

图 5-19　边钩 PLC 控制系统的梯形图程序（11）

四、知识拓展

（一）PLC 硬件的选型

1. CPU 型号的选择

S7-200 不同的 CPU 模块的性能有较大的差别，在选择 CPU 模块时，应考虑开关量、模拟量模块的扩展能力，程序存储器与数据存储器的容量，通信接口的个数，本机 I/O 点的点数等，当然还要考虑性能价格比，在满足要求的前提下尽量降低硬件成本。

2. I/O 模块的选型

选择 I/O 模块之前，应确定哪些信号需要输入给 PLC，哪些负载由 PLC 驱动，是开关量还是模拟量，是直流量还是交流量，以及电压的等级是否有特殊要求，例如快速响应等，并建立相应的表格。

选好 PLC 的型号后，根据 I/O 表和可供选择的 I/O 模块类型，确定 I/O 模块的型号和块数。选择 I/O 模块时，I/O 点数一般应留有一定的裕量或预留有扩展模块的安装空间，以备今后系统改进或扩充时使用。

数字量输入模块的输入电压一般为直流 24V 和交流 220V。直流输入电路的延迟时间较短，可以直接与接近开关、光电开关和编码器等电子输入装置连接。交流输入方式适合于在有油雾、粉尘的恶劣环境下使用。继电器型输出模块的工作电压范围广，触点的导通压降小，承受瞬时过电压和瞬时过电流的能力较强，但是动作速度较慢，触点寿命（动作次数）有一定的限制。如果系统的输出信号变化不是很频繁，建议优先选用继电器型的。晶体管型与双向晶闸管型输出模块分别用于直流负载和交流负载，它们的可靠性高，反应速度快，不受动作次数的限制，但是过载能力稍差。选择时应考虑负载电压的种类和大小、系统对延迟时间的要求、负载状态变化是否频繁等，相对于电阻性负载，输出模块驱动电感性负载和白炽灯时的负载能力降低。

选择 I/O 模块还需要考虑下面的问题：

1）输入模块的输入电路应与外部传感器或电子设备（例如变频器）的输出电路的类型配合，最好能使二者直接相连。例如有的 PLC 的输入模块只能与 NPN 型管集电极开路输出的传感器直接相连，如果选用 NPN 型管发射极输出的传感器，需要在二者之间增加转换电路。

2）选择模拟量模块时应考虑变送器、执行机构的量程是否能与 PLC 的模拟量输入/输出模块的量程匹配。

3）使用旋转编码器时，应考虑 PLC 的高速计数器的功能和工作频率是否能满足要求。

（二）系统调试

1. 软件的模拟调试

设计好用户程序后，一般先作模拟调试。S7-200 的仿真软件可以对 S7-200 的部分指令和功能仿真，可以作为学习和调试较简单的程序的工具。

用 PLC 的硬件来调试程序时，用接在输入端的小开关或按钮来模拟 PLC 实际的输入信号，例如用它们发出操作指令，或在适当的时候用它们来模拟实际的反馈信号，例如限位开关触点的接通和断开。通过输出模块上各输出点对应的发光二极管，观察输出信号是否满足设计的要求。

如果程序中某些定时器或计数器的设定值过大，为了缩短调试时间，可以在调试时将它们减小，模拟调试结束后再写入它们的实际设定值。

在编程软件中，可以用程序状态表来监视程序的运行。

2. 硬件调试与系统调试

在对程序进行模拟调试的同时，可以设计、制作控制屏，PLC 之外其他硬件的安装、接线工作也可以同时进行。完成硬件的安装和接线后，应对硬件的功能进行检查，观察各输入点的状态变化是否能送给 PLC。在 STOP 模式用编程软件将 PLC 的输出点强制为 ON 或 OFF，观察对应 PLC 的负载（例如外部的电磁阀和接触器）的动作是否正常。

对于有模拟量输入的系统，可以给模拟量输入模块提供标准的输入信号，通过调节模块上的电位器或程序中的参数，使模拟量输入信号和转换后的数字量之间的关系满足要求。

完成上述调试后，将 PLC 置于 RUN 状态，运行用户程序，检查控制系统是否能满足要求。在调试过程中将暴露出系统中可能存在的硬件问题，以及程序设计中的问题，发现问题后在现场加以解决，直到完全符合要求。

任务二　船用焚烧炉控制系统改造

一、任务提出

某远洋船用焚烧炉控制系统，因控制箱内元器件损坏，整个控制系统瘫痪，需对控制系统功能进行恢复。原控制系统为继电器控制电路，其主电路如图 5-20 所示，继电器控制电路如图 5-21 ~ 图 5-25 所示。

任务要求：在不改变原有控制功能的基础上采用西门子 S7-200 PLC 取代继电器控制电路，对控制系统进行改造。

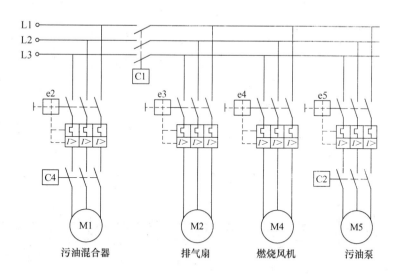

图 5-20　焚烧炉控制系统主电路

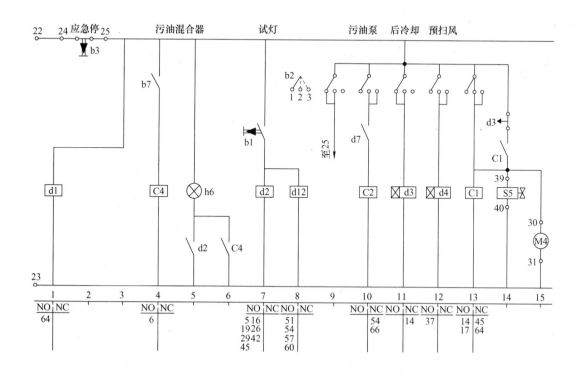

图 5-21　焚烧炉控制系统继电器控制电路（1）

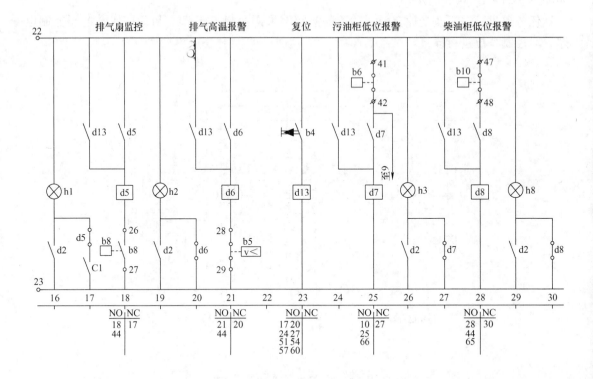

图 5-22　焚烧炉控制系统继电器控制电路（2）

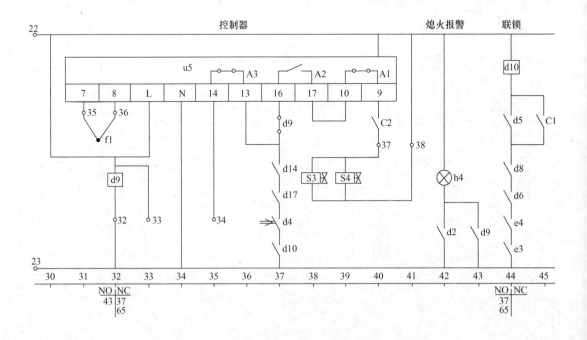

图 5-23　焚烧炉控制系统继电器控制电路（3）

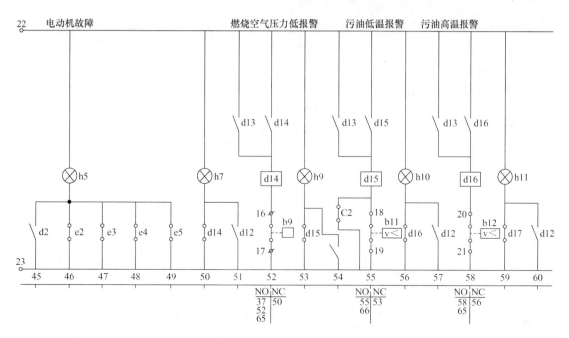

图 5-24　焚烧炉控制系统继电器控制电路（4）

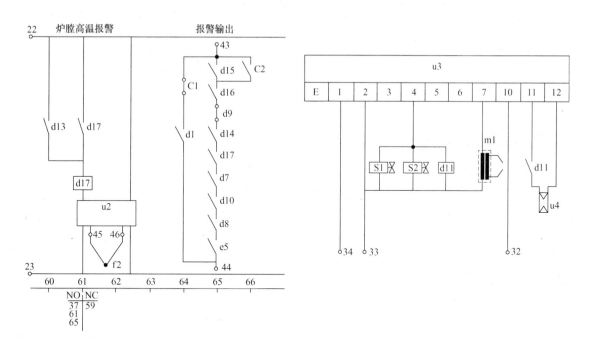

图 5-25　焚烧炉控制系统继电器控制电路（5）

二、相关知识点

（一）焚烧炉控制系统分析

对一个控制系统进行改造，要清楚所要改造的系统的工作原理与工作过程，要知道原来的控制电路中采用了哪些传感器和指令控制部件以及它们的类型（开关量、模拟量、输出电压/电流的等级、范围等），还要知道系统的输出执行元件及装置（继电器、接触器、电动机等）。对系统进行改造时，尽量采用原有的传感器和输出执行机构，以降低成本和避免元件选配、重新安装带来的麻烦。

1. 输入指令部件及检测传感器

焚烧炉原继电器控制电路指令控制部件及信号采集用的传感器见表5-4。

表5-4 输入指令部件及检测传感器

符号	名 称	功 能 说 明	符号	名 称	功 能 说 明
b1	按钮	试灯	b10	液位开关	柴油柜低位报警监测,低位时开关断开
b2	焚烧控制开关	三位转换:1—停炉;2—柴油运行;3—污油焚烧	b11	温控开关	污油柜温度报警监测,温度低于设定值开关断开
b3	开关	应急停止	b12	温控开关	污油柜温度报警监测,温度高于设定值开关断开
b4	按钮	复位			
b5	温控开关	排烟温度报警监测,排烟温度高于设定值开关断开	u5	控制器	燃烧控制
			f1	热电偶	炉膛温度检测,用于燃烧控制
b6	液位开关	污油柜低位报警监测,低位时开关断开	f2	热电偶	炉膛温度报警监测,温度高于设定值,u2 输出开关断开
b7	控制开关	闭合时污油混合器运转			
b8	转速开关	排气扇转速报警监控,转速低时开关断开	u2	温度继电器	炉膛温度高于上限值断开
			u3	燃烧器继电器	燃烧控制
b9	压力开关	燃烧空气压力报警监测,压力低时开关断开	u4	光敏电阻	火焰监测

2. 输出执行元件及装置

焚烧炉原继电器控制电路输出执行元件及装置见表5-5。

表5-5 输出执行元件及装置

符号	名 称	功 能 说 明	符号	名 称	功 能 说 明
m1	点火变压器	通电点火	h1	指示灯	排气扇转速故障
s1、s2	供油电磁阀	通电供轻油	h2	指示灯	排烟高温报警
s3、s4	污油电磁阀	通电供污油焚烧	h3	指示灯	污油柜低位报警
s5	压缩空气电磁阀	通电供压缩空气	h4	指示灯	熄火故障报警
C1	接触器	电动机供电主接触器	h5	指示灯	电动机故障,主电路任一电动机电路断路器跳闸
C2	接触器	污油泵电动机供电			
C4	接触器	污油混合器电动机供电	h6	指示灯	污油混合器运转指示
M1	电动机	污油混合器	h7	指示灯	燃烧空气压力低报警
M2	电动机	排气扇	h8	指示灯	柴油柜低位报警
M3	电动机	燃烧风机	h9	指示灯	污油低温报警
M4	电动机	燃烧器电动机	h10	指示灯	污油高温报警
M5	电动机	污油泵	h11	指示灯	炉膛高温报警

3. 控制器 u5

控制器 u5 用于焚烧炉燃烧控制，其接线图如图 5-23 所示。控制器有三副输出触点 A1、A2、A3，其动作值可以根据需要进行设定。控制器通过热电偶 f1 检测焚烧炉炉膛温度，与设定温度进行比较控制输出触点的动作。A1、A2 用于污油焚烧控制和防止炉内温度过高。A2 为常开触点，为了污油有效燃烧和防止熄火，当炉膛内温度过低，低于设定温度（如 500℃）时，触点断开，停止供污油燃烧；A1 为常闭触点，当炉膛内温度过高，高于设定值（如 800℃）时，触点断开，停止供污油燃烧。A3 为常闭触点，用于轻油燃烧控制。当炉膛温度高于设定值（如 550℃）时，触点断开，停止供轻油燃烧；当炉膛内温度降低量达到 A3 设定回差（如 40℃）时，触点闭合，供轻油辅助燃烧，防止熄火。

4. 控制功能描述

继电器控制电路中其他器件名称及功能见表 5-6。

表 5-6　电气原理图中其他部件

符号	名　称	功能说明	符号	名　称	功能说明
e2	电动机电路断路器	混合器电动机	d10	中间继电器	联锁
e3	电动机电路断路器	排气扇电动机	d11	中间继电器	燃烧控制
e4	电动机电路断路器	燃烧风机电动机	d12	中间继电器	试灯
e5	电动机电路断路器	污油泵电动机	d13	中间继电器	复位
d5	中间继电器	排气扇低转速保护	d14	中间继电器	燃烧空气压力低报警
d6	中间继电器	排气高温报警	d15	中间继电器	污油低温报警
d7	中间继电器	污油柜低位报警	d16	中间继电器	污油高温报警
d8	中间继电器	柴油柜低位报警	d17	中间继电器	炉膛高温报警
d9	中间继电器	熄火故障报警			

进行污油焚烧前 2h 接通断路器 e2，起动污油柜内污油混合器和加热器，使柜内油渣、水等充分混合和加热。焚烧炉停止运行时转换开关转到"1"位。当要起动焚烧炉时，接通断路器 e3、e4、e5，把转换开关转到"2"位。炉膛供风机和排气扇起动开始预扫风。按复位按钮复位警报，如果系统无故障，预扫风后点火变压器 m1 通电，焚烧炉开始供轻柴油，点火变压器通电点火，点火成功后以柴油模式运行，炉膛温度达到 350~400℃可进行固体垃圾的焚烧。"3"位为污油焚烧位，炉膛温度达到 500~600℃，转换开关转到"3"位，污油泵起动，可进行污油焚烧。当炉膛温度较低时，柴油油头继续供油，辅助燃烧，以保证炉膛火焰稳定和污油有效焚烧。当炉膛内温度高于设定点上限值（建议设定 550℃）时，控制器停止供柴油，当炉膛内温度低于设定点下限值（建议设定 510℃）时，控制器再次起动柴油供油。当炉膛内温度低于设定点下限值（建议设定 500℃）或高于设定点上限值（建议设定 800℃，低于 700℃重起动）时，控制器停止污油燃烧。"1"位为停止位，转换开关转到"1"位，停止供油，炉膛供风机和排气扇继续运行一段时间后停止，以便于冷却焚烧炉。

报警与安全保护功能：

电动机过载防护、报警、停炉；排气风机故障报警、停炉；熄火故障报警、停炉；污油柜温度高、低限报警（60~90℃）；燃烧空气压力低报警、停炉；排烟温度高报警、停炉；炉膛温度高报警、停炉；油柜液位低报警、停炉。

继电器控制电路具体工作过程请读者自行分析。

（二）子程序的编写与调用

1. 子程序

在程序设计中，通常将具有特定功能、多次使用的程序段作为子程序，可以从 OB1、另一个子程序或中断程序中调用子程序。主程序中用指令决定具体子程序的执行状况，当主程序调用子程序并执行时，子程序执行全部指令直至结束，然后系统将返回至调用子程序的主程序中继续执行主程序的下一指令。

子程序为程序分段和分块，使整个程序成为较小的、更易管理的程序块。这样便于程序的编制、调试和排除故障，程序运行时，只在需要时才调用程序块，可以更有效地使用 PLC。

程序中总共可有 64 个子程序（CPU 226XM 可有 128 个子程序），在主程序中，可以嵌套子程序（在子程序中放置子程序调用指令），最大嵌套深度为 8，但不能从中断程序嵌套子程序。

如果子程序仅引用参数和局部内存，则可移动子程序。为了移动子程序，应避免使用任何全局变量/符号（I、Q、M、SM、AI、AQ、V、T、C、S、AC 内存中的绝对地址）。如果子程序无调用参数（IN、OUT 或 IN_OUT）或仅在 L 内存中使用局部变量，就可以导出子程序并将其导入另一个项目。

2. 子程序的建立

用 Micro/Win32 编程时，系统默认 SBR_0 为子程序。

可以采用下列一种方法建立子程序：

1）从"编辑"菜单，选择"插入"→"子程序"。

2）从"指令树"，用鼠标右键单击"程序块"图标，并从弹出菜单选择"插入"→"子程序"。

3）从"程序编辑器"窗口，用鼠标右键单击，并从弹出菜单选择"插入"→"子程序"。

3. 子程序（SBR-N）的调用

子程序含子程序调用指令（CALL SBR-0）和子程序返回指令（CRET），其指令格式如图 5-26 所示。在子程序中不得使用 END（结束）指令。编辑器自动插入无条件 POU 终止指令（END 用于 OB1，RET 用于 SBR，RETI 用于 INT）。

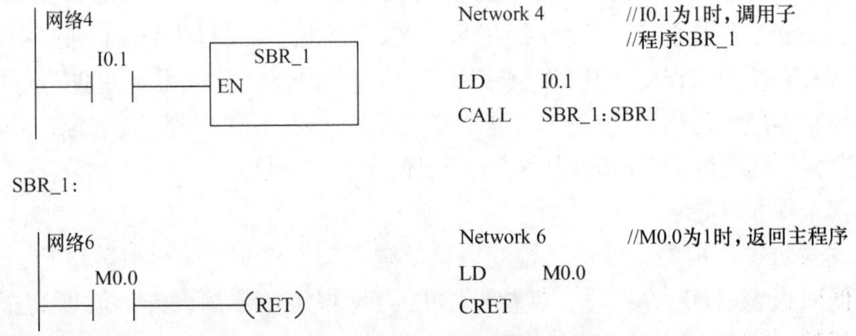

图 5-26　子程序调用及子程序返回指令格式

三、任务实施

（一）硬件配置及电路设计

根据控制任务要求可以确定 PLC 需要 20 个开关量输入点和 17 个开关量输出点。控制系统采用 SIEMENS S7-200 PLC CPU 224 模块一块和 8DI/8DO 模块一块。采用 24V 直流稳压电源为 PLC 的 CPU 及输入/输出模块供电。应急停止开关 b3 串接在 24V 直流稳压电源交流侧，应急停止时直接切断控制系统电源。

控制系统输入、输出控制电路及 PLC 的输入、输出点分配如图 5-27 所示。火焰探测器采用光敏电阻作为火焰检测元件，接在 PLC 的输入点 I0.4，炉膛有火焰时，光敏电阻阻值大大降低，输入点 I0.4 电压接近 DC 24V，炉膛没有火焰时，光敏电阻阻值很高，输入点 I0.4 电压低于逻辑"0"要求的低电平电压。PLC 为直流 24V 输出，报警指示灯采用直流 24V 指示灯，由 PLC 直接驱动。原系统中电磁阀、继电器等工作电源为交流 220V，因此采用直流 24V 继电器进行过渡，系统继电器输出电路如图 5-28 所示。其他信号检测、控制指令输入及输出元件均采用原系统传感器和部件，并采用原系统主电路进行焚烧炉控制，图中符号含义与原系统描述一致。

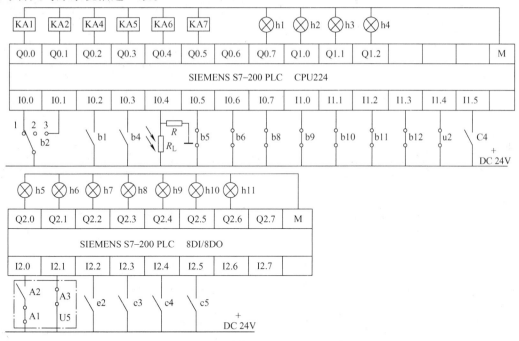

图 5-27　焚烧炉 PLC 控制电路输入/输出原理图

（二）控制程序设计

编程前为程序中用到的编程元件分配了地址，并定义了变量符号地址，见表 5-7。对于程序中用到的 V 存储位，其符号与继电器控制电路中相应中间继电器符号相同。用 PLC 系统取代继电器控制电路时，在分析清楚电路工作原理的基础上，可采用经验编程或顺序功能图等方法进行程序设计。本系统中设计的梯形图程序完全按照原继电器控制电路的结构和逻辑关系进行编程，程序中的"Network"与继电器控制电路的"支路"相对应。这样即使对继电器控电路的逻辑关系没有完全分析清楚，也可以进行程序设计，而且不会改变原有功能，也不容易出错。

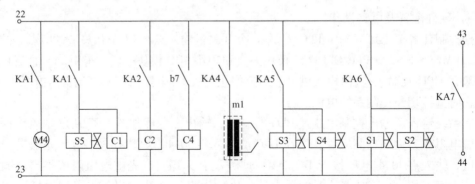

图 5-28　焚烧炉 PLC 控制系统输出电路

表 5-7　PLC 符 号 表

符号	地址	对应 I/O 地址	符号	地址	对应 I/O 地址	符号	地址	对应 I/O 地址
alarm	V6.0	Q0.5	d14	V3.6		h10	V7.2	Q2.5
b10 _ DO 油柜低	V1.1	I1.1	d15	V3.7		h11	V7.3	D2.6
b11 _污油低温	V1.2	I1.2	d16	V4.0		h2	V6.2	Q1.0
b12 _污油高温	V1.3	I1.3	d17	V4.1		h3	V6.3	Q1.1
b1 _试灯	V0.2	I0.2	d3	V2.3		h4	V6.4	Q1.2
b2 _ 1	V0.0	I0.0	d4	V2.4		h5	V6.5	Q2.0
b2 _ 2	V0.1	I0.1	d5	V2.5		h6	V6.6	Q2.1
b2 _ 3	V1.6	I0.1	d6	V2.6		h7	V6.7	Q2.2
b4 _复位	V0.3	I0.3	d7	V2.7		h8	V7.0	Q2.3
b5 _排气温度高	V0.5	I0.5	d8	V3.0		h9	V7.1	Q2.4
b6 _污油柜低位	V0.6	I0.6	d9	V3.1		m1	V9.2	Q0.2
b8 _排气风机转速低	V0.7	I0.7	e2	V8.2	I2.2	S1	V9.1	Q0.4
b9 _燃烧空气低压	V1.0	I1.0	e3	V8.3	I2.3	S3	V9.3	Q0.3
C _ 1	V5.1	Q0.0	e4	V8.4	I2.4	U2 _ 炉膛高温	V1.4	I1.4
C _ 2	V5.2	Q0.1	e5	V8.5	I2.5	U5	V1.7	I2.0
C _ 4	V5.4	I1.5	Flame _ Fault	V9.4		U5 _ DO	V9.0	I2.1
d1	V2.1		h1	V6.1	Q0.7			
d10	V3.2		点火成功	V1.5				

　　为了程序功能清晰，PLC 程序包含了主程序 OB1 和输入（SBR _ 0）、SBR _ 1、输出（SBR _ 2）三个子程序。子程序 SBR _ 0 用于外部开关量信息的检测输入，并赋值给表 5-7 中的对应地址；子程序 SBR _ 2 把程序运行结果赋值给表 5-7 中的对应输出地址，用于外部执行与显示元器件的输出控制；系统控制功能通过 SBR _ 1 编程。控制系统 PLC 主程序如图 5-29 所示。对于"输入"、"输出"子程序这里不再进行详细描述。图 5-30 所示为子程序 SBR _ 1 中参照原继电器控制电路设计的梯形图程序。

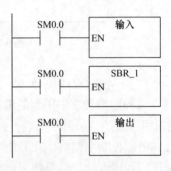

图 5-29　PLC 主程序

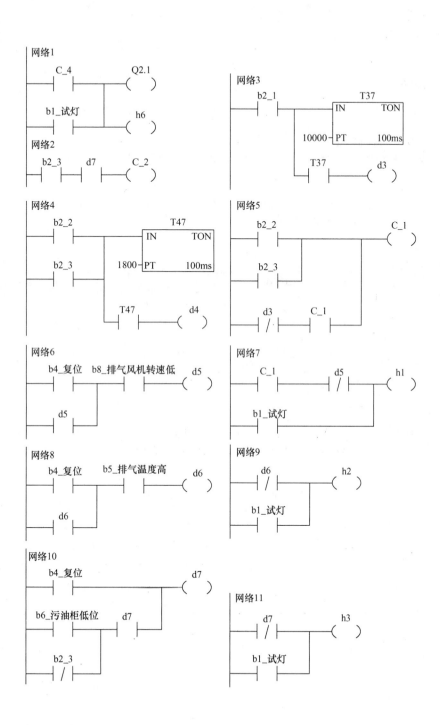

图 5-30　SBR _ 1 程序

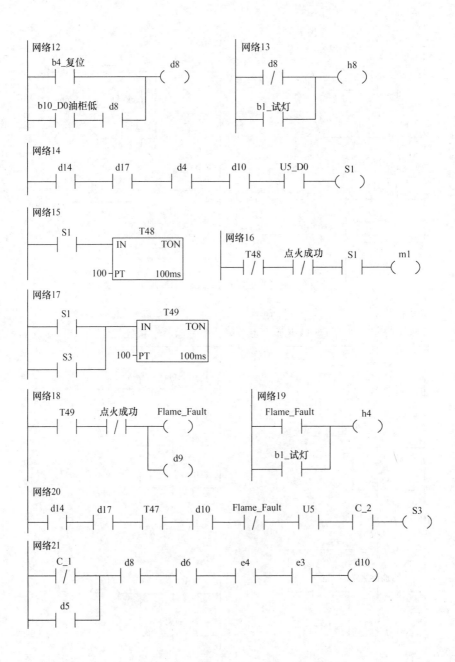

图 5-30　SBR _ 1 程序（续一）

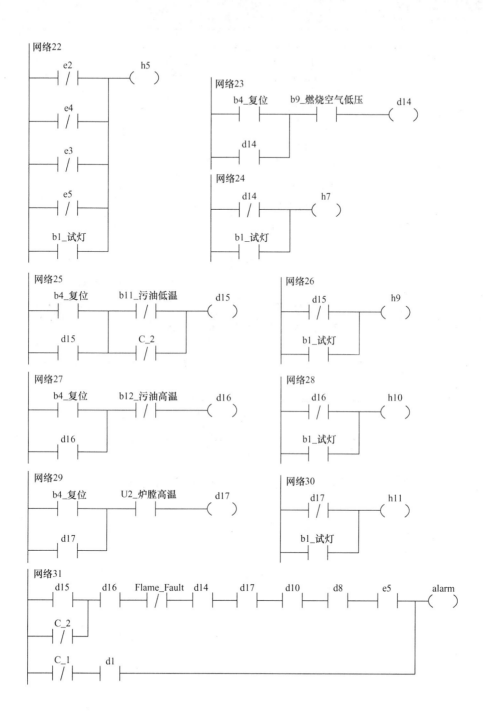

图 5-30　SBR _ 1 程序（续二）

思考与练习

1. 图 5-31 所示为异步电动机丫-△减压起动控制电路，用 S7-200 PLC 设计控制系统，根据继电器控制电路设计梯形图程序，实现丫-△减压起动功能。

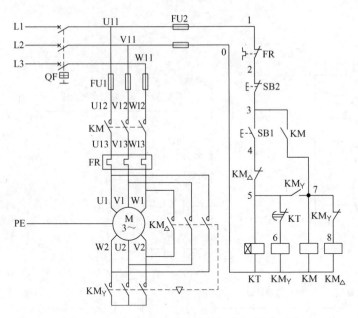

图 5-31   异步电动机丫-△减压起动电路原理图

2. 用 S7-200 PLC 设计控制系统，画出 PLC 的 I/O 接线图，根据图 5-32 所示继电器控制电路设计梯形图程序。

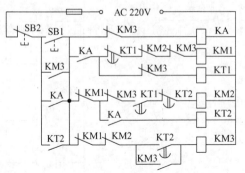

图 5-32   题 2 继电器控制电路

模块六　S7-200 PLC 功能指令的应用

功能指令使 PLC 具有数据处理与运算能力，能够适应复杂的控制任务，本模块将通过实例介绍一些常用功能指令的应用及模拟量的处理方法。

学习目标：

➢ 学会局部变量的使用及用参数调用子程序的方法。

➢ 掌握数据处理、比较与算术运算指令及应用。

➢ 掌握模拟量的处理方法。

任务一　数码管显示的 PLC 控制程序设计

一、任务提出

在一个以 S7-200 PLC 作为控制单元的控制系统中，有四位数码管来进行倒计时显示，数码管低 2 位用于秒显示，高 2 位用于分显示。为了节省 PLC 输出点，PLC 通过译码显示电路与数码管连接，如图 6-1 所示。数码管由译码锁存器 CC4511 驱动显示，CC4511 输入为 4 位 BCD 码，要显示的数据由 PLC 输出。四位数码管通过译码锁存器 CC4511 共用 PLC 输出端口 Q2.3 ~ Q2.0，由译码器 74LS139 轮流选通打开四个锁存器向数码管发送要显示的数据，未被选通的锁存器输入端处于高阻状态，锁存原数据，数码管显示原数字不变。

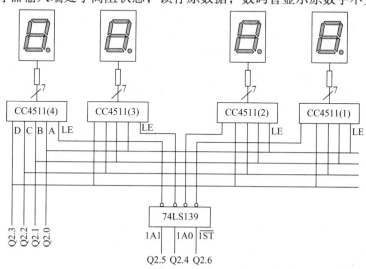

图 6-1　数码管译码显示电路原理图

任务要求：在 PLC 程序中，秒个位、秒十位、分个位、分十位数字以整数格式分别存储在变量存储区 VW32、VW34、VW36、VW38 中。设计 PLC 控制程序，实现以下控制功能：

1）把秒个位、秒十位、分个位、分十位数据以 BCD 码格式依次循环输出到 PLC 输出端口 Q2.3 ～ Q2.0，切换间隔时间为 60ms。

2）从 PLC 输出端口 Q2.5、Q2.4 循环输出选通信号，输出秒个位、秒十位、分个位、分十位数据时的 Q2.5、Q2.4 输出依次为 00、01、10、11。

二、相关知识点

（一）数据传送指令

数据传送指令用于各个编程元件之间进行数据传送，当使能端（EN）触点接通，有能流输入时，将输入（IN）的数据传送到输出（OUT），传送过程中不改变源地址中数据的值。根据每次传送数据的数量多少可分为：单个数据传送指令和块传送指令。

1. 单个数据传送指令（MOV）

单个数据传送指令 每次传送一个数据，传送数据的类型分为：字节（Byte，B）、字（Word，W）、双字（Double Word，DW）和实数（Real，R）。其指令格式及功能见表6-1。

表6-1 单个数据传送指令（MOV）指令格式及功能

LAD	MOV_B EN ENO ????–IN OUT–????	MOV_W EN ENO ????–IN OUT–???	MOV_DW EN ENO ????–IN OUT–????	MOV_R EN ENO ????–IN OUT–???
STL	MOVB IN, OUT	MOVW IN, OUT	MOVD IN, OUT	MOVR IN, OUT
操作数及数据类型	IN：VB、IB、QB、MB、SB、SMB、LB、AC、常量 OUT：VB、IB、QB、MB、SB、SMB、LB、AC	IN：VW、IW、QW、MW、SW、SMW、LW、T、C、AIW、常量、AC OUT：VW、T、C、IW、QW、SW、MW、SMW、LW、AC、AQW	IN：VD、ID、QD、MD、SD、SMD、LD、HC、AC、常量 OUT：VD、ID、QD、MD、SD、SMD、LD、AC	IN：VD、ID、QD、MD、SD、SMD、LD、AC、常量 OUT：VD、ID、QD、MD、SD、SMD、LD、AC
	字节	字、整数	双字、双整数	实数
功能	使能输入有效时，即 EN＝1 时，将一个输入 IN 的字节、字/整数、双字/双整数或实数送到 OUT 指定的存储器输出。在传送过程中不改变数据的大小。传送后，输入存储器 IN 中的内容不变			

当用梯形图编程时，在指令盒的右侧有一个 ENO 端，其后可以串联一个指令盒或线圈。当指令盒的能流输入有效，同时功能执行没有错误时，ENO 就置位，将能流向下传递，后面的指令盒功能才能执行，若为线圈，线圈才能接通。

图 6-2 所示为单个数据传送指令的应用举例。当 I0.0 为 1 时，局部存储区 LW4 的数据传送到 VW100，若传送正确执行，把 VB50 字节的数据传送到 VB200；当 I0.1 为 1 时，VD20 的数据传送到 MD0，若传送正确执行，把实数常数 2.0 传送到 VD10。

梯形图程序指令盒后串联一个指令盒或线圈，在语句表语言中要用 AENO 指令描述。

AENO 为无操作数指令，只能在语句表中使用，其功能为将栈顶值和 ENO 位进行逻辑与运算，运算结果保存到栈顶。

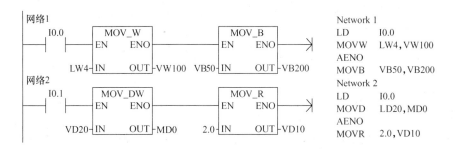

图 6-2　单个数据传送指令

2. 块传送指令（BLKMOV）

块传送指令可用来一次传送多个数据，在使能输入端（EN）有效时，将从输入地址（IN）开始的 N 个数据传送到输出地址（OUT）开始的 N 个单元，N = 1～255，最多可将 255 个数据组成一个数据块，数据块的类型可以是字节块、字块和双字块。指令格式及功能见表 6-2。

表 6-2　数据传送指令（BLKMOV）指令格式及功能

LAD	BLKMOV_B EN ENO ????-IN OUT-???? ????-N	BLKMOV_W EN ENO ????-IN OUT-???? ????-N	BLKMOV_D EN ENO ????-IN OUT-???? ????-N
STL	BMB IN, OUT, N	BMW IN, OUT, N	BMD IN, OUT, N
操作数及数据类型	IN：VB、IB、QB、MB、SB、SMB、LB　　OUT：VB、IB、QB、MB、SB、SMB、LB　　数据类型：字节	IN：VW、IW、QW、MW、SW、SMW、LW、T、C、AIW　　OUT：VW、IW、QW、MW、SW、SMW、LW、T、C、AQW　　数据类型：字	IN/OUT：VD、ID、QD、MD、SD、SMD、LD　　数据类型：双字
	N：VB、IB、QB、MB、SB、SMB、LB、AC、常量；数据类型：字节；数据范围：1～255		
功能	使能输入有效时，即 EN = 1 时，把从输入 IN 开始的 N 个字节（字、双字）传送到以输出 OUT 开始的 N 个字节（字、双字）中		

例如，要把 VB50～VB53 的 4 个存储器单元中的数据传送到 VB100～VB103 的 4 个存储器单元中，采用字节块传送指令的编程如图 6-3 所示。

```
Network 1    //将VB50～VB53中的数据
             //传送至VB100～VB103
LD   I0.0
BMB  VB50,VB100,4
```

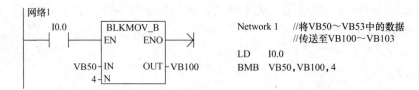

图 6-3　字节块传送指令

（二）数据转换指令

1. 数据转换指令格式

数据转换指令是在使能输入端（EN）有效时，把 IN 输入端的操作数进行类型转换，转换后的数据存到输出地址（OUT）。数据转换指令的 LAD 指令格式如图 6-4 所示。

图 6-4　数值转换指令的 LAD 指令格式

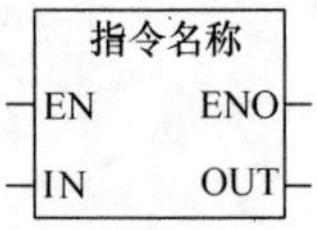

指令盒中不同的指令名称代表着不同的指令。S7-200 PLC 的数据转换指令见表 6-3，其有效操作数见表 6-4。

2. 数值转换指令

（1）字节转换为整数指令（BTI）　将字节输入数据 IN 转换成整数类型，存入 OUT 指定的变量中。字节型是无符号的，所以没有符号位扩展。

表 6-3　数值转换指令

LAD	STL	描述	LAD	STL	描述
B _ I	BTI IN，OUT	字节转换成整数	TRUNC	TRUNC IN，OUT	取整
I _ B	ITB IN，OUT	整数转换成字节	BCD _ I	BCDI OUT	BCD 码转换成整数
I _ DI	ITD IN，OUT	整数转换成双整数	I _ BCD	IBCD OUT	整数转换成 BCD 码
DI _ I	DTI IN，OUT	双整数转换成整数	SEG	SEG IN，OUT	段码
DI _ R	DTR IN，OUT	双整数转换成实数	ENCO	ENCO IN，OUT	编码
ROUND	ROUND IN，OUT	四舍五入取整	DECO	DECO IN，OUT	译码

表 6-4　数值转换指令的有效操作数

输入/输出	数据类型	操作数范围
IN	BYTE	IB、QB、VB、MB、SMB、SB、LB、AC、* VD、* LD、* AC、常数
	WORD、INT	IW、QW、VW、MW、SMW、SW、LW、T、C、AC、AIW、* VD、* LD、* AC、常数
	DINT	ID、QD、VD、MD、SMD、SD、LD、AC、HC、* VD、* LD、* AC、常数
	REAL	ID、QD、VD、MD、SMD、SD、LD、AC、* VD、* LD、* AC、常数
OUT	BYTE	IB、QB、VB、MB、SMB、SB、LB、AC、* VD、* LD、* AC
	WORD、INT	IW、QW、VW、MW、SMW、SW、LW、T、C、AC、* VD、* LD、* AC
	DINT、REAL	ID、QD、VD、MD、SMD、SD、LD、AC、* VD、* LD、* AC

（2）整数转换成字节指令（ITB）　将一个字的整数输入数据 IN 转换成一个字节类型，存入 OUT 指定的变量中。整数的范围为 0～255，超出范围会造成溢出，输出不变化。该指令影响的特殊存储器标志位是 SM1.1（溢出）。

（3）整数转换成双整数指令（ITD） 将整数输入数据 IN 转换成双整数类型，存入 OUT 指定的变量中。负数时，自动进行符号位扩展（符号位扩展到高字节中）。

（4）双整数转换成整数指令（DTI） 将双整数输入数据 IN 转换成整数类型，存入 OUT 指定的变量中。若双整数超过整数的表示范围，则溢出标志位置位并且输出保持不变。该指令影响的特殊存储器标志位是 SM1.1（溢出）。

（5）双整数转换成实数指令（DTR） 将双整数输入数据 IN 转换成实型，存入 OUT 指定的变量中。该指令是 32 位有符号数的转换。

（6）四舍五入取整指令（ROUND） 将实数输入数据 IN 转换成双整数类型，存入 OUT 指定的变量中。该指令是 32 位有符号数的转换。如果小数部分大于 0.5，则向上进位整数加 1，且输入的实数有效范围不能超过双整数所能表示的范围，否则溢出标志位置位并且输出保持不变。该指令影响的特殊存储器标志位是 SM1.1（溢出）。

（7）取整指令（TRUNC） 将实数输入数据 IN 的整数部分转换成双整数类型，存入 OUT 指定的变量中。只有实数的整数部分被转换，小数部分舍去。输入的实数有效范围不能超过双整数所能表示的范围，否则溢出标志位置位并且输出保持不变。该指令影响的特殊存储器标志位是 SM1.1（溢出）。

（8）BCD 码转换成整数指令（BCDI） 将 BCD 码输入数据 IN 转换成整数类型，存入 OUT 指定的变量中。BCD 码的有效输入范围为 0 ~ 9999。

（9）整数转换成 BCD 码指令（IBCD） 将整数输入数据 IN 转换成 BCD 码类型，存入 OUT 指定的变量中。整数的有效输入范围为 0 ~ 9999。

（10）段码指令（SEG） 将字节型输入数据 IN 的低 4 位有效数字（16#0 ~ 16#F）产生点亮 7 段显示器各段的代码，存入 OUT 指定的变量中。图 6-5 中 7 段码显示器的 a ~ g 段分别对应于输出字节的第 0 ~ 6 位，某段应亮时输出字节中对应的位为 1，反之为 0。图中给出了段码指令使用的 7 段码显示器的编码。

输入 LSD	显示 字符	输出 MSB LSB –gfe dcba		输入 LSD	显示 字符	输出 MSB LSB –gfe dcba
0	0	0011 1111　(16#3F)		8	8	0111 1111　(16#7F)
1	1	0000 0110　(16#06)		9	9	0110 1111　(16#6F)
2	2	0101 1011　(16#5B)		A	A	0111 0111　(16#77)
3	3	0100 1111　(16#4F)		B	b	0111 1100　(16#7C)
4	4	0110 0110　(16#66)		C	C	0011 1001　(16#39)
5	5	0110 1101　(16#6D)		D	d	0101 1110　(16#5E)
6	6	0111 1101　(16#7D)		E	E	0111 1001　(16#79)
7	7	0000 0111　(16#07)		F	F	0111 0001　(16#71)

图 6-5　7 段码显示器的编码

图 6-6 所示为用数据转换指令编程的示例。

图 6-6 所示程序是把浮点数 120.65 四舍五入后转换成 BCD 码并存于 VW0。以下为图 6-6 对应的 STL 程序。

Network　1

LD　　　　SM0.0

```
ROUND    120.65，AC0      //四舍五入，转换后 AC0 中数据为 121
AENO
DTI      AC0，AC0         //将双整数转换成整数类型
AENO
MOVW     AC0，VW0
IBCD     VW0              //转换后数据为 2#0000 _ 0001 _ 0010 _ 0001
```

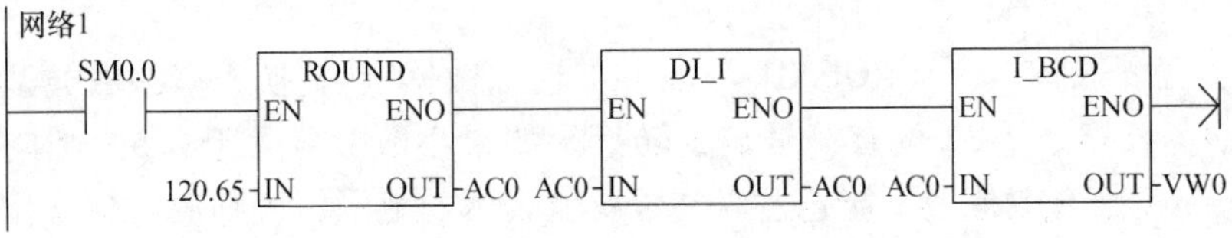

图 6-6　用数据转换指令编程的示例

3. 编码和译码指令

（1）编码指令（Encode，ENCO）　将字型输入数据 IN 的最低有效位（值为 1 的位）的位号输出到 OUT 所指定的字节单元的低 4 位。即用半个字节来对一个字型数据 16 位中的 1 位有效位进行编码。设 AC2 中的错误信息为：2#0000 0010 0000 0000（第 9 位为 1），编码指令 "ENCO AC2，VB40" 将错误信息转换为 VB40 中的错误代码 9。

（2）译码指令（Decode，DECO）　根据字节型输入数据 IN 的低 4 位所表示的位号，将输出数据（OUT）所指定的字单元的相应位置 1，其他位置 0。即对半个字节的编码进行译码来选择一个字型数据 16 位中的 1 位。设 AC2 中包含错误代码 3，译码指令 "DECO AC2，VW40" 将 VW40 的第 3 位置 1，其他位清 0，VW40 中的二进制数为 2#0000 0000 0000 1000。

（三）移位指令

1. 左、右移位指令

左、右移位数据存储单元与 SM1.1（溢出）端相连，移出位被放到特殊标志存储器 SM1.1 位。移位数据存储单元的另一端补 0。移位指令格式及功能见表 6-5。

（1）左移位指令（SHL）　使能输入有效时，将输入 IN 的无符号数字节、字或双字中的各位向左移 N 位后（右端补 0），将结果输出到 OUT 所指定的存储单元中，如果移位次数大于 0，最后一次移出位保存在 "溢出" 存储器位 SM1.1。如果移位结果为 0，零标志位 SM1.0 置 1。

（2）右移位指令（SHR）　使能输入有效时，将输入 IN 的无符号数字节、字或双字中的各位向右移 N 位后，将结果输出到 OUT 所指定的存储单元中，移出位补 0，最后一移出位保存在 SM1.1。如果移位结果为 0，零标志位 SM1.0 置 1。

在 STL 指令中，若 IN 和 OUT 指定的存储器不同，则须首先使用数据传送指令 MOV 将 IN 中的数据送入 OUT 所指定的存储单元。如：

```
MOVB IN，OUT
SLB OUT，N
```

2. 循环左、右移位指令

循环移位将移位数据存储单元的首尾相连，同时又与溢出标志 SM1.1 连接，SM1.1 用

来存放被移出的位。循环左、右移位指令格式及功能见表6-6。

表6-5　移位指令格式及功能

LAD		
SHL_B EN　ENO ????-IN　OUT-???? ????-N SHR_B EN　ENO ????-IN　OUT-???? ????-N	SHL_W EN　ENO ????-IN　OUT-???? ????-N SHR_W EN　ENO ????-IN　OUT-???? ????-N	SHL_DW EN　ENO ????-IN　OUT-???? ????-N SHR_DW EN　ENO ????-IN　OUT-???? ????-N

STL	SLB　OUT, N SRB　OUT, N	SLW　OUT, N SRW　OUT, N	SLD　OUT, N SRD　OUT, N
操作数 及数据 类型	IN：VB、IB、QB、MB、SB、SMB、LB、AC、常量 OUT：VB、IB、QB、MB、SB、SMB、LB、AC 数据类型：字节	IN：VW、IW、QW、MW、SW、SMW、LW、T、C、AIW、AC、常量 OUT：VW、IW、QW、MW、SW、SMW、LW、T、C、AC 数据类型：字	IN：VD、ID、QD、MD、SD、SMD、LD、AC、HC、常量 OUT：VD、ID、QD、MD、SD、SMD、LD、AC 数据类型：双字

N：VB、IB、QB、MB、SB、SMB、LB、AC、常量；数据类型：字节；数据范围：N≤数据类型（B、W、D）对应的位数

功能	SHL：字节、字、双字左移 N 位；SHR：字节、字、双字右移 N 位

表6-6　循环左、右移位指令格式及功能

LAD		
ROL_B EN　ENO ????-IN　OUT-???? ????-N ROR_B EN　ENO ????-IN　OUT-???? ????-N	ROL_W EN　ENO ????-IN　OUT-???? ????-N ROR_W EN　ENO ????-IN　OUT-???? ????-N	ROL_DW EN　ENO ????-IN　OUT-???? ????-N ROR_DW EN　ENO ????-IN　OUT-???? ????-N

STL	RLB OUT, N RRB OUT, N	RLW OUT, N RRW OUT, N	RLD OUT, N RRD OUT, N
操作数 及数据 类型	IN：VB、IB、QB、MB、SB、SMB、LB、AC、常量 OUT：VB、IB、QB、MB、SB、SMB、LB、AC 数据类型：字节	IN：VW、IW、QW、MW、SW、SMW、LW、T、C、AIW、AC、常量 OUT：VW、IW、QW、MW、SW、SMW、LW、T、C、AC 数据类型：字	IN：VD、ID、QD、MD、SD、SMD、LD、AC、HC、常量 OUT：VD、ID、QD、MD、SD、SMD、LD、AC 数据类型：双字

N：VB、IB、QB、MB、SB、SMB、LB、AC、常量；数据类型：字节

功能	ROL：字节、字、双字循环左移 N 位；ROR：字节、字、双字循环右移 N 位

（1）循环左移位指令（ROL）　使能输入有效时，将 IN 输入无符号数（字节、字或双字）循环左移 N 位后，将结果输出到 OUT 所指定的存储单元中，移出的最后一位的数值送溢出标志位 SM1.1。当需要移位的数值是零时，零标志位 SM1.0 为 1。

（2）循环右移位指令（ROR）　使能输入有效时，将 IN 输入无符号数（字节、字或双字）循环右移 N 位后，将结果输出到 OUT 所指定的存储单元中，移出的最后一位的数值送溢出标志位 SM1.1。当需要移位的数值是零时，零标志位 SM1.0 为 1。

在 STL 指令中，若 IN 和 OUT 指定的存储器不同，则须首先使用数据传送指令 MOV 将 IN 中的数据送入 OUT 所指定的存储单元。如：

$$MOVB \quad IN, OUT$$
$$RLB \quad\quad OUT, N$$

图 6-7 的程序是移位指令、循环移位指令的比较示例。I0.0 产生 8 个上升沿后，VB0 的 1 信号溢出丢失，数据变为 0，VB1 的 1 信号回到最低位。

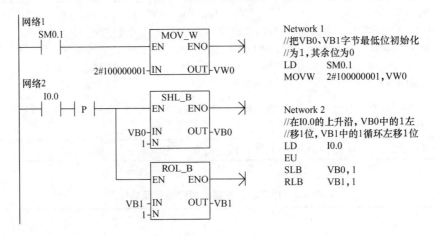

图 6-7　移位指令、循环移位指令的比较

三、任务实施

根据任务要求编写的 PLC 程序如图 6-8 ~ 图 6-16 所示。

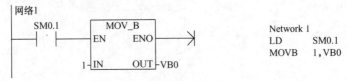

图 6-8　数码管显示控制 PLC 程序（1）

网络 1 为初始化程序。SM0.1 仅在第一个扫描周期为 1。VB0 用于向 PLC 输出端口 Q2.3 ~ Q2.0 输出数据的选择，程序起动时，把 VB0 字节中最低位置 1，其余位清零。

网络 2 为时钟脉冲发生器，定时器 T33 输出周期为 60ms、脉冲宽度为 40ms 的脉冲信号，作为 VB0 的移位脉冲，控制向 PLC 输出端口 Q2.3 ~ Q2.0 输出数据的切换时间。

网络 3 为左循环移位指令，在 T33 的上升沿向左循环移位 1 位。这样 VB0 字节中最低位的 1 每 60ms 向高位移 1 位。

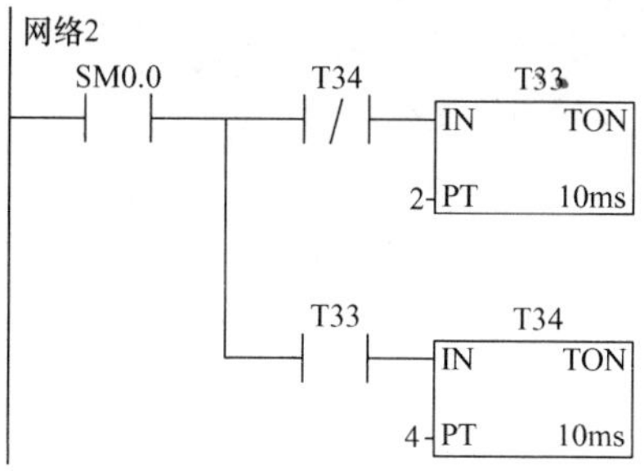

网络2

```
     SM0.0      T34            T33
   ──┤├──────┬──┤/├──┐ ┌─────────────┐
            │       │ │ IN      TON │
            │       │ │             │
            │       └─┤2─PT   10ms   │
            │         └─────────────┘
            │
            │   T33            T34
            └──┤├──┐ ┌─────────────┐
                   │ │ IN      TON │
                   │ │             │
                   └─┤4─PT   10ms   │
                     └─────────────┘
```

Network 2
LD   SM0.0
LDN   T34
TON   T33,2
LD   T33
TON   T34,4

图 6-9　数码管显示控制 PLC 程序（2）

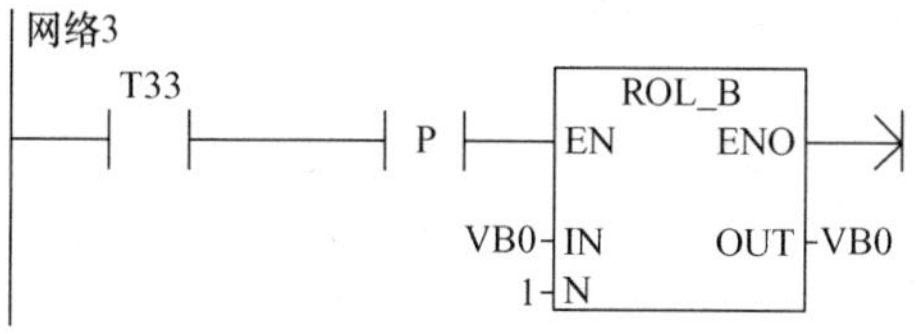

网络3

```
     T33             ┌──── ROL_B ────┐
   ──┤├──┤P├─────────┤ EN      ENO   ├──
                     │               │
                 VB0─┤ IN      OUT   ├─VB0
                     │               │
                   1─┤ N             │
                     └───────────────┘
```

Network 3
LD   T33
EU
RLB   VB0,1

图 6-10　数码管显示控制 PLC 程序（3）

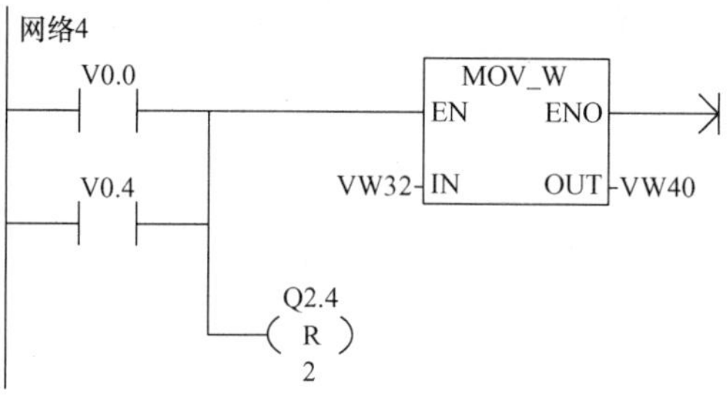

网络4

```
     V0.0            ┌──── MOV_W ────┐
   ──┤├────────┬─────┤ EN      ENO   ├──
            │        │               │
     V0.4   │    VW32─┤ IN      OUT   ├─VW40
   ──┤├─────┤        └───────────────┘
            │
            │        Q2.4
            └───────( R )
                      2
```

Network 4
LD   V0.0
O   V0.4
MOVW   VW32,VW40
R   Q2.4,2

图 6-11　数码管显示控制 PLC 程序（4）

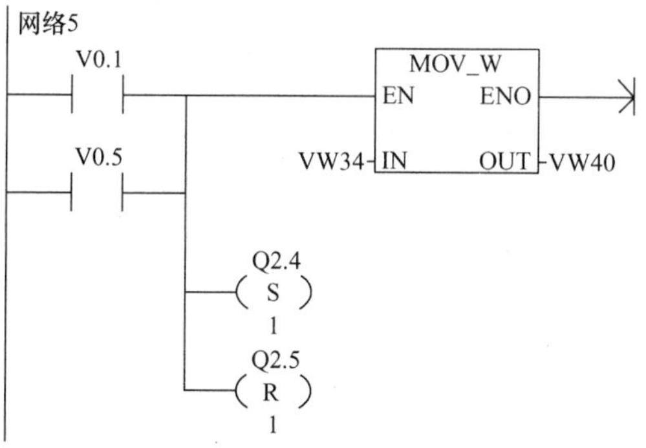

网络5

```
     V0.1            ┌──── MOV_W ────┐
   ──┤├────────┬─────┤ EN      ENO   ├──
            │        │               │
     V0.5   │    VW34─┤ IN      OUT   ├─VW40
   ──┤├─────┤        └───────────────┘
            │
            │        Q2.4
            ├───────( S )
            │          1
            │        Q2.5
            └───────( R )
                      1
```

Network 5
LD   V0.1
O   V0.5
MOVW   VW34,VW40
S   Q2.4,1
R   Q2.5,1

图 6-12　数码管显示控制 PLC 程序（5）

　　当 VB0 移位到 V0.0 为 1 或 V0.4 为 1 时，把 VW32（秒个位）的数据输出到 VW40，同时使 Q2.5、Q2.4 状态为 00，打开最低位数码管的锁存器接收数据，其余锁存器输入端为高阻状态，锁存上一次接收的数据。

　　当 VB0 移位到 V0.1 为 1 或 V0.5 为 1 时，把 VW34（秒十位）的数据输出到 VW40，同时使 Q2.5、Q2.4 状态为 01，打开第二位数码管的锁存器接收数据，其余锁存器输入端为高阻状态，锁存上一次接收的数据。

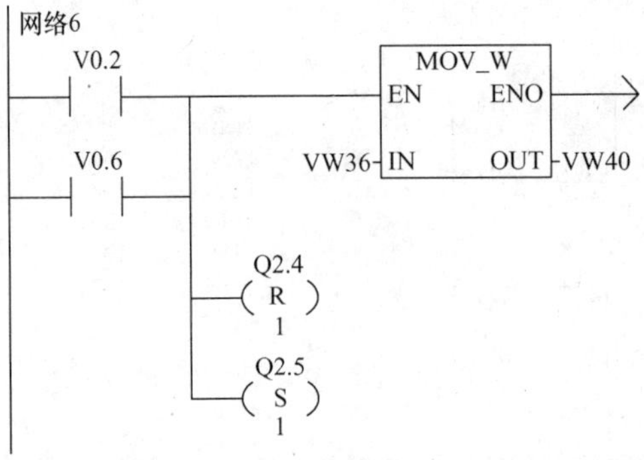

网络6

```
    V0.2                    MOV_W
 ┤├───┬────────────┤ EN    ENO ├──►
    V0.6            │
 ┤├───┘      VW36 ─┤ IN   OUT ├─ VW40
                │
            Q2.4
           ─( R )
             1
            Q2.5
           ─( S )
             1
```

Network 6
LD   V0.2
O   V0.6
MOVW   VW36,VW40
R   Q2.4,1
S   Q2.5,1

图 6-13   数码管显示控制 PLC 程序（6）

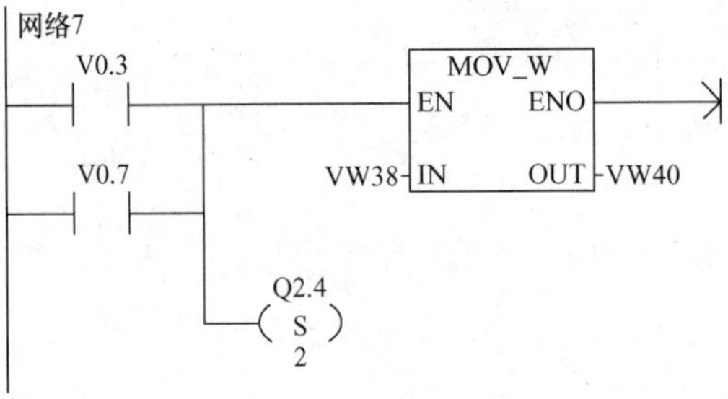

网络7

```
    V0.3                    MOV_W
 ┤├───┬────────────┤ EN    ENO ├──►
    V0.7            │
 ┤├───┘      VW38 ─┤ IN   OUT ├─ VW40
                │
            Q2.4
           ─( S )
             2
```

Network 7
LD   V0.3
O   V0.7
MOVW   VW38,VW40
S   Q2.4,2

图 6-14   数码管显示控制 PLC 程序（7）

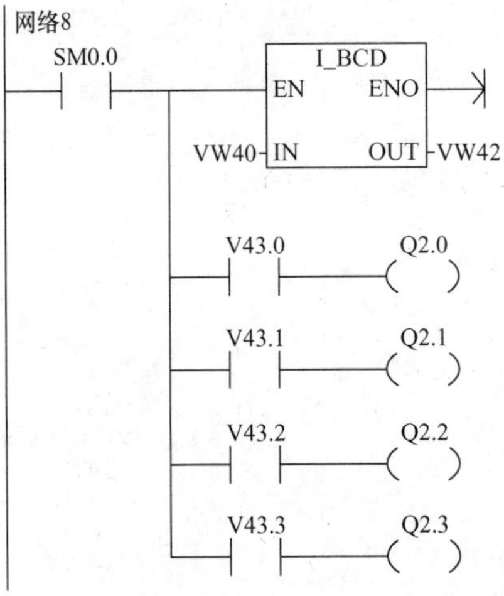

网络8

```
    SM0.0                   I_BCD
 ┤├───┬────────────┤ EN    ENO ├──►
                   │
           VW40 ─┤ IN   OUT ├─ VW42

    V43.0          Q2.0
 ┤├─────────────( )

    V43.1          Q2.1
 ┤├─────────────( )

    V43.2          Q2.2
 ┤├─────────────( )

    V43.3          Q2.3
 ┤├─────────────( )
```

Network 8
LD   SM0.0
MOVW   VW40,VW42
IBCD   VW42

LD   V43.0
=   Q2.0
LD   V43.1
=   Q2.1
LD   V43.2
=   Q2.2
LD   V43.3
=   Q2.3

图 6-15   数码管显示控制 PLC 程序（8）

　　当 VB0 移位到 V0.2 为 1 或 V0.6 为 1 时，把 VW36（分个位）的数据输出到 VW40，同时使 Q2.5、Q2.4 状态为 10，打开第三位数码管的锁存器接收数据，其余锁存器输入端为高阻状态，锁存上一次接收的数据。

　　当 VB0 移位到 V0.3 为 1 或 V0.7 为 1 时，把 VW38（分十位）的数据输出到 VW40，同时使 Q2.5、Q2.4 状态为 11，打开最高位数码管的锁存器接收数据，其余锁存器输入端为高阻状态，锁存上一次接收的数据。

　　VW40 中数据为要输出显示的数据，外部数码管电路要求接收的数据为 BCD 码，因此把 VW40 中的数码转换为 BCD 码存在 VW42 的低字节的低 4 位，并输出到端口 Q2.3 ~ Q2.0。

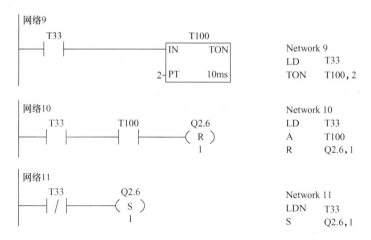

图 6-16　数码管显示控制 PLC 程序（9）

网络 9 ~ 11 用于防止发送数据切换引起的数码管显示不稳定。由于 PLC 输出信号及各芯片引脚电压高低电平切换不能完全实现跃变，变化需要一定时间，而各芯片的输入端具有门槛电压，因此完全按照上述时序进行动态输出显示，在动态切换时各 CC4511 芯片的输出具有随机性，实验结果证明，会使数码管闪烁不定，甚至无法正确显示。因此增加了网络 9 ~ 11 控制程序，在 PLC 发送的数码管数据位切换前、后 20ms 时间内，使 PLC 的 Q2.6 输出高电平，则加到 74LS139 的使能端控制信号为高电平，禁止译码，74LS139 的所有输出端均为高电平，可使所有的 CC4511 芯片均为锁存状态。待 PLC 发送的新数据信号稳定后再选通新数据对应位的 CC4511 芯片进行译码。即在 PLC 发送数据的 60ms 中，只有中间 20ms，数据才能有效传输。这样，既保证了切换后应接收数据的 CC4511 可靠更新数据，也保证了切换后应处于锁存状态的 CC4511 可靠锁存切换前的数据，这样就避免了在不同位数据动态切换时的相互影响。

四、知识拓展

（一）数码管显示译码锁存器 CC4511

CC4511 是一种用于驱动共阴极数码管显示器的 BCD 码-7 段码译码器，具有 7 段译码、消隐、锁存及驱动功能，CMOS 电路能提供较大的拉电流，可直接驱动 LED 显示器。图 6-17 为 CC4511 芯片的外引线排列图及真值表。V_{DD}、V_{SS} 接工作电源，D、C、B、A 为四位 8421 BCD 码输入端，片脚 a ~ g 为 7 个译码输出端，输出高电平有效。BI/4 脚是消隐输入控制端，当 BI = 0 时，不管其他输入端状态如何，七段数码管均处于熄灭（消隐）状态，不显示数字。LT/3 脚是测试输入端，当 BI = 1，LT = 0 时，译码输出全为 1，不管输入端状态如何，7 段均发亮，显示"8"。它主要用来检测数码管是否损坏。LE/5 为锁存控制端，当 LE = 0 时，允许译码输出，LE = 1 时译码器是锁存保持状态，译码器输出被保持在 LE = 0 时的数值。

输	入						输	出						
LE	BI	LT	D	C	B	A	a	b	c	d	e	f	g	字
X	X	0	X	X	X	X	1	1	1	1	1	1	1	8
X	0	X	X	X	X	X	0	0	0	0	0	0	0	暗
0	1	1	0	0	0	0	1	1	1	1	1	1	0	0
0	1	1	0	0	0	1	0	1	1	0	0	0	0	1
0	1	1	0	0	1	0	1	1	0	1	1	0	1	2
0	1	1	0	0	1	1	1	1	1	1	0	0	1	3
0	1	1	0	1	0	0	0	1	1	0	0	1	1	4
0	1	1	0	1	0	1	1	0	1	1	0	1	1	5
0	1	1	0	1	1	0	0	0	1	1	1	1	1	6
0	1	1	0	1	1	1	1	1	1	0	0	0	0	7
0	1	1	1	0	0	0	1	1	1	1	1	1	1	8
0	1	1	1	0	0	1	1	1	1	0	0	1	1	9
0	1	1	A到F				0	0	0	0	0	0	0	暗
1	1	1	X				输出及显示取决于锁存前数据							

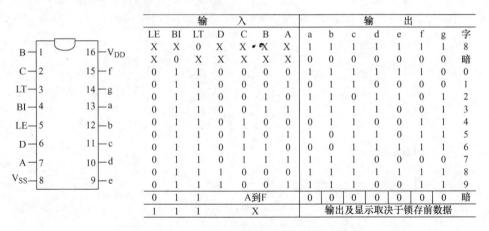

图 6-17　CC4511 芯片的外引线排列图及真值表

（二）双 2/4 线译码器 74LS139

图 6-18 为 74LS139 芯片的外引线排列图及真值表。74LS139 含有两个单独的 2 线-4 线译码器，A1、A0 为两位二进制代码输入端，片脚 Y0 ~ Y3 为输出端，输出低电平有效。ST 为使能端，低电平有效。当使能端为低电平时，允许译码，按输入端二进制代码从 4 个输出端中译出一个低电平输出。当使能端为高电平时，禁止译码，不管输入端状态如何，四个输出端均输出高电平。

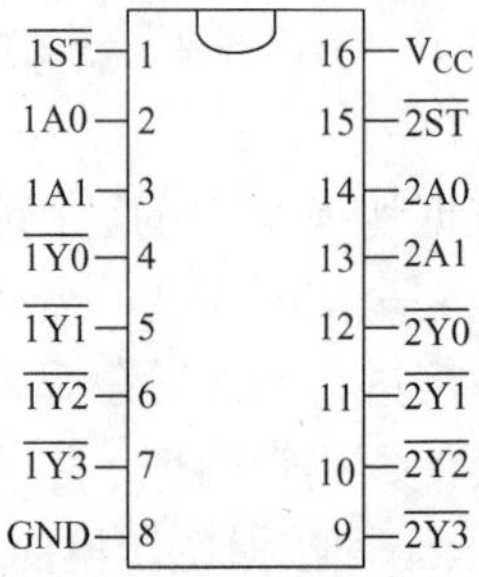

输入端			输出端			
使能	选择		$\overline{Y0}$	$\overline{Y1}$	$\overline{Y2}$	$\overline{Y3}$
$\overline{ST}$	A1	A0				
1	×	×	1	1	1	1
0	0	0	0	1	1	1
0	0	1	1	0	1	1
0	1	0	1	1	0	1
0	1	1	1	1	1	0

图 6-18　74LS139 芯片的外引线排列图及真值表

任务二　船舶发电机功率监测控制程序设计

一、任务提出

船舶自动化电站具有发电机各电气参数的监测与发电机保护功能。已知发电机有功功率检测装置的测量范围为 −200 ~ 1000kW，输出为直流 0 ~ 10V 电压信号，连接于 CPU 224XP 模块的模拟量输入端 A+、M。发电机的额定功率值实数保存在 VD100。

任务要求：用 S7-200PLC 作为控制单元，设计 PLC 程序，对发电机有功功率进行监测，实现要求的控制功能。

1）当发电机的有功功率大于额定功率的 85% 时，延时 5min 自动产生增机信号。

2）当发电机的有功功率大于额定功率的 100% 时，立刻产生增机信号，延时 20s 产生过载报警信号。

3）当发电机的有功功率大于额定功率的 120% 时，延时 30s 产生主开关跳闸信号。

4）当发电机逆功率达到额定功率的 10% 时，延时 5s 产生逆功率报警信号，延时 15s 产生主开关跳闸信号。

二、相关知识点

（一）比较指令

比较指令包括数值比较和字符串比较两类，**数值比较指令用来比较两个数值 IN1 与 IN2 的大小**，字符串比较指令用来比较两个 ASCII 码字符串是否相同。

比较指令的 LAD 及 STL 形式如图 6-19 所示。在梯形图中，当比较结果为真时，触点接通，允许能流通过，否则触点断开。触点中间的 B、I、D、R、S 分别表示字节、字、双字、实数（浮点数）和字符串比较。在语句表中，当比较结果为真时，将栈顶值置 1，否则置 0。以 LD、A、O 开始的比较指令分别表示开始、串联与并联的比较触点。

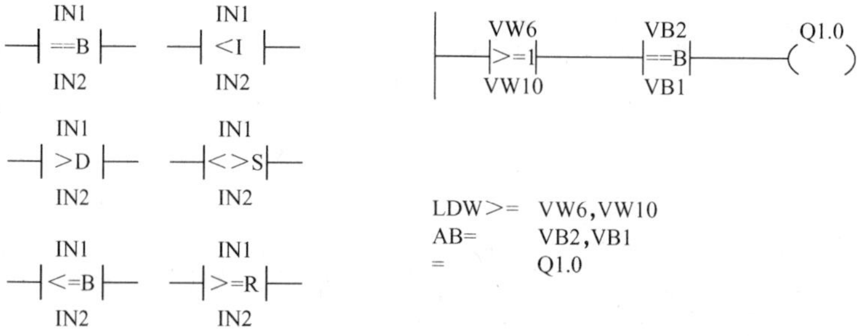

图 6-19　比较指令的 LAD 和 STL 形式

S7-200 PLC 的比较指令见表 6-7。字节比较指令用来比较两个无符号数字节 IN1 和 IN2 的大小；整数比较指令用来比较两个整数 IN1 和 IN2 的大小，整数比较是有符号的，例如 16#7FFF > 16#8000（负数）；双字整数比较指令用来比较两个双字整数 IN1 和 IN2 的大小，双字整数比较是有符号的，例如 16#7FFF FFFF > 16#8000 0000（负数）；实数比较指令用来比较两个实数 IN1 和 IN2 的大小，实数比较是有符号的。字符串比较指令用来比较两个 ASCII 码字符串是否相同。

表 6-7　S7-200 PLC 的比较指令

字节（B）比较		整数（I）比较		双字整数（D）比较		实数（R）比较		字符串（S）比较	
LDB =	IN1, IN2	LDW =	IN1, IN2	LDD =	IN1, IN2	LDR =	IN1, IN2	LDS =	IN1, IN2
LDB <	IN1, IN2	LDW <	IN1, IN2	LDD <	IN1, IN2	LDR <	IN1, IN2	AS =	IN1, IN2
LDB >	IN1, IN2	LDW >	IN1, IN2	LDD >	IN1, IN2	LDR >	IN1, IN2	OS =	IN1, IN2
LDB <>	IN1, IN2	LDW <>	IN1, IN2	LDD <>	IN1, IN2	LDR <>	IN1, IN2	LDS < >	IN1, IN2
LDB <=	IN1, IN2	LDW <=	IN1, IN2	LDD <=	IN1, IN2	LDR <=	IN1, IN2	AS < >	IN1, IN2
LDB >=	IN1, IN2	LDW >=	IN1, IN2	LDD >=	IN1, IN2	LDR >=	IN1, IN2	OS < >	IN1, IN2
AB =	IN1, IN2	AW =	IN1, IN2	AD =	IN1, IN2	AR =	IN1, IN2		
AB <	IN1, IN2	AW <	IN1, IN2	AD <	IN1, IN2	AR <	IN1, IN2		
AB >	IN1, IN2	AW >	IN1, IN2	AD >	IN1, IN2	AR >	IN1, IN2		
AB <>	IN1, IN2	AW <>	IN1, IN2	AD <>	IN1, IN2	AR <>	IN1, IN2		
AB <=	IN1, IN2	AW <=	IN1, IN2	AD <=	IN1, IN2	AR <=	IN1, IN2		
AB >=	IN1, IN2	AW >=	IN1, IN2	AD >=	IN1, IN2	AR >=	IN1, IN2		
OB =	IN1, IN2	OW =	IN1, IN2	OD =	IN1, IN2	OR =	IN1, IN2		
OB <	IN1, IN2	OW <	IN1, IN2	OD <	IN1, IN2	OR <	IN1, IN2		

（续）

字节（B）比较		整数（I）比较		双字整数（D）比较		实数（R）比较		字符串（S）比较
OB >	IN1，IN2	OW >	IN1，IN2	OD >	IN1，IN2	OR >	IN1，IN2	
OB < >	IN1，IN2	OW < >	IN1，IN2	OD < >	IN1，IN2	OR < >	IN1，IN2	
OB < =	IN1，IN2	OW < =	IN1，IN2	OD < =	IN1，IN2	OR < =	IN1，IN2	
OB > =	IN1，IN2	OW > =	IN1，IN2	OD > =	IN1，IN2	OR > =	IN1，IN2	

数值比较指令的有效操作数见表6-8。

表 6-8　数值比较指令的有效操作数

输入/输出	数据类型	操作数范围
IN1、IN2	BYTE（无符号）	IB、QB、VB、MB、SMB、SB、LB、AC、*VD、*LD、*AC、常数
	INT（有符号）	IW、QW、VW、MW、SMW、SW、LW、T、C、AC、AIW、*VD、*LD、*AC、常数
	DINT（有符号）	ID、QD、VD、MD、SMD、SD、LD、AC、HC、*VD、*LD、*AC、常数
	REAL（有符号）	ID、QD、VD、MD、SMD、SD、LD、AC、HC、*VD、*LD、*AC、常数
	BYTE（字符）	VB、LB、*VD、*LD、*AC
OUT	BOOL	I、Q、V、M、SM、S、T、C、L、能流

【例 6-1】　用接通延时定时器和比较指令组成占空比可调的脉冲发生器。

脉冲发生器的程序及时序如图 6-20 所示。图中 I0.0 为一个控制开关，M1.0 和 10ms 定时器 T97 组成了一个脉冲发生器。当 I0.0 的常开触点接通后，脉冲发生器开始工作，T97 的当前值按图 6-20 所示的时序变化。比较指令用来产生脉冲宽度可调的方波，Q0.1 为 0 的时间取决于比较指令"LDW > = T97，40"中的第二个操作数的值，脉冲的周期取决于 T97 的定时时间。

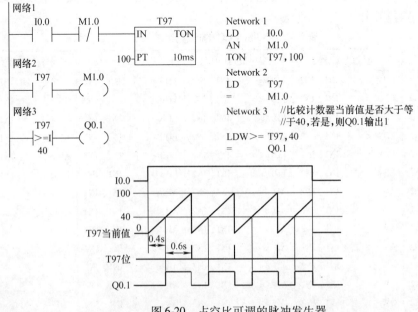

图 6-20　占空比可调的脉冲发生器

（二）数学运算指令

1. 加减乘除指令

当使能输入有效时，执行相应的加、减、乘、除运算。加减乘除指令的 LAD 指令名称及 STL 指令格式见表 6-9 ~ 表 6-11，加减乘除指令的有效操作数见表 6-12。

表 6-9　整数与双整数加减指令格式

LAD	ADD_I EN ENO IN1 OUT IN2	SUB_I EN ENO IN1 OUT IN2	ADD_DI EN ENO IN1 OUT IN2	SUB_DI EN ENO IN1 OUT IN2
STL	MOVW IN1, OUT +I IN2, OUT	MOVW IN1, OUT −I IN2, OUT	MOVD IN1, OUT +D IN2, OUT	MOVD IN1, OUT −D IN2, OUT
功能	IN1 + IN2 = OUT	IN1 − IN2 = OUT	IN1 + IN2 = OUT	IN1 − IN2 = OUT

表 6-10　整数乘除指令格式

LAD	MUL_I EN ENO IN1 OUT IN2	DIV_I EN ENO IN1 OUT IN2	MUL_DI EN ENO IN1 OUT IN2	DIV_DI EN ENO IN1 OUT IN2	MUL EN ENO IN1 OUT IN2	DIV EN ENO IN1 OUT IN2
STL	MOVW IN1,OUT *I IN2,OUT	MOVW IN1,OUT /I IN2,OUT	MOVD IN1,OUT *D IN2,OUT	MOVD IN1,OUT /D IN2,OUT	MOVW IN1,OUT MUL IN2,OUT	MOVW IN1,OUT DIV IN2,OUT
功能	IN1 * IN2 = OUT	IN1/IN2 = OUT	IN1 * IN2 = OUT	IN1/IN2 = OUT	IN1 * IN2 = OUT	IN1/IN2 = OUT

表 6-11　实数加减乘除指令

LAD	ADD_R EN ENO IN1 OUT IN2	SUB_R EN ENO IN1 OUT IN2	MUL_R EN ENO IN1 OUT IN2	DIV_R EN ENO IN1 OUT IN2
STL	MOVD IN1,OUT +R IN2,OUT	MOVD IN1,OUT −R IN2,OUT	MOVD IN1,OUT *R IN2,OUT	MOVD IN1,OUT /R IN2,OUT
功能	IN1 + IN2 = OUT	IN1 − IN2 = OUT	IN1 * IN2 = OUT	IN1/IN2 = OUT

表 6-12　加减乘除指令的有效操作数

输入/输出	数据类型	操 作 数 范 围
IN1、IN2	INT	IW、QW、VW、MW、SMW、SW、LW、T、C、AC、AIW、*VD、*LD、*AC、常数
	DINT	ID、QD、VD、MD、SMD、SD、LD、AC、HC、*VD、*LD、*AC、常数
	REAL	ID、QD、VD、MD、SMD、SD、LD、AC、*VD、*LD、*AC、常数
OUT	INT	IW、QW、VW、MW、SMW、SW、LW、T、C、AC、*VD、*LD、*AC
	DINT、REAL	ID、QD、VD、MD、SMD、SD、LD、AC、*VD、*LD、*AC

整数加法（+I）、整数减法（-I）、整数乘法（*I）和整数除法（/I）指令，将两个 16 位整数 IN1 和 IN2 相加、相减、相乘和相除，产生一个 16 位的整数结果。双整数加法（+D）、双整数减法（-D）、双整数乘法（*D）和双整数除法（/D）指令，将两个 32 位双整数 IN1 和 IN2 相加、相减、相乘和相除，产生一个 32 位的整数结果。实数加法（+R）、实数减法（-R）、实数乘法（*R）和实数除法（/R）指令，将两个 32 位实数 IN1 和 IN2 相加、相减、相乘和相除，产生一个 32 位的实数结果。指令产生的结果存放在 OUT 指定的存储单元中。对于除法，余数不被保留。如果运算结果超出允许的范围或为非法值，溢出标志位（SM1.1）被置位。

在上述加、减运算中，若 IN1、IN2 和 OUT 操作数的地址不同，在 STL 指令中，首先用数据传送指令将 IN1 中的数值送入 OUT，然后再执行加、减运算，即 OUT + IN2 = OUT、OUT - IN2 = OUT。为了节省内存，在整数加法的梯形图指令中，可以指定 IN1 或 IN2 = OUT，这样，可以不用数据传送指令。如指定 INI = OUT，则语句表指令为：+I IN2，OUT；如指定 IN2 = OUT，则语句表指令为：+I IN1，OUT。在整数减法的梯形图指令中，可以指定 IN1 = OUT，则语句表指令为：-I IN2，OUT。这个原则适用于所有的算术运算指令，且乘法和加法对应，减法和除法对应。

整数乘法产生双整数指令 MUL（Multiply Integer to Double Integer），又称为完全整数乘法指令，将两个 16 位整数 IN1 和 IN2 相乘，产生一个 32 位的整数（DINT）结果，存放在 OUT 指定的存储单元中。在 STL 的 MUL 指令中，OUT 的低 16 位被用作一个乘数。

带余数的整数除法指令 DIV（Divide Integer with Remainder），又称为完全整数除法指令，将两个 16 位整数 IN1 和 IN2 相除，产生一个 32 位的整数（DINT）结果，其中高 16 位为余数，低 16 位为商。结果存放在 OUT 指定的存储单元。

整数乘法产生双整数与带余数的整数除法指令的应用举例如图 6-21 所示。

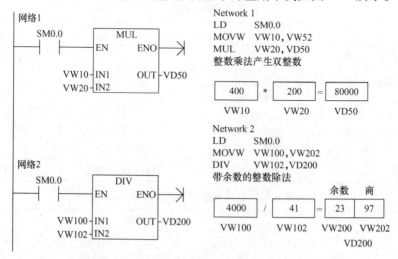

图 6-21　整数乘法产生双整数与带余数的整数除法指令的应用举例

【例 6-2】　一个温度传感器的测量范围为 0 ~ 150℃，输出为直流 1 ~ 5V，连接在 CPU 224XP 模块的模拟量输入 A + 和 M 端子。编写 PLC 程序，把检测的温度信号转换成 0 ~ 150 的数值。

CPU 224XP 模块的本机模拟量输入 A＋和 M 端子对应的输入地址为 AIW0，输入范围为直流 －10 ~ 10V，对应的 A-D 转换值满量程范围为 －32000 ~ 32000。传感器输入范围为直流 1 ~ 5V，则对应的模拟量转换值范围为 3200 ~ 16000。本例的目的实际就是把变化范围为 3200 ~ 16000 的数值转换为变化范围为 0 ~ 150 的数值。假设待转换的数字量值为 X，转换后的数值为 Y，则

$$Y = \frac{(X - 3200) \times (150 - 0)}{16000 - 3200} = \frac{(X - 3200) \times 3}{256}$$

图 6-22 是实现上述要求的梯形图与语句表程序。

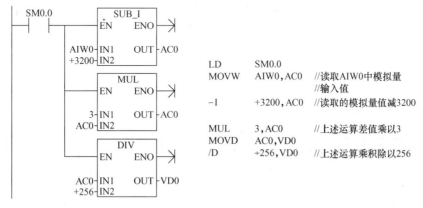

图 6-22　例 6-2 程序

累加器可以存放字节、字和双字，在数学运算时使用累加器来存放操作数和运算的中间结果比较方便。为了保证运算的精度，应先乘后除。本例中乘法运算的结果可能大于一个字能表示的最大正数 32767，因此使用完全整数乘法指令 MUL 和双字除法指令 "/D"，运算结果为双字。

【例 6-3】　把定时器 T37 当前值转换成分和秒，分时间值保存到 VB11，秒保存到 VB10。

实现要求功能的梯形图与语句表程序如图 6-23 所示。

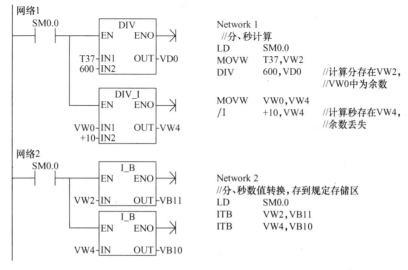

图 6-23　例 6-3 程序

定时器 T37 计时时基为 100ms，因此计时时间分钟为定时器当前值除以 600，秒为余数除以 10。

2. 递增、递减指令

递增、递减指令也叫加 1、减 1 指令，包括递增字节（INC-B）/递减字节（DEC-B）指令、递增字（INC-W）/递减字（DEC-W）指令、递增双字（INC-DW）/递减双字（DEC-DW）指令，用于对输入无符号数字节、符号数字、符号数双字进行加 1 或减 1 的操作。指令格式见表 6-13。

表 6-13　递增、递减指令格式

LAD	INC_B EN ENO IN OUT DEC_B EN ENO IN OUT		INC_W EN ENO IN OUT DEC_W EN ENO IN OUT		INC_DW EN ENO IN OUT DEC_DW EN ENO IN OUT	
STL	INCB OUT	DECB OUT	INCW OUT	DECW OUT	INCD OUT	DECD OUT
功能	字节加 1	字节减 1	字加 1	字减 1	双字加 1	双字减 1
操作数及数据类型	IN：VB、IB、QB、MB、SB、SMB、LB、AC、常量、*VD、*LD、*AC OUT：VB、IB、QB、MB、SB、SMB、LB、AC、*VD、*LD、*AC IN/OUT 数据类型：字节		IN：VW、IW、QW、MW、SW、SMW、AC、AIW、LW、T、C、常量、*VD、*LD、*AC OUT：VW、IW、QW、MW、SW、SMW、LW、AC、T、C、*VD、*LD、*AC 数据类型：整数		IN：VD、ID、QD、MD、SD、SMD、LD、AC、HC、常量、*VD、*LD、*AC OUT：VD、ID、QD、MD、SD、SMD、LD、AC、*VD、*LD、*AC 数据类型：双整数	

字节递增和递减运算的操作数为无符号数；字递增和递减运算的操作数为有符号数，最高位为符号位，例如，在字递增和递减运算中，16#7FFF > 16#8000；双字递增和递减运算的操作数也为有符号数，最高位为符号位，例如，在双字递增和递减运算中，16#7FFFFFFF > 16#80000000。

在梯形图指令中，若 IN 和 OUT 不是同一存储单元，在 STL 指令中，首先要用数据传送指令将 IN 中的数值送入 OUT，然后再执行加 1、减 1 运算，如图 6-24 所示。若 IN 和 OUT 为同一存储单元，在语句表指令中不需使用数据传送指令，如图 6-25 所示。

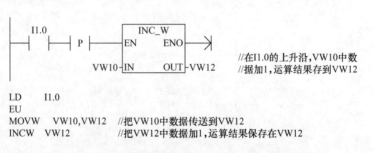

图 6-24　IN 和 OUT 不同的递增指令使用举例

图 6-25 所示程序中，IN 和 OUT 为同一存储单元，在 SM0.5 每个脉冲的上升沿，VB0 加 1，运算结果还保存在 VB0。此程序具有计数和对输入脉冲分频的功能，可以对输入脉冲 SM0.5 进行计数，同时 VB0.0、VB0.1、VB0.2、…分别对输入脉冲进行了 2、4、8、…分频，获得不同频率的脉冲信号。

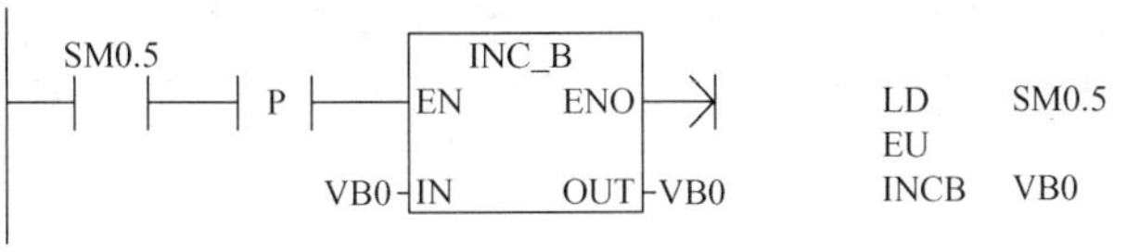
SM0.5
P
INC_B
EN
ENO
VB0
IN
OUT
VB0
LD　SM0.5
EU
INCB　VB0

图 6-25　IN 和 OUT 相同的递增指令使用举例

（三）逻辑运算指令

逻辑运算是对无符号数按位进行与、或、异或和取反等操作。操作数的长度有 B、W、DW。指令格式见表 6-14。

表 6-14　逻辑运算指令格式

LAD		WAND_B: EN ENO IN1 OUT IN2 WAND_W: EN ENO IN1 OUT IN2 WAND_DW: EN ENO IN1 OUT IN2	WOR_B: EN ENO IN1 OUT IN2 WOR_W: EN ENO IN1 OUT IN2 WOR_DW: EN ENO IN1 OUT IN2	WXOR_B: EN ENO IN1 OUT IN2 WXOR_W: EN ENO IN1 OUT IN2 WXOR_DW: EN ENO IN1 OUT IN2	INV_B: EN ENO OUT IN INV_W: EN ENO OUT IN INV_DW: EN ENO OUT IN
STL		ANDB IN1，OUT ANDW IN1，OUT ANDD IN1，OUT	ORB IN1，OUT ORW IN1，OUT ORD IN1，OUT	XORB IN1，OUT XORW IN1，OUT XORD IN1，OUT	INVB OUT INVW OUT INVD OUT
功能		IN1、IN2 按位相与	IN1、IN2 按位相或	IN1、IN2 按位异或	对 IN 取反
操作数	B	IN1/IN2：VB、IB、QB、MB、SB、SMB、LB、AC、常量、＊VD、＊AC、＊LD OUT：VB、IB、QB、MB、SB、SMB、LB、AC、＊VD、＊AC、＊LD			
	W	IN1/IN2：VW、IW、QW、MW、SW、SMW、T、C、AC、LW、AIW、常量、＊VD、＊AC、＊LD OUT：VW、IW、QW、MW、SW、SMW、T、C、LW、AC、＊VD、＊AC、＊LD			
	DW	IN1/IN2：VD、ID、QD、MD、SMD、AC、LD、HC、常量、＊VD、＊AC、SD、＊LD OUT：VD、ID、QD、MD、SMD、LD、AC、＊VD、＊AC、SD、＊LD			

（1）逻辑与（WAND）指令　将输入 IN1、IN2 按位相与，得到的逻辑运算结果，放入 OUT 指定的存储单元。

（2）逻辑或（WOR）指令　将输入 IN1、IN2 按位相或，得到的逻辑运算结果，放入 OUT 指定的存储单元。

（3）逻辑异或（WXOR）指令　将输入 IN1、IN2 按位相异或，得到的逻辑运算结果，放入 OUT 指定的存储单元。

（4）取反（INV）指令　将输入 IN 按位取反，将结果放入 OUT 指定的存储单元。

说明：

在表 6-14 中，在梯形图指令中设置 IN2 和 OUT 所指定的存储单元相同，这样对应的语句表指令如表中所示。若在梯形图指令中，IN2（或 IN1）和 OUT 所指定的存储单元不同，则在语句表指令中需使用数据传送指令，将其中一个输入端的数据先送入 OUT，再进行逻辑运算。如：

$$\text{MOVB IN1，OUT}$$
$$\text{ANDB IN2，OUT}$$

三、任务实施

（一）程序设计方案分析

CPU 224XP 模块的模拟量输入端 A + 的地址为 AIW0，测量范围为直流 – 10V ~ 10V 电压信号，满量程范围对应的模拟量值为 – 32000 ~ 32000。本任务中发电机有功功率检测输入为直流 0 ~ 10V 电压信号，对应的功率值为 – 200 ~ 1000kW，PLC 经 A-D 转换后的数值为 0 ~ 32000。此数值范围不合乎我们的习惯，给数据分析、处理带来不便，若把检测到的参数值进行量程变换，转换成合乎习惯的工程数值则更便于处理，即把检测到的模拟量数值 0 ~ 32000 转换成 – 200 ~ 1000 的变化范围。若 PLC 模拟量输入模数转换值为 X，转换成的工程值为 Y，则有

$$Y = \frac{(X-0) \times \left[1000 - (-200)\right]}{32000 - 0} - 200\text{kW} = \frac{3X}{80} - 200\text{kW}$$

量程变换通过算术运算指令进行编程，对于同时有乘法和除法的运算，为提高运算精度，要先乘后除。为避免在乘法运算时数据超出存储单元的最大存储范围，出现运算错误，在本任务中把测量的参数值转换成浮点数进行运算。数据转换完成后用比较指令和定时器进行比较、判断和延时，形成增机及各种异常报警标志。

（二）程序中的主要编程元件和存储单元

编程前对程序中用到的编程元件和存储单元进行了统计和分配，见表 6-15。

表 6-15　主要编程元件和存储单元

编程元件和存储区	注　释	编程元件和存储区	注　释
AIW0	功率测量输入映像区地址，16 位整数	T40	逆功率保护延时
		M0.0	增机标志
VD0	量程变换后功率值，浮点数	M0.1	过载报警标志
VD100	发电机额定功率值	M0.2	过载跳闸标志
T37	增机延时	M0.3	逆功率报警标志
T38	过载报警延时	M0.4	逆功率跳闸标志
T39	过载跳闸延时		

（三）程序设计

本任务的 PLC 程序如图 6-26 ~ 图 6-31 所示。

图 6-26 所示网络 1 用于把检测的模拟量值转换成浮点数。

```
LD      SM0.0
ITD     AIW0,AC0
AENO
DTR     AC0,AC0
```

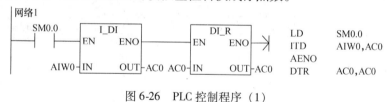

图 6-26　PLC 控制程序（1）

图 6-27 所示网络 2、3 进行量程变换运算，转换成的发电机功率值保存在 VD0 中，格式为浮点数。

```
LD      SM0.0
*R      3.0,AC0
AENO
/R      80.0,AC0
```

```
LD      SM0.0
MOVR    AC0,VD0
-R      200.0,VD0
```

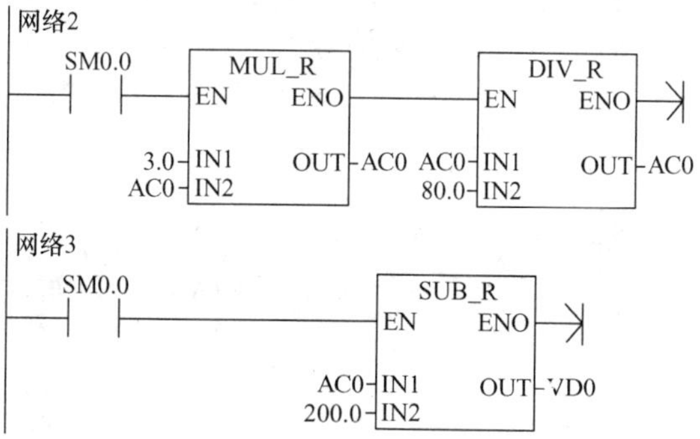

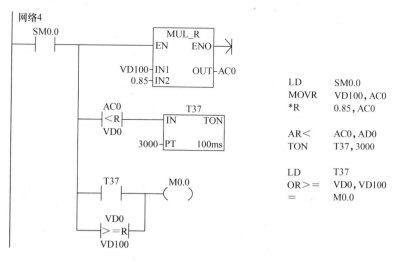

图 6-27　PLC 控制程序（2）

图 6-28 所示网络 4 用于自动增机信号的产生控制。VD100 中存储的为发电机的额定功率值，经比较，发电机功率达到额定功率值 0.85 倍，延时 5min 确认形成增机信号。或发电机功率达到额定功率值，则直接形成增机信号。

```
LD      SM0.0
MOVR    VD100,AC0
*R      0.85,AC0

AR<     AC0,AD0
TON     T37,3000

LD      T37
OR>=    VD0,VD100
=       M0.0
```

图 6-28　PLC 控制程序（3）

图 6-29 所示网络 5 用于发电机功率过载报警信号的产生控制。发电机功率达到额定功率值时，延时 20s 确认后形成功率过载报警信号。

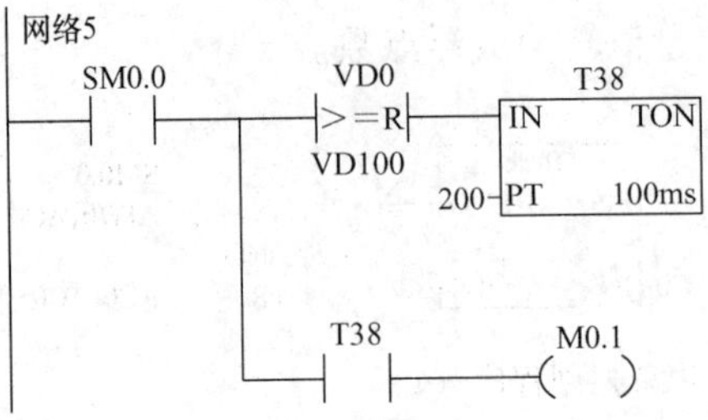

网络5

```
  SM0.0         VD0           T38
  ─┤ ├─────┬──┤>=R├──────┌─IN      TON─┐
               VD100      │              │
                      200─┤PT     100ms─┘

              T38          M0.1
          ├──┤ ├───────────( )
```

AR>=   VD0, VD100
TON   T38, 200

LD   T38
=   M0.1

图 6-29   PLC 控制程序（4）

图 6-30 所示网络 5 用于发电机功率过载保护跳闸信号的产生控制。发电机功率达到额定功率值的 1.2 倍时，延时 20s 确认后形成过载跳闸信号。

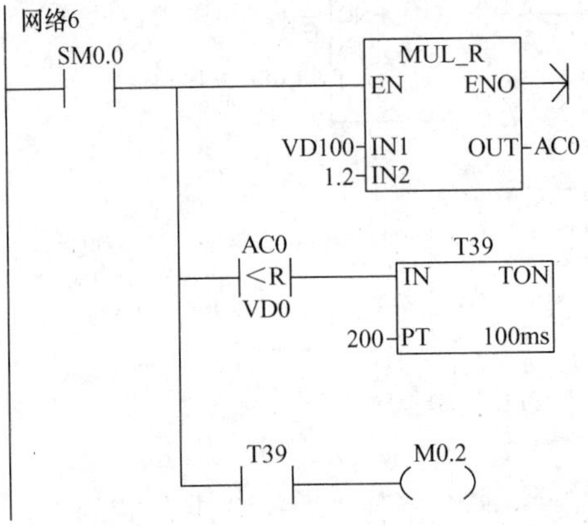

网络6

```
  SM0.0                    ┌─ MUL_R ──┐
  ─┤ ├──────────┬──────────┤EN    ENO├─
                 │          │          │
                 │  VD100───┤IN1   OUT├─AC0
                 │    1.2───┤IN2      │
                 │          └─────────┘
                 │
                 │  AC0          T39
                 ├──┤<R├──────┌─IN      TON─┐
                 │  VD0       │              │
                 │        200─┤PT     100ms─┘
                 │
                 │  T39          M0.2
                 └──┤ ├───────────( )
```

LD   SM0.0
MOVR   VD100, AC0
*R   1.2, AC0

AR<   AC0, AD0
TON   T39, 200

LD   T39
=   M0.2

图 6-30   PLC 控制程序（5）

图 6-31 所示网络 7 用于发电机逆功率保护报警及跳闸信号的产生控制。当发电机逆功率达到额定功率的 10% 时，延时 5s 产生逆功率报警信号，延时 15s 产生主开关跳闸信号。

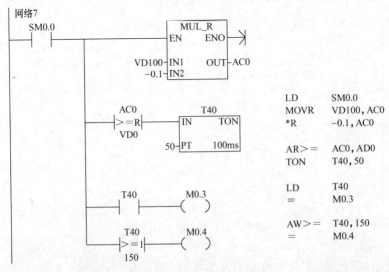

网络7

```
  SM0.0                    ┌─ MUL_R ──┐
  ─┤ ├──────────┬──────────┤EN    ENO├─
                 │          │          │
                 │  VD100───┤IN1   OUT├─AC0
                 │   -0.1───┤IN2      │
                 │          └─────────┘
                 │
                 │  AC0          T40
                 ├──┤>=R├─────┌─IN      TON─┐
                 │  VD0       │              │
                 │         50─┤PT     100ms─┘
                 │
                 │  T40          M0.3
                 ├──┤ ├───────────( )
                 │
                 │  T40          M0.4
                 └──┤>=I├──────────( )
                    150
```

LD   SM0.0
MOVR   VD100, AC0
*R   -0.1, AC0

AR>=   AC0, AD0
TON   T40, 50

LD   T40
=   M0.3

AW>=   T40, 150
=   M0.4

图 6-31   PLC 控制程序（6）

任务三　船舶主机排烟温度监测的 PLC 程序设计

一、任务提出

排烟温度是船舶柴油机的重要参数，船舶机舱集中监视与报警系统通常都具有柴油主机和副机排烟温度监视的功能。某船柴油主机有 6 个缸，每个缸装有温度传感器进行排烟温度检测，传感器测量范围为 0～600℃，对应的变送器输出为 4～20mA。现用 S7-200 PLC 作为控制单元进行报警监测，PLC 包括 CPU 224 模块和两个模拟量输入扩展模块 EM231，NO.1～4 缸的排烟温度测量信号依次连接于第一个扩展模块的 A、B、C、D 端口，NO.5、6 缸的排烟温度测量信号依次连接于第二个扩展模块的 A、B 端口，EM231 通过 DIP 开关组态为单极性输入，满量程输入范围为 0～20mA。

任务要求：设计 PLC 控制程序，对柴油机的排烟温度进行监测，产生排温异常信号用于报警控制。若某缸排烟温度达到设定的上限值（VW100），产生排温高信号，若排烟温度回降至与上限值的差值大于回差值（VW102），排温高信号才能复位；若某缸排烟温度与各缸排烟温度平均值的差值达到上限值（VW104），产生偏差报警信号，当温度偏差回降至与上限值的差值大于回差值（VW106）时，偏差报警才能复位。上述限值、回差值以整数格式存储在括号中相应存储单元内。

二、相关知识点

（一）局部变量的使用

1. 全局变量与局部变量

（1）全局变量　在 SIMATIC 符号表或 IEC 的全局变量表中定义的变量为全局变量。全局符号在各 POU 中均有效，只能在符号表/全局变量表中定义。

（2）局部变量　除了全局变量，程序中的每个 POU 均有自己的由 64 字节 L 存储器组成的局部变量表，用来定义有范围限制的局部变量，程序开发人员可以选用。局部变量使用 PLC 临时 L 内存，而不占用 PLC 程序内存空间，但只在它被创建 POU 中有效。局部变量的应用如图 6-32 所示。

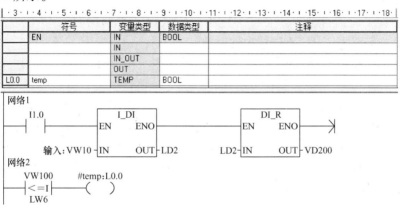

图 6-32　局部变量的应用举例

在编程软件的上方是局部变量表，将水平分裂条拉至程序编辑器视窗的顶部，则不再显示局部变量表，但是它依然存在。将分裂条下拉，再次显示局部变量表。在图 6-32 中，I1.0、VW10、VW100 和 VD200 为全局变量，VW10 采用了符号地址"输入"，在全局变量表（符号表）中定义；LD2、L0.0 为局部变量，L0.0 采用了符号地址"temp"，在程序所在 POU 的局部变量表中定义，采用符号地址显示时，局部变量符号前自动加"#"。全局符号与局部变量名称相同时，在定义局部变量的 POU 中，该局部变量的定义优先，该全局定义只能在其他 POU 中使用。

在以下情况下使用局部变量：

1）在子程序中只使用局部变量，不用绝对地址或全局符号，无需作任何改动，就可以将子程序移植到别的项目去。

2）如果使用临时变量（TEMP），同一片物理存储器可在不同的程序中重复使用，以便释放 PLC 内存。

3）局部变量还用来在子程序和调用它的程序之间传递输入参数和输出参数。

2. 用参数调用子程序

局部变量可用于子程序传递参数，这增强了子程序的可移植性和再利用性。子程序可能包含交接的参数，这些参数在子程序的局部变量表中定义。参数必须有一个符号名（最多为 23 个字符）、一个变量类型和一个数据类型。各子程序最多可调用 16 个输入/输出参数。局部变量表中的变量类型域定义参数是否交接至子程序（IN）、交接至或交接出子程序（IN_OUT）、或交接出子程序（OUT）。

（1）子程序中的参数类型　子程序中局部变量的参数类型包括 TEMP（临时变量）、IN（输入变量）、OUT（输出变量）和 IN_OUT（输入_输出变量）。

TEMP 是暂时保存在局部数据区中的变量，不能用来传递参数，它们只能在子程序中使用，暂时存储数据。只有在执行该 POU 时，定义的临时变量才被使用，POU 执行完后，不再保存临时变量的数值。在主程序和中断程序中，局部变量表中只有 TEMP 变量。

IN 是由调用它的 POU 提供的传入子程序的输入参数。如果参数是直接寻址，例如 VB10，指定地址的值被传入子程序。如果参数是间接寻址，例如 *AC1，用指针指定地址的值被传入子程序。如果参数是常数（如 16#1234）或地址（如 &VB100），常数或地址的值被传入子程序。

OUT 是子程序的执行结果，它作为输出参数被返回给调用它的 POU，常数（如 16#1234）和地址（如 &VB100）不能作为输出参数。

IN_OUT 的初始值由调用它的 POU 传送给子程序，并用同一变量将子程序的执行结果返回给调用它的 POU。常数和地址不能作为输入/输出变量。

（2）局部变量的赋值　在局部变量表中赋值时，只需指定局部变量的类型（TEMP，IN，IN_OUT 或 OUT）和数据类型，不用指定存储器地址；程序编辑器自动地在 L 存储区中为所有局部变量指定存储器位置，起始地址为 L0.0，1~8 个连续的位参数分配一个字节，字节中的地址为 Lx.0~Lx.7（x 为字节地址）。字节、字和双字值在局部存储器中按字节顺序分配，例如：LBx、LWx 或 LDx。

（3）在局部变量表中增加新的变量　对于主程序与中断程序，局部变量表显示一组已被预先定义为 TEMP（临时）变量的行。要向表中增加行，只需用右键单击表中的某一行，在弹出的菜单中选择"插入"→"行"命令，在所选行的上部插入新的行。选择"插入"→"下一行"命令，在所选行的下面插入新的行。

对于子程序，局部变量表显示数据类型被预先定义为 IN、IN _ OUT、OUT 和 TEMP 的一系列行，不能改变它们的顺序。如果要增加新的局部变量，把光标放到要加入的变量类型区（IN、IN _ OUT 或 OUT），单击鼠标右键可以得到一个菜单选择，选择"插入"选项，然后选择"下一行"选项。这样就出现了另一个所选类型的参数项。

（4）局部变量数据类型检查　输入或输出参数没有自动数据转换功能，局部变量作为参数向子程序传递时，在该子程序的局部变量表中指定的数据类型必须与调用 POU 中的数据类型值匹配。

例如：在主程序 OB1 中调用子程序 SBR0，使用名为 INPUT1 的全局符号作为子程序的输入参数。在 SBR0 的局部变量表中，已经定义了一个名为 FIRST 的局部变量作为该输入参数。当 OB1 调用 SBR0 时，INPUT1 的数值被传入 FIRST，则 INPUT1 与 FIRST 的数据类型必须匹配。

（5）子程序调用举例　图 6-33 所示为子程序 SBR _ 0 中的局部变量表，图 6-34 所示为主程序中调用子程序 SBR _ 0 的梯形图程序。

	符号	变量类型	数据类型	注释
	EN	IN	BOOL	
L0.0	IN1	IN	BOOL	
LB1	IN2	IN	BYTE	
L2.0	IN3	IN	BOOL	
LD3	IN4	IN	DWORD	
LD7	IN_OUT	IN_OUT	REAL	
		IN_OUT		
LD11	OUT	OUT	REAL	
		OUT		

图 6-33　用于 SBR _ 0 的局部变量表

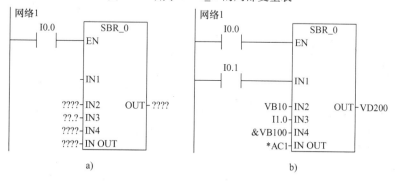

图 6-34　在主程序中调用 SBR _ 0 的梯形图程序

在调用有输入、输出参数的子程序时，需要为子程序提供参数的变量地址或常数。图 6-34a 中，"????"表示需要提供变量地址或常数（输出参数不能为常数），且应与局部变量表中指定的数值类型匹配。图 6-34b 为编写完成的调用程序。

在 STEP 7-Micro/WIN 中，保留了 L 内存（LB60-LB63）的四个上方字节，将其用于调用参数数据，当梯形图程序转换成 STL 格式时，将自动加入相应指令。图 6-34 梯形图对应的 STL 格式如下：

```
LD     I0.0
 =     L60.0
LD     I0.1
 =     L63.7
LD     L60.0
CALL   SBR0, L63.7, VB10, I1.0, &VB100, * AC1, VD200
```

也可以使用如下简化的调用程序，但简化后无法转换成 LAD 程序。

```
LD     I0.0
CALL   SBR0, L63.7, VB10, I1.0, &VB100, * AC1, VD200
```

（二）程序控制指令

1. 条件结束指令

条件结束指令（END）根据前面的逻辑关系终止当前的扫描周期。当条件满足时结束主程序，并返回主程序的第一条指令执行。条件结束指令格式如图 6-35 所示。

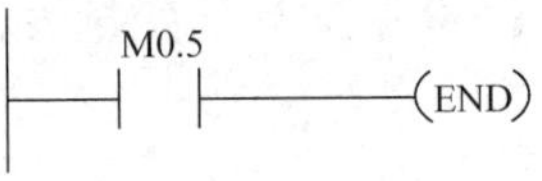

```
   M0.5
───┤ ├───( END )          LD    M0.5    //M0.5为1时
                          END            //终止当前扫描周期
```

图 6-35　条件结束指令格式

2. 停止指令

停止指令（STOP）使 PLC 从运行（RUN）模式进入停止（STOP）模式，立即停止程序的执行。停止指令格式如图 6-36 所示。

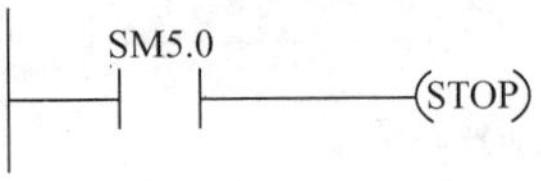

```
   SM5.0
───┤ ├───( STOP )         LD    SM0.5   //SM5.0为1时，I/O错误
                          STOP           //进入STOP模式
```

图 6-36　停止指令格式

3. 跳转与标号指令

跳转指令（JMP）在使能输入有效时，把程序的执行跳转到同一程序指定的标号（n，0~255）处，使能输入无效时，程序顺序执行；标号指令（LBL）标记跳转目的地的位置。JMP 和对应的 LBL 指令必须在同一个程序块中。跳转与标号指令格式如图 6-37 所示。

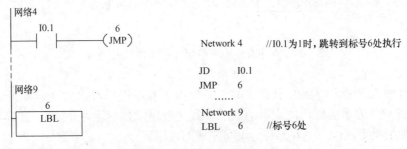

```
网络4
   I0.1
───┤ ├───( JMP )          Network 4    //I0.1为1时，跳转到标号6处执行
         6
                          JD    I0.1
                          JMP   6
                          ……
网络9                     Network 9
   6                      LBL   6       //标号6处
 ┌─────┐
 │ LBL │
 └─────┘
```

图 6-37　跳转与标号指令格式

【例 6-4】 编写单按钮控制电动机起停的 PLC 程序。起动按钮使用常开触点，输入端口

地址为 I0.0，控制电动机的接触器接输出端口 Q0.0。

单按钮控制电动机起停的 PLC 程序如图 6-38 所示。假定初始状态 Q0.0 为 0，当按下起动按钮 I0.0 时，I0.0 的常开触点闭合，M0.0 在 I0.0 的上升沿接通一个扫描周期，M0.0 接通瞬间使 Q0.0 置 1，电动机起动运转，然后程序越过网络 3 直接跳转到标号 1 执行网络 4 之后的指令；再一次按下起动按钮 I0.0 时，因此时 Q0.0 为 1，其常闭触点断开，网络 2 的置位与跳转指令不能执行，程序执行网络 3 指令，在 I0.0 的上升沿 M0.0 接通使 Q0.0 置 0，电动机停止运转。

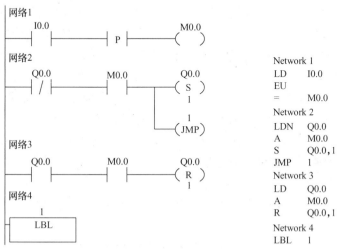

图 6-38　单按钮控制电动机起停的 PLC 程序

三、任务实施

（一）程序设计方案分析

1. 排烟温度模拟量的采集与处理

根据前述的任务提出部分，PLC 采用 CPU 224 模块和两个模拟量输入扩展模块 EM231，则 NO.1~6 缸排烟温度的模拟量输入端口地址依次为 AIW0、AIW2、AIW4、AIW6、AIW8、AIW10。EM231 组态为电流输入时，满量程输入范围为 0~20mA，对应的 A-D 转换数字量值为 0~32000。本任务中各缸排烟温度的输入范围为直流 4~20mA 电流信号，对应的温度值为 0~600℃，PLC 转换的数字量值为 6400~32000。为了便于数据的分析与处理，把检测到的参数值进行量程变换，即把代表排烟温度的 6400~32000 的数值转换成与温度变化范围相对应的 0~600。若 PLC 模拟量输入 A-D 转换数字量值为 N，转换后的数值为 P（单位为℃），则

$$P = \frac{(N - I_{下}) \times Span_{出}}{Span_{入}} + Q_{下}$$

式中，$I_{下}$ 为转换前数值的下限（6400）；$Q_{下}$ 为转换后数值的下限（0）；$Span_{入}$ 为转换前数值范围上、下限的差值（32000 − 6400）；$Span_{出}$ 为转换后数值范围上、下限的差值（600 − 0）。因 $Q_{下} = 0$，则

$$P = \frac{(N - I_{下}) \times Span_{出}}{Span_{入}}$$

量程变换通过算术运算指令进行编程，对于同时有乘法和除法的运算，为提高运算精度，要先乘后除。为避免在乘法运算时数据超出存储单元的最大存储范围，出现运算错误，在本任务中把测量的参数值转换成浮点数进行运算。数据转换完成后用比较指令进行比较和判断，形成排温过高和排温偏差报警标志。为实现异常信号的复位有一定的回差，报警标志的产生与复位使用置位与复位指令。

2. 程序结构

为了程序各部分功能清晰，便于程序的编写、分析与调试，除了主程序（OB1），还包括数据转换（SBR_0）、平均值计算（SBR_1）、高温报警（SBR_2）、偏差报警（SBR_3）四个子程序，主程序（OB1）用于子程序的调用与程序中用到的报警标志的初始化。数据转换（SBR_0）子程序用于各缸排烟温度模拟量值的数据处理与数值范围变换。平均值计算（SBR_1）子程序进行各缸排烟温度平均值的计算，以便进行偏差报警的运算与判别。高温报警（SBR_2）、偏差报警（SBR_3）子程序用于排烟温度异常报警标志的处理。

在本任务中，有6个缸的排烟温度需进行数值范围的变换，在子程序的局部变量表中定义了输入、输出参数和符号，各缸进行数据转换时采用共同的子程序，在主程序中调用子程序时，为子程序参数提供不同的变量地址。

（二）程序中的主要编程元件和存储单元

程序编写之前为程序中的全局变量分配地址，定义变量表与符号地址。程序中的存储单元地址分配、符号定义见表6-16。

表6-16　全局变量及符号地址

符号	地址	注　释	符号	地址	注　释
排温1_IN	AIW0	NO.1缸排烟温度输入值	排温高2	M0.2	NO.2缸排温高标志
排温2_IN	AIW2	NO.2缸排烟温度输入值	排温高3	M0.3	NO.3缸排温高标志
排温3_IN	AIW4	NO.3缸排烟温度输入值	排温高4	M0.4	NO.4缸排温高标志
排温4_IN	AIW6	NO.4缸排烟温度输入值	排温高5	M0.5	NO.5缸排温高标志
排温5_IN	AIW8	NO.5缸排烟温度输入值	排温高6	M0.6	NO.6缸排温高标志
排温6_IN	AIW10	NO.6缸排烟温度输入值	高偏差1	M1.1	NO.1缸排温上偏差报警标志
排温1	VW0	NO.1缸排烟温度工程值	高偏差2	M1.2	NO.2缸排温上偏差报警标志
排温2	VW2	NO.2缸排烟温度工程值	高偏差3	M1.3	NO.3缸排温上偏差报警标志
排温3	VW4	NO.3缸排烟温度工程值	高偏差4	M1.4	NO.4缸排温上偏差报警标志
排温4	VW6	NO.4缸排烟温度工程值	高偏差5	M1.5	NO.5缸排温上偏差报警标志
排温5	VW8	NO.5缸排烟温度工程值	高偏差6	M1.6	NO.6缸排温上偏差报警标志
排温6	VW10	NO.6缸排烟温度工程值	低偏差1	M2.1	NO.1缸排温下偏差报警标志
均值	VW12	各缸排烟温度平均值	低偏差2	M2.2	NO.2缸排温下偏差报警标志
排温上限	VW100	排温上限报警值	低偏差3	M2.3	NO.3缸排温下偏差报警标志
排温回差	VW102	上限报警回差值	低偏差4	M2.4	NO.4缸排温下偏差报警标志
偏差上限	VW104	偏差报警值	低偏差5	M2.5	NO.5缸排温下偏差报警标志
偏差回差	VW106	偏差报警回差值	低偏差6	M2.6	NO.6缸排温下偏差报警标志
排温高1	M0.1	NO.1缸排温高标志			

（三）程序设计

1. 数据转换（SBR _ 0）子程序

为了增加子程序的可移植性，在数据转换（SBR _ 0）子程序中，排温的测量值（待转换参数）、测量值的上限、测量值的下限、转换后输出值的上限、输出值的下限、转换后输出值均在局部变量中进行了定义，并采用了符号地址。在数据转换（SBR _ 0）子程序中定义的局部变量表及各参数含义如图 6-39 所示。

	符号	变量类型	数据类型	注释
	EN	IN	BOOL	
LW0	输入	IN	INT	各缸排温测量值
LD2	上限_I	IN	REAL	测量值上限
LD6	下限_I	IN	REAL	测量值下限
LD10	上限_O	IN	REAL	输出值上限
LD14	下限_O	IN	REAL	输出值下限
		IN_OUT		
LW18	输出	OUT	INT	输出值
LD20	Y_R	TEMP	REAL	输出值实数
LD24	X_R	TEMP	REAL	输入值实数
LD28	SPAN_IN	TEMP	REAL	输入范围值
LD32	SPAN_OT	TEMP	REAL	输出范围值

图 6-39　SBR _ 0 的局部变量表

编写的 SBR _ 0 子程序如图 6-40 所示，图中左侧为 LAD 程序，右侧为 STL 程序。

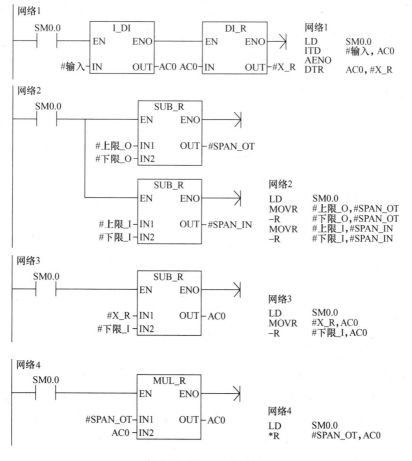

图 6-40　SBR _ 0 子程序

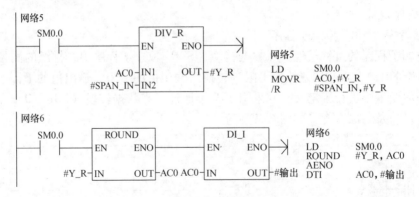

图 6-40　SBR _ 0 子程序（续）

网络 1 把测量值转换成实数格式；网络 2 进行输入、输出数值范围的计算；网络 3 ~ 5 进行数值范围的转换计算；网络 6 把转换完成的数据值转换成整数格式输出。

2. 平均值计算（SBR _ 1）子程序

平均值计算是把采集并经数值转换后的 6 个缸温度值依次相加，再除以 6 得到。LAD 及 STL 程序如图 6-41 所示（图中梯形图部分指令盒省略）。

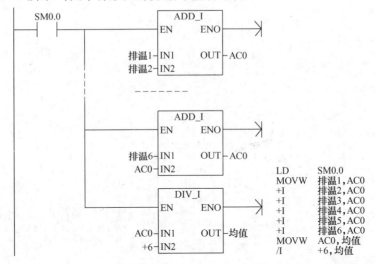

图 6-41　SBR _ 1 子程序

3. 高温报警（SBR _ 2）子程序

高温报警（SBR _ 2）子程序的 LAD 及 STL 程序如图 6-42 所示。图中仅列出了 NO. 1 缸排烟温度高温报警处理的程序，其余各缸编程方法相同。

4. 偏差报警（SBR _ 3）子程序

偏差报警（SBR _ 3）子程序的 LAD 及 STL 程序如图 6-43 所示。图中仅列出了 NO. 1 缸排烟温度偏差报警处理的程序，其余各缸编程方法相同。程序中用到的局部变量 LW20 只是用于暂时储存中间运算结果，不需要调用程序提供参数，因此不需在局部变量表中定义。

5. 子程序的调用

数据转换（SBR _ 0）子程序有输入、输出参数，调用时需要为其提供参数的变量地址或常数。在主程序中调用 SBR＿0 进行 NO.1 缸排烟温度数据变换的程序如图 6-44 所示，梯形图下方为（SBR＿0）子程序调用的 STL 程序。其余各缸排烟温度调用 SBR＿0 的方法相同，只是提供的变量地址不同。

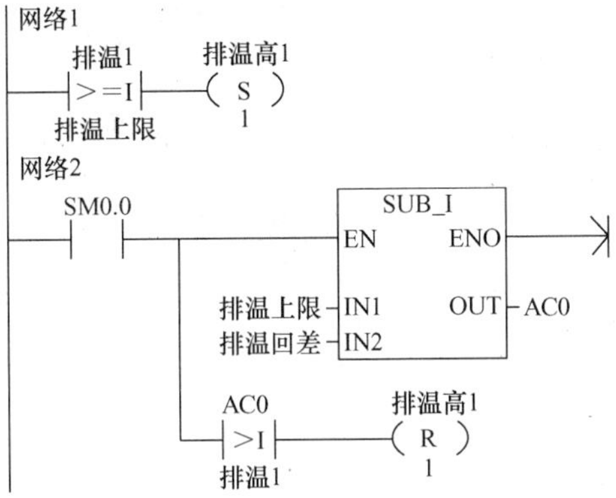

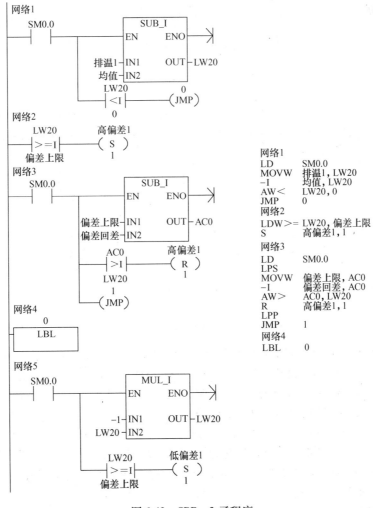

图 6-42　SBR＿2 子程序

图 6-43　SBR＿3 子程序

```
网络5
LD      SM0.0
*I      -1, LW20
AW>=    LW20, 偏差上限
S       低偏差1, 1
网络6
LD      SM0.0
MOVW    偏差上限, AC0
-I      偏差回差, AC0
AW>     AC0, LW20
R       低偏差1, 1
网络7
LBL     1
```

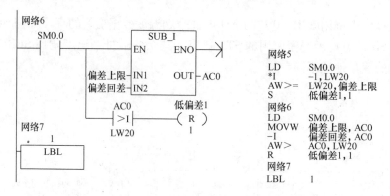

图 6-43　SBR _ 3 子程序（续）

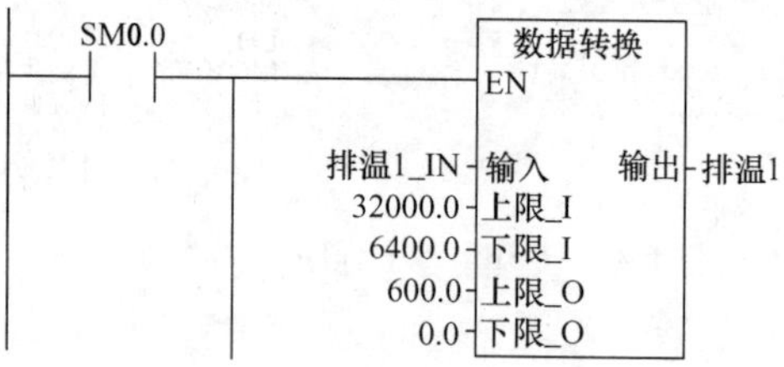

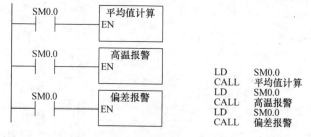

```
LD      SM0.0
CALL    数据转换，排温1_IN，32000.0，6400.0，600.0，0.0，排温1
```

图 6-44　SBR _ 0 子程序的调用

在主程序中调用其他子程序如图 6-45 所示，因无输入、输出参数，调用时不需要为其提供参数的变量地址或常数。程序执行时 SM0. 0 一直为“1”，子程序为无条件调用。

```
LD      SM0.0
CALL    平均值计算
LD      SM0.0
CALL    高温报警
LD      SM0.0
CALL    偏差报警
```

图 6-45　子程序的调用

思考与练习

1. 有八个开关 S0 ~ S7，分别接于 PLC 的输入点 I0. 0 ~ I0. 7，每个开关控制一盏灯，开关合上，相应的灯亮，对应的八盏灯为 L0 ~ L7，连接于 PLC 输出端口 Q0. 0 ~ Q0. 7。每个开关有不同的优先级，S0 优先级最高，S7 优先级最低，即 S0 合上，无论其他开关状态如何，只有 L0 灯亮；只有其他开关都断开，S7 合上，L7 灯才会亮。试设计控制电路和用数据传送指令编写程序。

2. 8 个彩灯接在 Q0. 0 ~ Q0. 7 上，首次扫描时给 Q0. 0、Q0. 1 置 1，Q0. 2 ~ Q0. 7 位置零。若 I0. 0 为 1，右循环移位，I0. 0 为 0，左循环移位，用 T37 定时，每 0. 5s 移 1 位，设计出梯形图和语句表程序。

3. 设计 PLC 程序，如果 MW4 中的数小于等于 VW0 中的数，令 Q0. 0 为 1 并保持；Q0. 0 为 1 后，MW4 中的数大于 VW0 中的数，且按复位按钮使 I0. 0 为 1，Q0. 0 才复位为 0。

4. 设计一个 PLC 程序，将 120 传送到 VW0，35 传送到 VW10，并完成以下操作。

（1）求 VW0 与 VW10 的和，将结果送到 VW20 存储。

（2）求 VW0 与 VW10 的差，将结果送到 VW30 存储。

（3）求 VW0 与 VW10 的积，将结果送到 VW40 存储。

（4）求 VW0 与 VW10 的余数和商，将结果送到 VW50、VW52 存储。

5. 设计一个程序，将 16#85 传送到 VB0，16#23 传送到 VB10，并完成以下操作。

（1）求 VB0 与 VB10 的逻辑"与"，将结果送到 VB20 存储。

（2）求 VB0 与 VB10 的逻辑"或"，将结果送到 VB30 存储。

（3）求 VB0 的逻辑"取反"，将结果送到 VB40 存储。

6. 半径（<10000 的整数）在 VW10 中，取圆周率为 3.1416，用浮点数运算指令计算圆周长，运算结果四舍五入转换为整数后存放在 VW50 中。

7. 应用跳转指令，设计一个既能点动控制，又能自锁控制的电动机控制程序。设 I0.0 = ON 时实现电动机点动控制，I0.0 = OFF 时实现电动机自锁控制。

8. 当 I0.1 为 ON 时，定时器 T32 开始定时，产生每秒 1 次的周期脉冲。T32 每次定时时间到时调用一个子程序，在子程序中将模拟量输入 AIW0 的值送给 VW20，设计出主程序和子程序。

模块七　PLC高级编程指令的应用

S7-200 PLC 的指令表中还包括一些高级功能指令，来实现一些特殊的功能，例如，中断指令使程序执行过程中发生的紧迫事件得以及时处理，高速计数指令使 PLC 具有高速脉冲计数能力，网络读写指令使 PLC 具有通信功能。本模块通过实例介绍中断指令、高速计数指令和网络读写指令的应用。

学习目标：

➤ 掌握中断和高速计数指令的使用。
➤ 会用中断指令、高速计数指令进行简单项目设计。
➤ 了解 S7-200 的网络通信基础知识。
➤ 学会 S7-200 PLC 之间通信程序的设计。

任务一　用中断指令实现准确定时控制

一、任务提出

所谓中断，是当控制系统执行正常程序时，系统中出现了某些亟需处理的异常情况或特殊请求，例如：程序执行错误、通信处理、定时读取模拟量或执行 PID 程序等，这时系统暂时中断现行程序，转去对随机发生的更紧迫事件进行处理（执行中断服务程序），当该事件处理完毕后，系统自动回到原来被中断的程序继续执行。

任务要求：用 S7-200 PLC 的定时中断实现周期为 0.5s 的高精度定时，每 0.5s 读取一次模拟量输入点 AIW0 的值存入 VW20，并使 QB0 加 1。

二、相关知识点

（一）中断程序

中断程序亦称中断服务程序，是用户为处理中断事件而事先编制的程序。中断程序必须由三部分构成：中断程序标号（即中断事件的编号）、中断程序指令和无条件返回指令。

中断功能用中断程序及时处理中断事件，中断程序不是由程序调用，而是在中断事件发生时由操作系统调用。中断事件与用户程序的执行时序无关，有些中断事件不能预测何时发生，因此需要由用户程序把中断程序与中断事件连接起来，并且开放系统中断后，才能进入等待中断事件触发中断程序执行的状态。可以用指令取消中断程序与中断事件的连接，或者禁止全部中断，从而取消中断事件的执行。

进入中断服务程序时，S7-200 的操作系统会"保护现场"，从中断服务程序返回时，恢复当时的程序执行状态。一旦执行完中断服务程序的最后一条指令，控制权就会回到主程序。可以执行中断条件返回指令（CRETI）退出中断服务程序。

S7-200 CPU 最多可以使用 128 个中断程序，中断程序不能嵌套，即中断程序不能再被中断。正在执行中断程序时，如果又有中断事件发生，会按照发生的时间顺序和优先级排队。

在编写中断程序前，先创建中断程序。可采用下列方法创建中断程序：在"编辑"菜单中选择"插入"→"中断程序"；或者在程序编辑器视窗中单击鼠标右键，从弹出菜单中选择"插入"→"中断程序"；或者用鼠标右键单击指令树上的"程序块"图标，并从弹出菜单中选择"插入"→"中断程序"。创建成功后程序编辑器将显示新的中断程序，程序编辑器底部出现标有新的中断程序的标签，可以对新的中断程序编程。

（二）中断指令

1. 中断指令格式

中断指令的梯形图、指令表等指令格式见表 7-1。

表 7-1　中断指令格式

项目	中断连接指令	中断允许指令	中断分离指令	中断禁止指令
梯形图	ATCH EN　ENO INT EVNT	—(ENI)	DTCH EN　ENO EVNT	—(DISI)
指令表	ATCH INT, EVNT	ENI	DTCH EVNT	DISI
描述	把一个中断事件 EVNT 和一个中断程序 INT 连接起来	全局允许中断	切断一个中断事件 EVNT 与中断程序的联系，并禁止该中断事件	全局禁止中断
操作数	INT: 0~127		EVNT: 0~33	

2. 中断指令功能描述

中断允许指令（Enable Interrupt，ENI）全局性地允许所有被连接的中断事件。

中断禁止指令（Disable Interrupt，DISI）全局性地禁止处理所有中断事件，允许中断排队等候，但是不允许执行中断程序，直到用中断允许指令 ENI 重新允许中断。

进入 RUN 模式时自动禁止中断，在 RUN 模式执行中断允许指令后，各中断事件发生时是否会执行中断程序，取决于是否执行了该中断事件的中断连接指令。

中断连接指令（Attach Interrupt，ATCH）用来建立中断事件 EVNT（由中断事件号指定）和处理此事件的中断程序 INT（由中断程序号指定）之间的联系，并使能该中断事件。中断事件由中断事件号指定（见表 7-2），中断程序由中断程序号指定。为某个中断事件指定中断程序后，该中断事件被自动地允许处理。

中断分离指令（Detach Interrupt，DTCH）用来断开中断事件（EVNT）与中断程序（INT）之间的联系，并禁止该中断事件。

在启动中断程序之前，应在中断事件和该事件发生时希望执行的中断程序之间，用ATCH 指令建立联系，使用 ATCH 指令后，该中断程序在事件发生时被自动起动。多个中断事件可以调用同一个中断程序，但一个中断事件不能调用多个中断程序。中断被允许且中断事件发生时，将执行为该事件指定的最后一个中断程序。

当把中断事件与中断程序连接时，自动允许中断。若采用中断禁止指令（DISI）不响应所有中断，则每个中断事件进行排队，直到用中断允许指令（ENI）重新允许中断。

可利用中断分离指令（DTCH）解除中断事件与中断程序之间的联系，以禁止该中断事件。

（三）中断源

1. 中断源种类

在激活一个中断程序前，必须使中断事件和该事件发生时希望执行的中断程序间建立一种联系。这个中断事件也称为中断源，是中断事件向 PLC 发出中断请求的来源。S7-200 CPU 最多可以有 34 个中断源，每个中断源都分配一个编号用于识别，称为中断事件号（见表 7-2）。这些中断源大致分为三大类：通信口中断、输入/输出（I/O）中断和时基中断。

表 7-2　中断事件描述

事件号	中 断 描 述	优先级分组	按组排列的优先级
8	通信口 0：字符接收	通信（最高）	0
9	通信口 0：发送完成		0
23	通信口 0：报文接收完成		0
24	通信口 1：报文接收完成		1
25	通信口 1：字符接收		1
26	通信口 1：发送完成		1
19	PTO0 脉冲输出完成中断	I/O（中等）	0
20	PTO1 脉冲输出完成中断		1
0	I0.0 的上升沿		2
2	I0.1 的上升沿		3
4	I0.2 的上升沿		4
6	I0.3 的上升沿		5
1	I0.0 的下降沿		6
3	I0.1 的下降沿		7
5	I0.2 的下降沿		8
7	I0.3 的下降沿		9
12	HSC0：CV = PV（当前值 = 设定值）		10
27	HSC0：输入方向改变		11
28	HSC0：外部复位		12
13	HSC1：CV = PV（当前值 = 设定值）		13
14	HSC1：输入方向改变		14
15	HSC1：外部复位		15
16	HSC2：CV = PV（当前值 = 设定值）		16
17	HSC2：输入方向改变		17

（续）

事件号	中 断 描 述	优先级分组	按组排列的优先级
18	HSC2：外部复位	I/O（中等）	18
32	HSC3：CV = PV（当前值 = 设定值）		19
29	HSC4：CV = PV（当前值 = 设定值）		20
30	HSC4：输入方向改变		21
31	HSC4：外部复位		22
33	HSC5：CV = PV（当前值 = 设定值）		23
10	定时中断 0：SMB34（时间间隔寄存器）设定的间隔时间到	定时（最低）	0
11	定时中断 1：SMB35 设定的间隔时间到		1
21	定时器 T32：当前值（CT）= 设定值（PT）中断		2
22	定时器 T96：CT = PT 中断		3

2. 中断的优先级

在 PLC 应用系统中通常有多个中断源。当多个中断源同时向 CPU 申请中断时，要求 CPU 能将全部中断源按中断性质和处理的轻重缓急来进行排队，并给予优先权。给中断源指定处理的次序就是给中断源确定中断优先级。不同的中断事件具有不同的级别，中断程序执行过程中发生的其他中断事件不会影响它的执行，即任何时刻只能执行一个中断程序。

中断按以下固定的优先级顺序执行：通信（最高优先级）、I/O 中断和定时中断（最低优先级）。在上述 3 个优先级范围内，CPU 按照先来先服务的原则处理中断，任何时刻只能执行一个用户中断程序。一旦一个中断程序开始执行，它要一直执行到完成，即使另一程序的优先级较高，也不能中断正在执行的中断程序。

（四）中断处理

1. 通信口中断

PLC 的串行通信端口产生的事件，例如接收信息完成、发送信息完成和接收一个字符均可产生中断事件，这些事件均可由用户程序进行控制，通信口的这种操作模式称为自由端口模式。在该模式下，用户可用程序定义波特率、每个字符位数、奇偶校验和通信协议。利用接收和发送中断可简化程序对通信的控制。

2. I/O 中断

I/O 中断包括上升沿中断或下降沿中断、高速计数器（HSC）中断和脉冲串输出（PTO）中断。CPU 可用输入点 I0.0 ~ I0.3 的上升沿或下降沿产生中断。上升沿事件和下降沿事件可被这些输入点捕获。这些上升沿/下降沿事件可被用于指示当某个事件发生时必须引起注意的条件。

高速计数器中断允许响应 HSC 的计数当前值等于设定值、计数方向改变（相应于轴转动的方向改变）和计数器外部复位等事件而产生的中断。高速计数器可实时响应高速事件，而 PLC 的扫描工作方式不能快速响应这些高速事件。

脉冲串输出中断给出了已完成指定脉冲数输出的指示。脉冲串输出的一个典型应用是步进电动机。

可以通过将一个中断程序连接到相应的 I/O 事件上来响应上述的每一个中断。

【例 7-1】 在 I0.0 的上升沿通过中断使 Q0.0 立即置位，在 I0.1 的下降沿通过中断使 Q0.0 立即复位。

程序设计如图 7-1 所示。

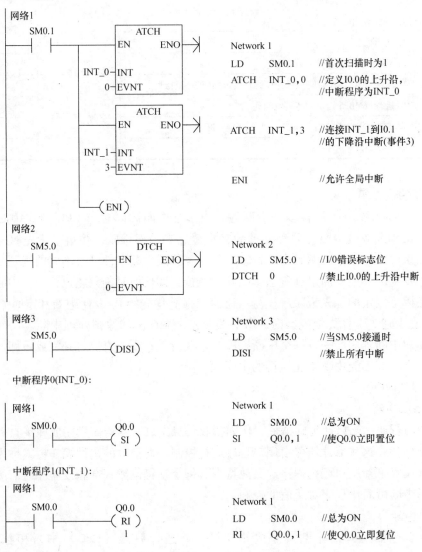

图 7-1 I/O 中断应用

3. 时基中断

时基中断（Timed Interrupt）包括定时中断和定时器 T32/T96 中断。可用定时中断来执行一个周期性的操作，以 1ms 为增量单位，周期的时间可取 1～255ms。对定时中断 0，必须把周期时间写入 SMB34；对定时中断 1，必须把周期时间写入 SMB35。每当定时器的定时时间到时，执行相应的定时中断程序，例如可以用定时中断以固定的时间间隔来采集模拟量或执行 PID 程序。

如果定时中断事件已被连接到一个定时中断程序，为了改变定时中断的时间间隔，首先必须修改 SMB34 或 SMB35 的值，然后重新把中断程序连接到定时中断事件上。重新连接时，定时中断功能清除前一次连接的定时值，并用新的定时值重新开始定时。

定时中断一旦被允许，中断就会周期性地不断产生，每当定时时间到时，就会执行被连接的中断程序。如果退出 RUN 状态或定时中断被分离，定时中断被禁止。如果执行了全局中断禁止指令，定时中断事件仍会连续出现，每个定时中断事件都会进入中断队列，直到中断队列满。

定时器 T32/T96 中断允许及时地响应一个给定的时间间隔，这些中断只支持 1ms 分辨率的通电延时定时器（TON）T32 和断电延时定时器（TOF）T96。一旦中断被允许，当定时器的当前值等于设定值时，在 CPU 的 1ms 定时刷新中，执行被连接的中断程序。

【例 7-2】　用定时中断 0 实现周期为 100ms 的定时中断。

编程时首先要创建中断程序 INT_0，然后在主程序中编写图 7-2 所示的中断控制程序。OB1 主程序：

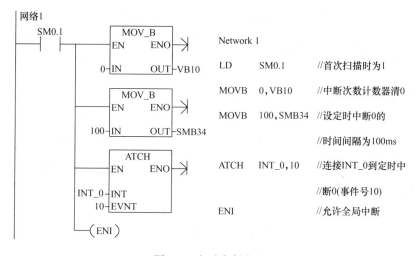

图 7-2　定时中断应用

定时中断的定时时间最长为 255ms，对于定时间隔超过 255ms 的控制任务，可以计算出它们的定时时间的最大公约数，以此作为定时中断的预置时间。在中断程序中对中断事件进行计数，根据计数值来处理不同的任务。

三、任务实施

此任务中要求的定时时间为 0.5s，超过了定时中断的最长定时时间。为了实现周期为 0.5s 的高精度周期性操作的定时，将定时中断的定时时间间隔设为 100ms，在定时中断 0 的中断程序中，将 VB10 加 1，然后用比较触点指令"LD ="判断 VB10 是否等于 5。若相等（中断了 5 次，对应的时间间隔为 0.5s），在中断程序中执行每 0.5s 一次的操作。

每 0.5s 读取一次模拟量的 OB1 主程序如图 7-3 所示，中断程序 0（INT_0）如图 7-4 所示。

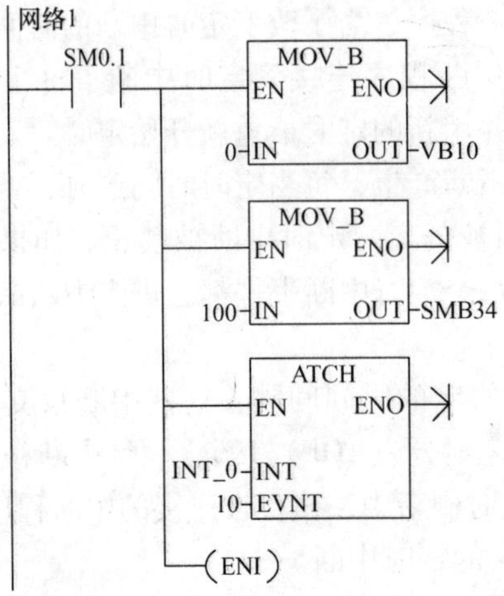

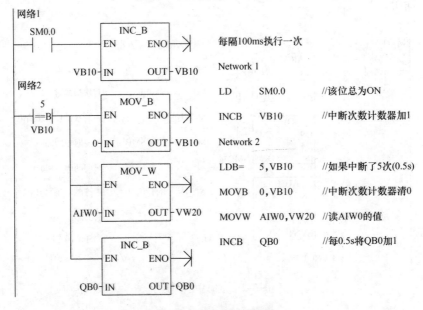

```
Network 1
LD      SM0.1          //首次扫描时为1
MOVB    0,VB10         //中断次数计数器清0
MOVB    100,SMB34      //设定时中断0的时间
                       //间隔为100ms
ATCH    INT_0,10       //连接INT_0到定时中
                       //断0(事件号10)
ENI                    //允许全局中断
```

图 7-3　定时中断 OB1 主程序

```
每隔100ms执行一次
Network 1
LD      SM0.0          //该位总为ON
INCB    VB10           //中断次数计数器加1
Network 2
LDB=    5,VB10         //如果中断了5次(0.5s)
MOVB    0,VB10         //中断次数计数器清0
MOVW    AIW0,VW20      //读AIW0的值
INCB    QB0            //每0.5s将QB0加1
```

图 7-4　INT _ 0 中断程序

任务二　用高速计数器测量船舶柴油机转速

一、任务提出

PLC 的普通计数器计数过程与扫描工作方式有关，CPU 通过每一扫描周期读取一次被测信号的方法来捕捉被测信号的上升沿，被测信号的频率较高时，会丢失计数脉冲，因此普通计数器的工作频率很低，一般仅有几十赫兹。高速计数器 HSC（High Speed Counter）用来累计比 PLC 扫描频率高得多的脉冲输入，利用产生的中断事件完成预定的操作。S7-200 系列中 CPU 221 和 CPU 222 有 4 个高速计数器，其余的 CPU 有 6 个高速计数器（HC0 ~ HC5），最高计数频率为 30kHz，可设置多达 12 种不同的操作模式。

　　船舶主机遥控系统中需要测量主机的转速和转向，用于主机的自动控制和转速显示。在一个S7-200 PLC主机遥控系统中，采用磁脉冲传感器检测主机的转速和转向，传感器安装于主机飞轮盘车齿轮处，飞轮有36个齿，每转过一个齿传感器产生一个脉冲。磁脉冲传感器有两路脉冲输出，两路计数脉冲的相位互差90°。主机的转速表连接到PLC模拟量输出端口AQW4，转速表的输入为直流±5V电压信号，对应显示转速范围为±1000r/min。

　　任务要求：设计PLC控制程序，采用高速计数器测量并计算柴油机的转速，判断主机转向，把转速送到转速表进行显示。

二、相关知识点

（一）高速计数器

1. 高速计数器的工作模式

　　S7-200 PLC高速计数器的工作模式可分为四大类：无外部方向输入信号的单相加/减计数器；有外部方向输入信号的单相加/减计数器；有加计数时钟脉冲和减计数时钟脉冲输入的双相计数器；A/B相正交计数器。

　　（1）无外部方向输入信号的单相加/减计数器（模式0~2）　带有内部方向控制，用高速计数器的控制字节的第3位来控制加计数或减计数。该位为1时为加计数，为0时为减计数。

　　（2）有外部方向输入信号的单相加/减计数器（模式3~5）　方向输入信号为1时为加计数，为0时为减计数。

　　（3）有加计数时钟脉冲和减计数时钟脉冲输入的双相计数器（模式6~8）　若加计数脉冲和减计数脉冲的上升沿出现的时间间隔不到0.3ms，高速计数器会认为这两个事件是同时发生的，当前值不变，也不会有计数方向变化的指示。反之，高速计数器就能够捕捉到每一个独立事件。

　　（4）A/B相正交计数器（模式9~11）　它的两路计数脉冲的相位互差90°（见图7-5），正转时A相时钟脉冲比B相时钟脉冲超前90°，反转时A相时钟脉冲比B相时钟脉冲滞后90°。利用这一特点可以实现在正转时加计数，反转时减计数。

　　A/B相正交计数器可以选择1倍速模式（见图7-5）和4倍速模式（见图7-6）。在1倍速模式，时钟脉冲的每一周期计一次数，在4倍速模式，时钟脉冲的每一周期计4次数。

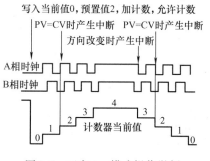

图7-5　正交1×模式操作举例

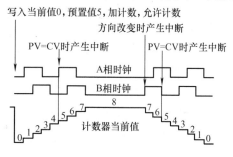

图7-6　正交4×模式操作举例

　　双相计数器的两个时钟脉冲可以同时工作在最大速率（30kHz），全部计数器可以同时以最大速率运行，互不干扰。

根据有无复位输入和起动输入，上述 4 类工作模式又可以各分为 3 种。因此 HSC1 和 HSC2 有 12 种工作模式；HSC0 和 HSC4 因为没有起动输入，只有 8 种工作方式；HSC3 和 HSC5 只有时钟脉冲输入，所以只有 1 种工作方式。

2. 高速计数器的外部输入信号

各计数器有专用的时钟脉冲、方向控制、复位及起动输入端子，有的计数器只有部分输入端子。各高速计数器的外部输入信号见表 7-3 和表 7-4。只有 CPU 224、CPU 226 和 CPU 226XM 有 HSC1 和 HSC2。

表 7-3　HSC0、HSC3～HSC5 的外部输入信号

模式	HSC0			HSC3	HSC4			HSC5
	I0.0	I0.1	I0.2	I0.1	I0.3	I0.4	I0.5	I0.4
0	时钟			时钟	时钟			时钟
1	时钟		复位		时钟		复位	
3	时钟	方向			时钟	方向		
4	时钟	方向	复位		时钟	方向	复位	
6	加时钟	减时钟			加时钟	减时钟		
7	加时钟	减时钟	复位		加时钟	减时钟	复位	
9	A 相时钟	B 相时钟			A 相时钟	B 相时钟		
10	A 相时钟	B 相时钟	复位		A 相时钟	B 相时钟	复位	

表 7-4　HSC1 和 HSC2 的外部输入信号

模式	HSC1				HSC2			
	I0.6	I0.7	I1.0	I1.1	I1.2	I1.3	I1.4	I1.5
0	时钟				时钟			
1	时钟		复位		时钟		复位	
2	时钟		复位	起动	时钟		复位	起动
3	时钟	方向			时钟	方向		
4	时钟	方向	复位		时钟	方向	复位	
5	时钟	方向	复位	起动	时钟	方向	复位	起动
6	加时钟	减时钟			加时钟	减时钟		
7	加时钟	减时钟	复位		加时钟	减时钟	复位	
8	加时钟	减时钟	复位	起动	加时钟	减时钟	复位	起动
9	A 相时钟	B 相时钟			A 相时钟	B 相时钟		
10	A 相时钟	B 相时钟	复位		A 相时钟	B 相时钟	复位	
11	A 相时钟	B 相时钟	复位	起动	A 相时钟	B 相时钟	复位	起动

有些高速计数器的输入点相互间或它们与边沿中断（I0.0～I0.3）的输入点有重叠，同一输入点不能用于两种不同的功能。但是高速计数器当前模式未使用的输入点可用于其他功能。例如，HSC0 工作在模式 1 时只使用 I0.0 及 I0.2，I0.1 可供边沿中断或 HSC3 使用。

当复位输入信号有效时，将清除计数当前值并保持清除状态，直至复位信号关闭。当起动输入有效时，将允许计数器计数；关闭起动输入时，计数器当前值保持恒定，时钟脉冲不起作用。如果在关闭起动输入时，使复位输入有效，将忽略复位输入，当前值不变；如果激活复位输入后再激活起动输入，则当前值被清除。

3. 高速计数器的中断事件类型

高速计数器的中断事件大致可分为三种方式：所有的计数器模式都会在当前值等于预置值时产生中断；使用外部复位端的计数模式支持外部复位中断；除去模式0、1和2之外，所有计数器模式都支持计数方向改变中断。每种中断条件都可以分别使能或者禁止。

当使用外部复位中断时，不要写入初始值，也不要在该中断服务程序中先禁止再允许高速计数器工作，否则会产生一个致命错误。

（二）高速计数器指令

1. 指令格式

高速计数器指令有两条：高速计数器定义指令（HDEF）和高速计数器起动指令（HSC），其LAD及STL指令格式见表7-5。

表7-5　高速计数器指令

项目	高速计数器定义指令	高速计数器起动指令
梯形图	HDEF EN　ENO HSC MODE	HSC EN　ENO N
指令表	HDEF　HSC, MODE	HSC　N
操作数的范围	HSC：0~5；　　MODE：0~11；	N：0~5

2. 指令功能

（1）高速计数器定义指令（HDEF）　为指定的高速计数器（HSC）设置一种工作模式（MODE），即用来建立高速计数器与工作模式之间的联系，模式的选择决定了高速计数器的时钟方向、起动和复位功能。每个高速计数器只能用一条HDEF指令。

指令格式中的参数如下：

HSC：高速计数器编号，为0~5的常数，字节型；

MODE：工作模式，为0~11的常数，字节型。

在使用高速计数器之前，应该用高速计数器定义指令（HDEF）为计数器选择一种计数模式。可以用首次扫描存储器位SM0.1，在第一个扫描周期调用包含HDEF指令的子程序来定义高速计数器。

（2）高速计数器起动指令（HSC）　根据高速计数器特殊存储器位的状态，并按照HDEF指令指定的工作模式，设置高速计数器并控制其工作。输入参数N用来设置高速计数器的编号，为0~5的字型常数。

（三）与高速计数器相关的特殊存储器

1. 高速计数器的状态字节

每个高速计数器都有一个状态字节，给出了当前计数方向和当前值是否大于或等于预置值（见表7-6）。只有在执行高速计数器的中断程序时，状态位才有效。监视高速计数器状态的目的是响应正在进行的操作所引发的事件产生的中断。

表7-6　HSC 的状态字节

HSC0	HSC1	HSC2	HSC3	HSC4	HSC5	描　述
SM36.0 ~36.4	SM46.0 ~46.4	SM56.0 ~56.4	SM136.0 ~136.4	SM146.0 ~146.4	SM156.0 ~156.4	不用
SM36.5	SM46.5	SM56.5	SM136.5	SM146.5	SM156.5	当前计数方向状态位： 0 = 减计数；1 = 加计数
SM36.6	SM46.6	SM56.6	SM136.6	SM146.6	SM156.6	当前值等于预置值状态位： 0 = 不等；1 = 等于
SM36.7	SM46.7	SM56.7	SM136.7	SM146.7	SM156.7	当前值大于预置值状态位： 0 = 小于等于；1 = 大于

2. 高速计数器的控制字节

只有定义了高速计数器和它的计数模式，才能对高速计数器的动态参数进行编程。各高速计数器均有一个控制字节，对高速计数器的属性控制由字节中的各位来实现，各位的意义见表7-7。控制字节中的前3位（bit0 ~ bit2）用于配置复位和起动信号的有效状态以及选择1倍速或者4倍速计数模式（仅用于正交计数器）；控制字节中其余的5位（bit3 ~ bit7）可对高速计数器进行如下操作：

1）使能或禁止计数器。

表7-7　高速计数器的控制字节（位）

HSC0	HSC1	HSC2	HSC3	HSC4	HSC5	描　述
SM37.0	SM47.0	SM57.0	—	SM147.0	—	复位有效电平控制位： 0 = 复位高电平有效；1 = 复位低电平有效
—	SM47.1	SM57.1	—	—	—	起动有效电平控制位： 0 = 起动高电平有效；1 = 起动低电平有效
SM37.2	SM47.2	SM57.2	—	SM147.2	—	正交计数器计数速率选择： 0 = 4 × 计数率；1 = 1 × 计数率
SM37.3	SM47.3	SM57.3	SM137.3	SM147.3	SM157.3	计数方向控制位： 0 = 减计数；1 = 增计数
SM37.4	SM47.4	SM57.4	SM137.4	SM147.4	SM157.4	向 HSC 写入计数方向： 0 = 不更新；1 = 更新计数方向
SM37.5	SM47.5	SM57.5	SM137.5	SM147.5	SM157.5	向 HSC 写入预置值： 0 = 不更新；1 = 更新预置值
SM37.6	SM47.6	SM57.6	SM137.6	SM147.6	SM157.6	向 HSC 写入新的初始值： 0 = 不更新；1 = 更新初始值
SM37.7	SM47.7	SM57.7	SM137.7	SM147.7	SM157.7	HSC 允许： 0 = 禁止 HSC；1 = 允许 HSC

2）控制计数方向（只对模式 0、1 和 2 有效）或者对所有其他模式定义初始化计数方向。

3）装载初始值。

4）装载预置值。

执行 HDEF 指令之前必须将控制字节中的位设置成需要的状态，否则计数器将采用所选计数器模式的默认设置。默认设置为：复位输入和起动输入高电平有效，正交计数速率为输入时钟频率的 4 倍。执行 HSC 指令时，CPU 检查控制字节和有关的当前值与预置值。执行 HDEF 指令后，就不能再改变计数器设置，除非 CPU 进入停止（STOP）模式。

3. 高速计数器初始值、预置值及当前值存储单元

每个高速计数器都有一个 32 位的初始值和一个 32 位的预置值，均为有符号整数。初始值是高速计数器计数的起始值，预置值是高速计数器的运行目标值，当实际计数值等于预置值时会发生一个内部中断事件。必须先设置控制字节以允许装入新的初始值和预置值，并把初始值和预置值存入特殊存储器中，然后执行 HSC 指令使新的初始值和预置值有效。每个高速计数器都有一个以数据类型 HC 加上计数器标号构成的存储单元，它可以保存计数器的当前值，高速计数器的当前值是只读值，只能以双字（32 位）分配地址。

HSC0 ~ HSC5 的初始值、预置值及当前值存储单元见表 7-8。

表 7-8　高速计数器初始值、预置值及当前值存储单元

	HSC0	HSC1	HSC2	HSC3	HSC4	HSC5
初始值	SMD38	SMD48	SMD58	SMD138	SMD148	SMD158
预置值	SMD42	SMD52	SMD62	SMD142	SMD152	SMD162
当前值	HC0	HC1	HC2	HC3	HC4	HC5

（四）高速计数器的程序设计

使用高速计数器时，需要根据有关的特殊存储器的意义来编写初始化程序和中断程序。对高速计数器编程的步骤如下：

1）定义高速计数器，选择工作模式。

2）设置控制字节。

3）设置初始值和预置值。

4）执行 HDEF 指令。

5）指定并使能中断服务程序。

6）起动高速计数器。

对高速计数器程序的编写既繁琐又容易出错，用户可以应用 STEP 7-Micro/WIN 编程软件的向导功能来完成某些功能的编程，这样既简单方便，又不容易出错。使用指令向导能简化高速计数器的编程过程。

【例 7-3】　用指令向导生成高速计数器 HSC0 的初始化程序和中断程序，HSC0 为无外部方向输入信号的单相加/减计数器（模式 0），计数值为 10000 ~ 20000 时 Q1.0 输出为 1。

执行菜单命令"工具"→"指令向导…"，按下面的步骤设置高速计数器的参数。

1）在第 1 页选择"HSC"（配置高速计数器），每次操作完成后单击"下一步"按钮，如图 7-7 所示。

2）在第 2 页选择"HSC0"和"模式 0"，如图 7-8 所示。

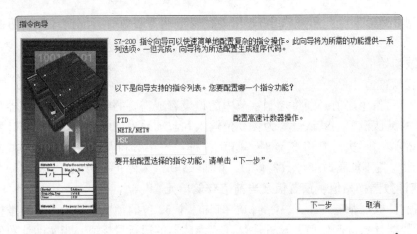

图 7-7　选择高速计数器指令向导

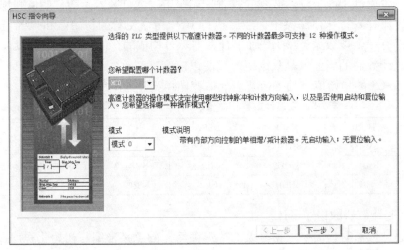

图 7-8　选择 HSC0 和模式 0

3）在第 3 页设置计数器的预置值为 10000，初始值为 0，初始计数方向为加（增）计数。使用默认的初始化子程序，名为 HSC_INIT，如图 7-9 所示。

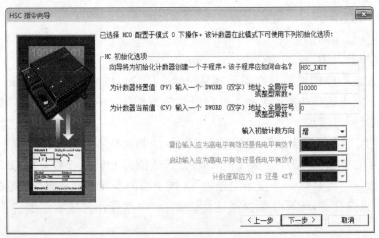

图 7-9　配置高速计数器参数

4）在第 4 页设置当前值等于预置值时产生中断（中断事件编号为 12），使用默认的中断程序，名为 COUNT_EQ，如图 7-10 所示。

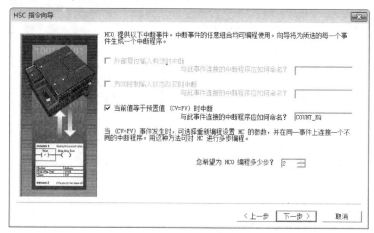

图 7-10　选择中断事件

向导允许高速计数器按多个步骤进行计数，即在中断程序中修改某些参数，例如修改计数器的计数方向、初始值和预置值，并将另一个中断程序连接至相同的中断事件。本例设置编程 2 步。

在中断程序 COUNT_EQ 中，修改预置值为 20000，计数初始值和计数方向不变，如图 7-11 所示。在图 7-12 所示界面完成设置后自动生成下述的初始化子程序 HSC_INIT、中断程序 COUNT_EQ 和中断程序 HSC0_STEP1。

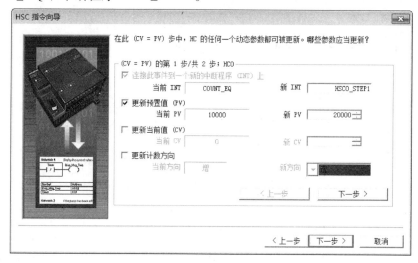

图 7-11　选择更新项目

在主程序中，首次扫描时调用 HSC_INIT，中断程序中对 Q1.0 置位和复位的语句是需要用户添加的。最后一个步骤，重新连接第一个中断程序 HSC0_STEP1，使计数过程循环进行。程序设计如图 7-13 ~ 图 7-16 所示。

在 HSC0 初始化时将它的控制字节 SMB37 设置为 16#F8（允许计数，写入新初始值，写入新预置值，写入计数方向，设置初始计数方向为加计数，复位输入高电平有效，设为无外部方向输入信号的模式）。

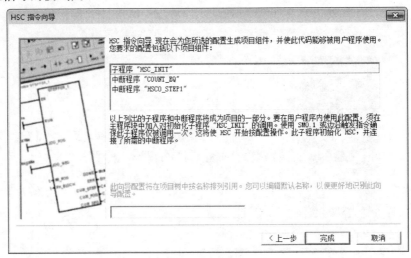

图 7-12　完成 HSC 指令向导

OB1 主程序如图 7-13 所示。

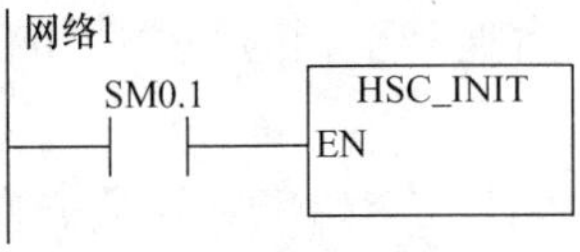

网络1

SM0.1	HSC_INIT
	EN

网络1

LD　　　SM0.1　　　//首次扫描时为1
CALL　　HSC_INIT　　//调用HSC0初始化子程序

图 7-13　OB1 主程序

初始化子程序 HSC _ INIT 如图 7-14 所示。

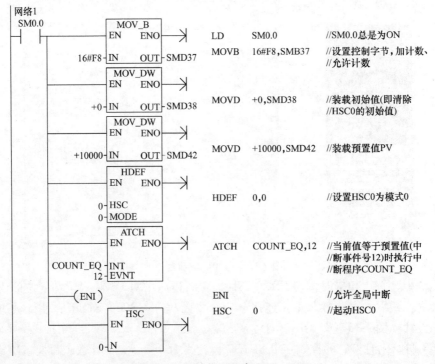

LD　　　SM0.0　　　　　//SM0.0总是为ON

MOVB　　16#F8,SMB37　　//设置控制字节,加计数、
　　　　　　　　　　　　//允许计数

MOVD　　+0,SMD38　　　//装载初始值(即清除
　　　　　　　　　　　　//HSC0的初始值)

MOVD　　+10000,SMD42　//装载预置值PV

HDEF　　0,0　　　　　　//设置HSC0为模式0

ATCH　　COUNT_EQ,12　//当前值等于预置值(中
　　　　　　　　　　　　//断事件号12)时执行中
　　　　　　　　　　　　//断程序COUNT_EQ

ENI　　　　　　　　　　//允许全局中断

HSC　　　0　　　　　　　//起动HSC0

图 7-14　初始化子程序 HSC _ INIT

中断程序 COUNT _ EQ 如图 7-15 所示。当 HSC0 的计数当前值等于第 1 个预置值 10000 时，调用中断程序 COUNT _ EQ。

```
LD      SM0.0
MOVB    16#A0, SMB37          //设置控制字节,写入
                              //新的预置值,不改变计
                              //数方向,允许计数
MOVD    +20000, SMD42         //装载预置值PV
ATCH    HSC0_STEP1, 12        //当前值等于预置值
                              //时执行中断程序
                              //HSC0_STEP1
HSC     0                     //起动HSC0
SI      Q1.0, 1               //用户添加的立即置位指令
```

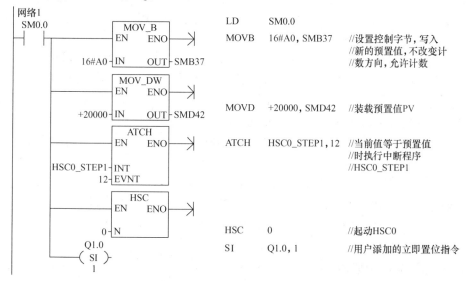

图 7-15　中断程序 COUNT _ EQ

中断程序 HSC0 _ STEP1 如图 7-16 所示。当 HSC0 的计数当前值等于第 2 个预置值 20000 时，调用中断程序 HSC0 _ STEP1。

```
网络1
LD      SM0.0
MOVB    16#80, SMB37          //设置控制字节，不写入新的
                              //预置值,不改变计数方向,
                              //允许计数
DTCH    12                    //断开中断连接
HSC     0
RI      Q1.0, 1               //用户添加的立即复位指令
```

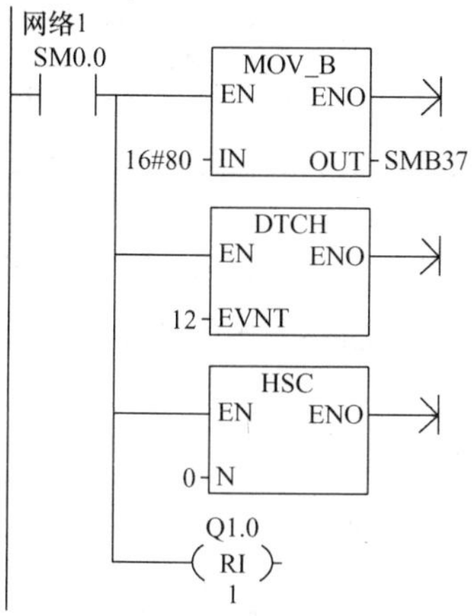

图 7-16　中断程序 HSC0 _ STEP1

三、任务实施

（一）程序设计方案分析

此任务中，测量转速最大范围可达 1000r/min，主机飞轮的齿数为 36，因此测速传感器产生的脉冲频率可达 600Hz，需要采用高速计数器计数。考虑到判断主机转向的需要，因此采用 A/B 相正交计数器，正交脉冲 A 与 B 分别接到 PLC 输入点 I0. 0 和 I0. 1，柴油机正转时加计数，反转时减计数。PLC 按一定的时间间隔记录计数的脉冲数，若计数周期 T 为 0. 5s，

p 为一个计数周期记录的脉冲数，z 为飞轮齿数，内部计数速率为 $1 \times$（1 倍）输入脉冲频率，则主机转速 n（单位为 r/min）为

$$n = \frac{p}{zT} \times 60 = \frac{p}{36 \times 0.5} \times 60 = \frac{p \times 10}{3}$$

计数采用高速计数器 HSC0，计数模式 9，在每个计数周期开始为计数器更新初始值为 0，在 0 的基础上加、减计数，加计数（计数器当前值大于零）则判别为正车转向，减计数（计数器当前值小于零）为倒车转向。计数周期采用定时中断进行精确定时，因计数周期 0.5s 超过了定时中断的最长定时时间，因此将定时中断的定时时间间隔设为 100ms，在定时中断的中断程序中，每次中断将 VB0 加 1，当 VB0 加到 5 时，在中断程序中执行一次转速的计算。

转速表输入为直流 ±5V，指示刻度范围为 ±1000r/min，连接于 PLC 模拟量输出模块 EM232，输出地址 AQW4。模拟量扩展模块 EM232 的电压输出范围为直流 ±10V，对应内部数字值 ±32000，因此转速 ±1000r/min 对应的内部数字值应为 ±16000。

（二）程序设计

程序中定义的符号地址及含义见表 7-9。

表 7-9　程序中定义的符号地址及含义

序号	符号	地址	注　释
1	正车转向	V11.3	主机正车转向标志
2	倒车转向	V11.4	主机倒车转向标志
3	主机转速	VD34	主机转速绝对值(实数)
4	转速显示	AQW4	用于主机转速输出显示

转速测量的主程序（OB1）如图 7-17 所示，中断程序（INT_0）如图 7-18 所示。主程序用于定时中断、高速计数器的初始化和主机转向判断，中断程序用于转速的计算与输出显示。

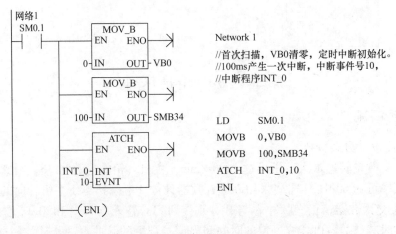

图 7-17　OB1 主程序

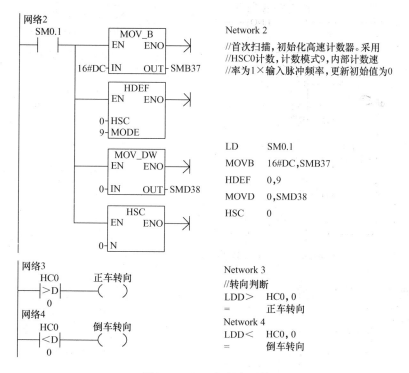

网络2
Network 2
//首次扫描,初始化高速计数器。采用
//HSC0计数,计数模式9,内部计数速
//率为1×输入脉冲频率,更新初始值为0

LD　　　SM0.1
MOVB　16#DC,SMB37
HDEF　　0,9
MOVD　　0,SMD38
HSC　　　0

网络3
Network 3
//转向判断
LDD＞　HC0, 0
=　　　　正车转向

网络4
Network 4
LDD＜　HC0, 0
=　　　　倒车转向

图 7-17　OB1 主程序（续）

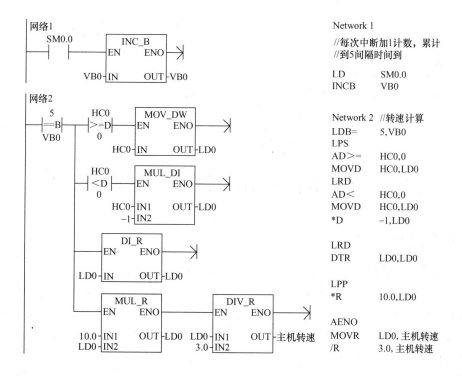

网络1
Network 1
//每次中断加1计数,累计
//到5间隔时间到

LD　　　SM0.0
INCB　　VB0

网络2
Network 2　//转速计算
LDB=　　5,VB0
LPS
AD＞=　　HC0,0
MOVD　　HC0,LD0
LRD
AD＜　　HC0,0
MOVD　　HC0,LD0
*D　　　　−1,LD0

LRD
DTR　　　LD0,LD0

LPP
*R　　　　10.0,LD0

AENO
MOVR　　LD0,主机转速
/R　　　　3.0,主机转速

图 7-18　INT＿0 中断程序

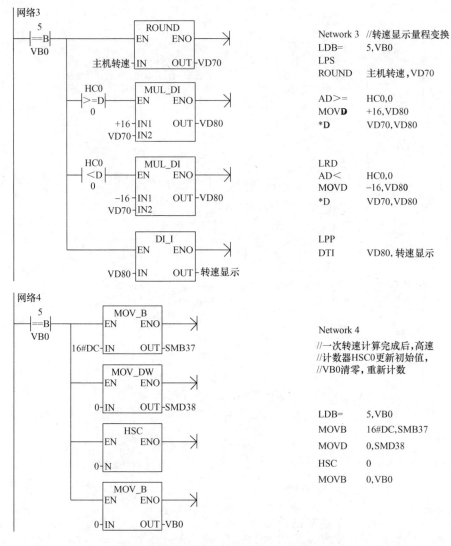

图 7-18　INT _ 0 中断程序（续）

任务三　实现两台 S7-200 PLC 之间的 PPI 通信

一、任务提出

近年来，计算机控制已被迅速地推广和普及，很多企业已经大量地使用各式各样的可编程设备，例如工业控制计算机、PLC、变频器、机器人等。将不同厂家生产的这些设备连在一个网络中，相互之间进行数据通信，实现分散控制和集中管理，是计算机控制系统发展的大趋势。为了适应自动化网络技术的快速发展，几乎所有的 PLC 生产厂家都为自己的产品配置了通信和联网功能，研制开发了自己的 PLC 网络系统。

S7-200 PLC 具有通信和组网的功能，它既可以同上位机进行通信，也可以同其他的 PLC 及智能设备进行通信。PPI 协议是 S7-200 CPU 最基本的一种通信方式，它通过 S7-200 CPU

自身的端口（Port 0 或 Port 1）即可完成，是 S7-200 CPU 默认的通信协议。

任务要求：

用 NETW 和 NETR 指令实现两台 S7-224 CPU 之间的数据通信，2 号站为主站，4 号站为从站，编程用的计算机的站地址为 0。把 2 号站从地址区 VB107 开始的 4 个字节数据写入 4 号站 VB500 开始的 4 个字节存储区。读取 4 号站从地址区 VB600 开始的 10 个字节数据，放在 2 号站从地址区 VB207 开始的 10 个字节存储区。

二、相关知识点

（一）PPI 通信

PPI（Point-to-Point Interface，点对点接口）协议是一种主从协议，协议定义了主站和从站，网络中主站向网络中的从站发出请求，从站只能对主站发出的请求作出响应，自己不能发出请求。主站也可以对网络中其他主站的请求作出响应。PPI 协议支持一个网络中的 127 个地址（0～126），网络中各设备的地址不能重叠。PPI 并不限制一个从站所能连接主站的数量，但是在网络中最多只能有 32 个主站。运行 STEP 7-Micro/WIN 的计算机的默认地址为 0，操作员面板的默认地址为 1，PLC 默认地址为 2，这些默认地址可根据需要进行修改。

默认情况下网络中的 S7-200 CPU 均为从站，其他 CPU、SIMATIC 编程器或文本显示器（例如 TD200）为主站。

1. 单主站 PPI 网络

单主站 PPI 网络如图 7-19 所示。一台编程站（主站）通过 PPI 电缆或编程站上的 CP 通信卡与 S7-200 CPU（从站）通信。人机界面（HMI，例如 TD200 和触摸屏）也可以做主站。单主站与一个或多个从站相连，STEP 7-Micro/WIN 每次和一个 S7-200 CPU 通信，但是它可以分时访问网络中所有的 CPU。

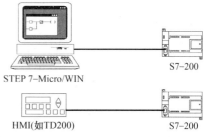

图 7-19 单主站 PPI 网络

2. 多主站 PPI 网络

多主站 PPI 网络如图 7-20 所示。编程站和 HMI 是通信网络中的主站，并且使用 STEP 7-Micro/WIN 提供给它的地址，S7-200 CPU 作为从站。

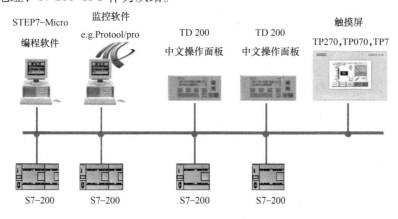

图 7-20 多主站 PPI 网络

对于多主站网络，应在编程软件中设置使用 PPI 协议，并选中 "Multiple Master Network"（多主网络）复选框和 "Advanced PPI"（高级 PPI）复选框。高级 PPI 功能允许在 PPI 网络中与一个或多个 S7-200 CPU 建立多个连接，S7-200 CPU 的通信口 0 和通信口 1 分别可以建立 4 个连接，一个 EM277 可以建立 6 个连接。如果使用 PPI 多主站电缆，可以忽略这两个复选框。

3. S7-200 PLC 之间的 PPI 通信

如果在用户程序中使能了 PPI 主站模式，一些 S7-200 CPU 在 RUN 模式下可以作主站，它们可以用网络读（Net Read，NETR）和网络写（Net Write，NETW）指令读写其他 CPU 中的数据。S7-200 CPU 作 PPI 主站时，还可以作为从站响应来自其他主站的通信申请。

（1）网络读写指令　网络读（NETR）指令在 EN 为 1 时启动一项通信操作，通过指定的端口（PORT）从远程设备收集数据。网络写（NETW）指令在 EN 为 1 时启动一项通信操作，通过指定的端口（PORT）向远程设备写入数据。

每一条 NETR/NETW 指令可从/向远程站读取/写入 16 个字节信息。可在程序中保持任意数目的 NETR/NETW 指令，但同一时刻最多只能有 8 条指令被激活，例如可以同时激活 5 条读指令和 3 条写指令。网络读写指令通过 TBL 参数表来指定报文头，以首字节为 VB200 为例，TBL 参数表见表 7-10。

表 7-10　TBL 参数表

VB200	D	A	E	0	错误代码
VB201	远程地址				
VB202	远程站的数据区指针 （I、Q、M、V）				
VB203					
VB204					
VB205					
VB206	数据长度（1~16 字节）				
VB207	数据字节 0				
VB208	数据字节 1				
...	...				
VB222	数据字节 15				

表中各参数的意义如下：

远程地址：被访问的 PLC 站地址；

远程站的地址指针：被访问 PLC 数据区的地址指针；

数据长度：远程站上被访问数据的字节数；

数据字节 0~15：接收和发送数据区，对网络读（NETR）指令，执行 NETR 指令后，从远程站读到的数据放在该区；对于网络写（NETW）指令，执行 NETW 指令后，把存放在该区的数据发送到远程站。

表中首字节中各标志位的意义为：

D：指示操作完成状态，0 = 未完成，1 = 完成；

A：指示操作是否有效，0 = 无效，1 = 有效；

E：返回错误状态，0 = 无错误，1 = 有错误。

4 位错误代码为 0 表示无错误，错误代码的含义见表 7-11。

表 7-11　错误代码的含义

错误代码	含　　义
0	无错误
1	远程站响应超时
2	接受错误：奇偶校验错，响应时帧或校验出错
3	离线错误：相同的站地址或无效的硬件引发冲突
4	队列溢出错误：激活超过 8 个的 NETR/TREW 指令
5	通信协议错误：没有使用 PPI 协议（SMB30）而调用 NETR/NETW 指令
6	非法参数：NETR/NETW 表中包含非法或无效的值
7	没有资源：远程站点正在忙中（上载或下载程序）
8	第 7 层错误：违反应用协议
9	信息错误：错误的数据地址或数据长度
10	保留

（2）通信端口配置　在程序开始必须设定通信协议。SMB30 用于配置通信端口 0（Port 0），SMB130 用于配置通信端口 1（Port 1），通信模式配置见表 7-12。

表 7-12　SMB30/SMB130 设定

MSB 7							LSB 0
p	p	d	b	b	b	m	m

pp：校验类型选择（00 = 不校验；01 = 偶校验；10 = 不校验；11 = 奇校验）。

d：每个字符数据位长度（0 = 8 位；1 = 7 位）。

bbb：自由口通信波特率（000 = 38400；001 = 19200；010 = 9600；011 = 4800；100 = 2400；101 = 1200；110 = 115200；111 = 57600），均为自由口通信时才需要设定的参数，在 PPI 通信时都设置为 0 即可。

mm：协议选择（00 = PPI 从站模式；01 = 自由口模式，10 = PPI 主站模式；11 = 保留），默认设置为 PPI 从站模式。

要将本地 PLC 设为 PPI 主站，只需将"2"赋值给 SMB30，并且只需设置一次（可用 SM0.1）。

（二）网络通信硬件

1. S7-200 CPU 通信端口与引脚分配

S7-200 支持的 PPI、PROFIBUS-DP、自由口通信模式都是建立在 RS-485 的硬件基础上。S7-200 CPU 上的通信端口是与 RS-485 兼容的 9 针 D 型连接器，符合欧洲标准 EN 50170。S7-200 PLC 通信端口的引脚分配如图 7-21 所示。

连接器	针	PROFIBUS名称	端口0/端口1
	1	屏蔽	机壳接地
	2	24V返回	逻辑地
	3	RS-485信号B	RS-485信号B
	4	发送申请	RTS(TTL)
	5	5V返回	逻辑地
	6	5V	5V,100Ω串联电阻
	7	24V	24V
	8	RS-485信号A	RS-485信号A
	9	不用	10位协议选择(输入)
	连接器外壳	屏蔽	机壳接地

图 7-21 S7-200 PLC 通信端口的引脚分配

2. 网络连接器

为保证足够的传输距离和通信速率，建议使用 SIEMENS 制造的网络电缆和网络连接器（插头）。西门子提供两种类型的网络连接器：标准网络连接器和包含一个编程端口的连接器。利用西门子提供的两种网络连接器，可以把多个设备很容易地连到网络中。带有编程接口的连接器可以把 SIMATIC 编程器或操作面板增加到网络中而不用改动现有的网络连接。两种连接器都有两组螺钉端子，可以连接网络的输入和输出。两种网络连接器还有把网络偏置和终端匹配的选择开关，电缆在两端都必须端接和偏置。典型的网络连接器的偏置和终端如图 7-22 所示。

3. 多主站 PPI 电缆

多主站 PPI 电缆用于计算机与 S7-200 之间的通信，S7-200 的通信接口为 RS-485，计算机可以使用 RS-232C 或 USB 通信接口，因此，有 RS-232C/PPI 和 USB/PPI 两种电缆。另外，还有一种老型号多主站电缆 PC/PPI 电缆，可以与新版的编程软件配合使用。

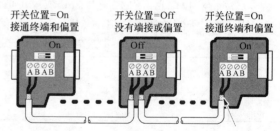

图 7-22 网络连接器的偏置和终端

使用 RS-232C/PPI 电缆和自由口通信功能，S7-200 可以与其他有 RS-232C 接口的设备通信。多主站电缆的价格便宜，使用方便，但是通信速率较低，最高波特率为 187.5kbit/s。

USB/PPI 多主站电缆是一种即插即用设备，适用于支持 USB1.1 版的 PC，编程软件必须为 STEP 7-Micro/WIN 3.2 SP4 以上版本。当在 187.5kbit/s 的波特率下进行通信时，USB/PPI 多主站电缆能将 PC 和 S7-200 网络隔离。此时，无需设置任何开关，只需连上电缆，将 PPI 电缆设为接口并选用 PPI 协议，然后在 PC 连接标签下设置好 USB 端口即可。USB 电缆不支持自由口通信功能。

RS-232C/PPI 多主站电缆带有 8 个 DIP 开关：其中两个用来配置电缆，使之可以用于 STEP 7-Micro/WIN 的连接。如果需将电缆连接到 PC 上，则需选择 PPI 模式（开关 5 = 1）和本地操作（开关 6 = 0）。如果需将电缆连接到调制解调器上，则需选用 PPI 模式（开关 5 = 1）和远程操作（开关 6 = 1）。

4. CP 通信卡

在运行 Windows 操作系统的个人计算机（PC）上安装了 STEP 7-Micro/WIN 编程软件

后，PC 可以作为网络中的主站。CP 通信卡的价格较高，但 PC 安装 CP 通信卡后可以获得相当高的通信速率。台式计算机与便携式计算机使用不同的通信卡。

可以供用户选择的 STEP 7-Micro/WIN 支持的通信硬件和波特率见表 7-13。S7-200 还可以通过 EM277 PROFIBUS-DP 模块连接到 PROFIBUS-DP 现场总线网络，各通信卡提供一个与 PROFIBUS 网络连接的 RS-485 通信口。

表 7-13 STEP 7-Micro/WIN 支持的通信硬件和波特率

配　　　置	波特率/（bit/s）	协议
RS-232/PPI 多主站或 USB/PPI 多主站电缆连接到编程站的一个端口	9.6k ~ 187.5k	PPI
CP5511 类型Ⅱ，PCMCIA 卡（适用于便携式计算机）	9.6k ~ 12M	PPI、MPI 和 PROFIBUS
CP5512 类型Ⅱ，PCMCIA 卡（适用于便携式计算机）	9.6k ~ !12M	PPI、MPI 和 PROFIBUS
CP5611（版本 3 以上）PCI 卡	9.6k ~ 12M	PPI、MPI 和 PROFIBUS
CP1613、S7613、PCI 卡	10M 或 100M	TCP/IP
CP1612，SoftNet7 PCI 卡	10M 或 100M	TCP/IP
CP1512，SoftNet7 PCMCIA 卡（适用于便携式计算机）	10M 或 100M	TCP/IP

三、任务实施

1. 网络硬件连接

两台 S7-200 PLC 通过 RS-485 通信接口（PORT 0 或 PORT 1）和网络连接器，组成一个使用 PPI 协议的通信网络。用双绞线分别将连接器的两个 A 端子连在一起，两个 B 端子连在一起。作为实验室应用，也可以用标准的 9 针 D 型连接器来代替网络连接器。各 PLC 通信端口配置、程序编制、下载通过装有 STEP 7-Micro/WIN 编程软件的 PC 来完成。

2. 网络读写数据缓冲区地址安排（TBL 参数表）

主站 PLC（2 号站）的网络读写数据缓冲区地址安排见表 7-14。

表 7-14 主站网络读写数据缓冲区地址安排

字节意义	状态字节	远程站地址	远程站数据区指针	读写的数据长度	数据字节
NETW 缓冲区	VB100	VB101	VD102	VB106	VB107
NETR 缓冲区	VB200	VB201	VD202	VB206	VB207

3. PLC 程序

只需在作为主站（2 号站）的 PLC 中编程，从站不需要任何的编程工作，只是需要将数据送入到主站访问的地址中即可。主站 PLC 网络读、写指令的梯形图程序如图 7-23 所示。

也可采用"网络读取/网络写入指令向导"进行编程，编程软件提供了"网络读取/网络写入指令向导"功能，可以方便地实现编程。

4. PLC 通信端口地址及参数设定

要为网络中各 PLC 通信端口设定正确的站地址和通信参数，才能进行正常通信。通信端口地址及参数设定可以通过 PC 上的 STEP 7-Micro/WIN 编程软件来完成，如图 7-24 所示，选择 STEP 7-Micro/WIN 的菜单视图中的"系统块（System Block）"选项来对通信端口进行配置，然后下载到 PLC。

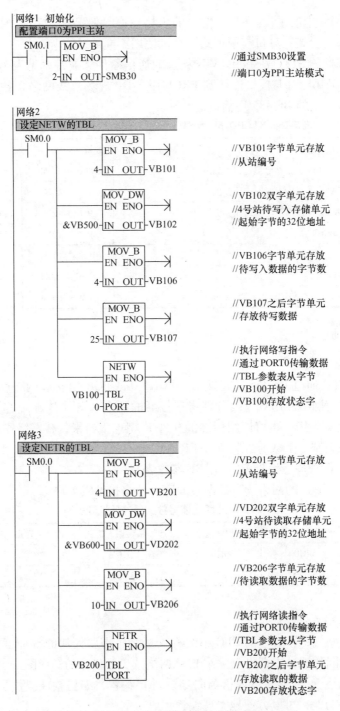

图 7-23　主站 PLC 网络读、写指令的梯形图程序

PLC 地址（PLC Address）：设定端口的站号，设定范围为 1～126，如果是准备作为 PPI 通信的主站，建议不要设定过大，而且与其他主站的站号的设定尽量连续，不要有间隔。

最高地址（Highest Address）：当 CPU 作为主站时，它将检测网络中下一个接收令牌的主站，当检测到最高地址后，将重新回到 0 号站。故为了节省时间，不要将该地址设置过大，但要大于网络中所有主站的站号。

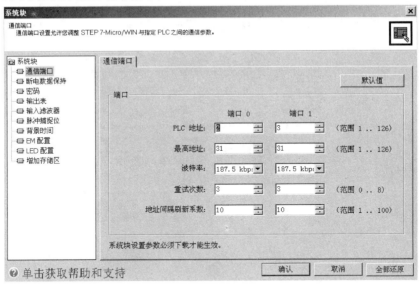

图 7-24　PLC 通信端口地址及参数设定

波特率（Baud Rate）：设置通信端口的波特率。这里设定的波特率最好与控制面板里的"设置 PG/PC 接口（Set PG/PC interface）"中设置的波特率一致，特别是在 CPU 只有一个通信端口的情况下，否则下载后可能通信会中断，需要重新设定该值。

重试次数（Retry Count）：尝试建立通信的重试次数（0~8）。

地址间隔刷新系数（Gap Update Factor）：该参数表示该主站第 N 次拿到令牌时会检测网络中等待加入的主站，第 $N+1$ 次时，把等待加入的主站加入网络中。如该参数设得过小，则会增加网络的响应时间，但设得过大，又会延长主站加入网络的时间，故一般用默认值即可。

从站不需要编程，但从站的通信端口地址和波特率也要在"系统块"中设置好，然后下载到 PLC 中才能正常工作。

5. 程序下载

程序编制完成后，下载到 CPU 中运行。注意当程序运行后，端口将被程序设置为 PPI 的主站，如果没有在"设置 PG/PC 接口（Set PG/PC interface）"的属性（Properties）中选择"Multiple Master Network"，则监控的 Step 7-Micro/WIN 有可能会连接中断。如果使用一个端口的 CPU，可以选中该选项，或者可以使用 CPU 224XP 或 CPU 226 等有两个通信端口的 CPU，一个端口用来监控，另一个端口用来进行通信。

四、知识拓展

（一）SIEMENS 的工业自动化网络

PLC 与计算机可以直接或通过通信处理单元、通信转换器相连构成网络，以实现信息的互换，并可以构成"集中管理，分散控制"的分布式控制系统，满足工厂自动化系统发展的需要，各 PLC 或远程 I/O 模块按功能各自放置在生产现场进行分散控制，然后用网络连接起来，构成集中管理的分布式网络系统。

SIEMENS S7 系列 PLC 自动化网络如图 7-25 所示。

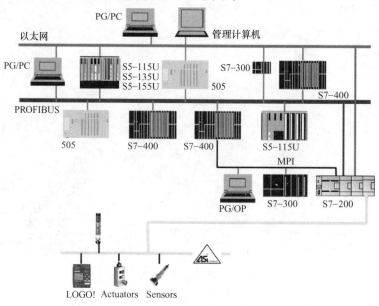

图 7-25　SIEMENS S7 系列 PLC 自动化网络

S7 系列自动化网络分 4 级：最高级为公司管理级，其他依次为工厂及过程管理级，过程监控级，最低级为过程测量及控制级。通过 3 级工业控制总线：工业以太网 Ethernet、现场总线 PROFIBUS 及执行器级总线 AS-I 总线，将 4 级网络连接起来。最高级为工业以太网，使用通用协议，传送生产管理信息；中间级是现场总线 PROFIBUS，完成现场、控制和监控的通信；最低级为 AS-I 总线，负责与现场传感器及执行器的通信，也可以是远程 I/O 总线，负责 PLC 主机与分布式 I/O 系统的通信。

（二）SIEMENS S7-200 PLC 的串行通信网络

1. S7-200 PLC 的通信能力

S7-200 PLC 具有强大而灵活的通信能力，可以实现同上位机的通信，也可以实现同其他 PLC 和各种西门子 HMI 产品以及其他如 LOGO!、智能控制模块、MicroMaster 和 SI-NAMICS 驱动装置等的通信。S7-200 的通信能力可以概括地用图 7-26 表示。

2. S7-200 的网络通信协议

只有当通信端口符合一定的标准时，直接连接的通信对象才有可能互相通信。一个完整的通信标准包括通信端口的物理、电气特性等硬件规格定义以及数据传输格式的约定。后者也可以称为通信协议。

S7-200 支持多种通信协议，例如点对点接口（PPI）、多点接口（MPI）和 PROFIBUS。协议定义了主站和从站，网络中主站向网络中的从站发出请求，从站只能对主站发出的请求作出响应，自己不能发出请求。主站也可以对网络中其他主站的请求作出响应。协议支持一个网络中的 127 个地址（0～126），最多可以有 32 个主站，网络中各设备的地址不能重叠。

运行 STEP 7-Micro/WIN 的计算机的默认地址为 0，操作员面板的默认地址为 1，PLC 的默认地址为 2。

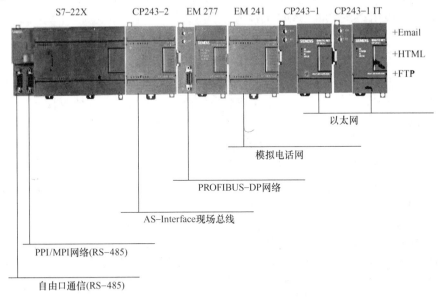

图 7-26　SIEMENS S7-200 PLC 的通信方式

S7-200 支持的通信协议有如下几种：

（1）点对点接口（PPI）协议　PPI 协议是主/从协议，网络中的 S7-200 CPU 均为从站，其他 CPU、SIMATIC 编程器或文本显示器 TD 200 为主站。

如果在用户程序中使能了 PPI 主站模式，一些 S7-200 CPU 在 RUN 模式下可以作主站，它们可以用网络读（Net Read，NETR）和网络写（Net Write，NETW）指令读写其他 CPU 中的数据。S7-200 CPU 作 PPI 主站时，还可以作为从站响应来自其他主站的通信申请。

（2）多点接口（MPI）协议　MPI 是集成在西门子公司的 PLC、操作员界面和编程器上的集成通信接口，用于建立小型的通信网络。最多可以接 32 个节点，典型数据长度为 64 个字节，最大距离为 100m。

MPI 允许主/主通信和主/从通信，MPI 不能与作为主站的 S7-200 通信。在 S7-300/400 PLC 与 S7-200 PLC 组成的 MPI 网络中，S7-300/400 CPU 作为网络的主站，S7-200 CPU 是从站，S7-300/400 可以用 XGET/XPUT 指令来读写 S7-200 的数据。

每个 S7-200 CPU 支持 4 个连接，每个 EM277 模块支持 6 个连接。

（3）PROFIBUS 协议　PROFIBUS-DP 协议通常用于分布式 I/O 设备（远程 I/O）的高速通信。许多厂家生产类型众多的 PROFIBUS 设备，例如 I/O 模块、电动机控制器和 PLC。

S7-200 CPU 需要通过 EM277 PROFIBUS-DP 模块接入 PROFIBUS 网络，网络通常有一个主站和几个 I/O 从站。通过组态，主站知道网络中 I/O 从站的类型和站地址，主站初始化网络并核对网络中的从站设备是否与设置的相符。主站周期性地将输出数据写到从站，并从从站读取输入数据。当 DP 主站成功地设置了一个从站时，它就拥有了该从站。如果网络中有第二个主站，它只能很有限地访问第一个主站的从站。

（4）TCP/IP 协议　S7-200 配备了以太网模块 CP243-1 或互联网模块 CP-243-1 IT 后，支

持 TCP/IP 以太网通信协议，计算机应安装以太网网卡。CP243-1 或 CP-243-1IT 有 8 个普通连接和一个 STEP 7-Micro/WIN 连接。安装了 STEP 7-Micro/WIN 之后，计算机上会有一个标准的浏览器，可以用它来访问 CP243-1 IT 模块的主页。

（5）用户定义的协议（自由端口模式） 通过 SMB30/SMB130，允许 S7-200 CPU 在 RUN 模式时通信口 0/1 使用自由端口模式，实现用户定义的通信协议。通过使用接收中断、发送中断、字符中断、发送指令（XMT）和接收指令（RCV），与多种智能设备进行通信。CPU 处于 STOP 模式时，停止自由端口通信，通信口强制转换成 PPI 协议模式，从而保证了编程软件对 PLC 编程和控制的功能。

思考与练习

1. 第一次扫描时将 VB0 清 0，用定时中断 0，每 100ms 将 VB0 加 1，当 VB0 = 100 时关闭定时中断，并将 Q0.0 立即置 1，设计出主程序和中断子程序。

2. 现有旋转编码器从 S7-200 CPU224 的 I0.0 输入，旋转编码器每旋转一圈发出 200 个脉冲，试采用高速计数器指令编程，计算出旋转编码器的速度。

3. 若要设置 SIEMENS S7-200 PLC CPU224 的站地址为 3，应如何设置？

4. 用 NETR 指令实现两台 S7-200 PLC CPU224 之间的数据通信，2 号站为主站，3 号站为从站，主站读取从站从 MB0 字节存储单元开始存放的两个字节数据，TBL 表的起始存放地址为 VB300。请对两台 PLC 的 CPU 进行配置，并写出通信程序。

5. 用 NETW 指令实现两台 S7-200 PLC CPU224 之间的数据通信，2 号站为主站，4 号站为从站，主站向 4 号站从 MB0 字节存储单元开始的两个字节写入 00，TBL 表的起始存放地址为 VB200。请对两台 PLC 的 CPU 进行配置，并写出通信程序。

6. 用 NETR/NETW 指令向导组态两个 CPU 模块之间的数据通信，要求将 2 号站的 VB10 ~ VB17 送给 3 号站的 VB10 ~ VB17，将 3 号站的 VB30 ~ VB37 送给 2 号站的 VB30 ~ VB37。

参 考 文 献

［1］ 何文雪，刘华波，吴贺荣. PLC 编程与应用［M］. 北京：机械工业出版社，2010.

［2］ 廖常初. PLC 编程及应用［M］. 北京：机械工业出版社，2005.

［3］ 白明. 电气控制与 PLC 应用技术［M］. 北京：人民交通出版社，2014.